全国中医药行业高等教育"十四五"规划教材
全国高等中医药院校规划教材（第十一版）配套用书

有机化学实验

（新世纪第五版）

（供中药学、药学、中药制药、药物制剂等专业用）

主　审　彭　松（湖北中医药大学）

主　编　林　辉（广州中医药大学）

副主编　（按姓氏笔画排序）

万屏南（江西中医药大学）

牛丽颖（河北中医学院）

方　方（安徽中医药大学）

李　玲（湖南中医药大学）

杨　静（河南中医药大学）

余宇燕（福建中医药大学）

沈　玮（湖北中医药大学）

张立剑（黑龙江中医药大学）

中国中医药出版社

·北京·

图书在版编目（CIP）数据

有机化学实验 / 林辉主编 . —5 版 . —北京：中国中医药出版社，2021.8（2024.1 重印）

全国中医药行业高等教育"十四五"规划教材配套用书

ISBN 978-7-5132-7023-6

Ⅰ . ①有… Ⅱ . ①林… Ⅲ . ①有机化学—化学实验—中医药院校—教材 Ⅳ . ① O62-33

中国版本图书馆 CIP 数据核字（2021）第 109003 号

中国中医药出版社出版

北京经济技术开发区科创十三街 31 号院二区 8 号楼

邮政编码 100176

传真 010-64405721

三河市同力彩印有限公司印刷

各地新华书店经销

开本 787×1092 1/16 印张 12.75 字数 282 千字

2021 年 8 月第 5 版 2024 年 1 月第 4 次印刷

书号 ISBN 978-7-5132-7023-6

定价 49.00 元

网址 www.cptcm.com

服 务 热 线 010-64405510 微信服务号 zgzyycbs

购 书 热 线 010-89535836 微商城网址 https://kdt.im/LIdUGr

维 权 打 假 010-64405753 天猫旗舰店网址 https://zgzyycbs.tmall.com

如有印装质量问题请与本社出版部联系（010-64405510）

全国中医药行业高等教育"十四五"规划教材
全国高等中医药院校规划教材（第十一版）配套用书

《有机化学实验》编委会

编写说明

　　《有机化学实验》的编写遵循全国中医药行业高等教育"十四五"规划教材编写指导思想、编写原则和基本要求，全面贯彻立德树人新教育理念，遵循中医药人才成长规律，坚持以学生为中心，充分体现专业教育课程知识体系的专业性、科学性、先进性、实用性与思想性相结合，全面服务中药类专业人才培养要求，助力中医药教育高质量发展和国家"双一流"建设发展。

　　本书的上一版本在"十三五"期间得到全国各高等中医药院校的广泛采用，并获得好评。此次编写着重从以下两方面进一步完善：

　　1. 更新知识内容，体现学科发展方向。删除了第三部分实验八"环己酮制备"的旧方法，代之以两种新的制备方法。

　　2. 完成了有机化合物的命名更新。根据中国化学会发布的新的汉化的有机化学命名规则，即《有机化合物命名原则》（2017 版），对全书所涉及的有机化合物命名进行了更新。此项工作主要由刘晓芳完成。

　　本书既含有机化学实验的一般知识、实验技术，也含典型的有机合成实验、天然有机实验，还有有机化合物的性质实验。体系完整，内容新颖，方法可行。作为全国中医药行业高等教育"十四五"规划教材配套用书，本书可供全国高等中医药院校中药学、药学、中药制药、药物制剂等相关专业教学选用。

　　尽管本书编委会汇集了全国 21 所高等中医药院校、1 所药科院校和 1 所军医院校的有机化学课程教学骨干和专家，代表了该领域有机化学课程教学的现有水平，但是，编写的错漏之处，恐在所难免，敬请广大师生和读者在使用过程中提出宝贵意见，以便进一步修订提高。

《有机化学实验》编委会

2021 年 6 月

目　录

第三部分　基本实验技术训练和有机化合物制备实验

第四部分　天然有机化合物提取实验

第五部分 有机化合物性质实验

附录

第一部分　有机化学实验的一般知识 ▷▷▷

有机化学是一门以实验为基础的学科，因此，有机化学实验是有机化学理论课内容的补充，它在有机化学的学习中占有重要地位。

§1-1　实验须知

一、有机化学实验的目的

1. 通过实验，训练学生进行有机化学实验的基本操作和基本技能。
2. 初步培养学生正确选择有机物合成、分离与鉴定的方法。
3. 配合课堂讲授，验证、巩固和扩大基本理论和知识。
4. 培养学生正确的观察和思维方式，提高分析和解决实验中所遇问题的能力。
5. 培养学生理论联系实际、实事求是的工作作风，培养学生严谨的科学态度和良好的工作习惯。

二、有机化学实验室规则

1. 进入有机化学实验室之前，必须认真阅读本教材"第一部分"内容。了解进入实验室后应注意的事项及有关规定。认真预习实验内容及相关参考资料，写好实验预习报告。没有写预习报告者不得进入实验室。

2. 进入有机化学实验室之后，应熟悉实验室及其周围环境，了解实验室内水、电、煤气开关的位置以及灭火器材、急救药箱放置的位置。严格遵守实验室安全规则和每个实验操作中的安全注意事项。如发生意外事故应立即采取应急措施并报告老师。

3. 做实验时先将仪器安装好，经老师检查合格后，方可进行下一步实验。实验中要认真操作，仔细观察，积极思考，如实认真地做好实验记录并合理安排好时间。严格按照实验所规定的步骤以及试剂的规格和用量进行实验，若要改变，须征得老师同意。实验结束后记录本须经老师签字，并由老师登记实验结果和回收产品。

4. 实验课上不准打手机，不得大声喧哗，不得擅自离开实验室，不能穿拖鞋、背心等进入实验室，不能在实验室中吸烟、饮食。

5. 实验过程中，台面和地面要保持整洁。不需要和暂时不用的器材，不要放在台面上，以免碰撞损坏。固体废物应倒在垃圾桶内，严禁丢入水槽，以免堵塞下水道。废液（易燃液体除外）应倒入废液缸中，严禁倒入水槽，以免损坏下水道。

6. 要爱护公物。公共器材用完后须整理好放回原处。药品取完后及时将盖子盖好，损坏仪器要办理登记领换手续。要节约水、电及消耗性药品，严格控制药品用量。

7. 实验结束后，自管仪器洗净、放好，个人实验台面打扫干净。值日生负责整理公用器材，打扫卫生，关好门、窗、水、电、气，征得老师同意后，方可离开实验室。

§1-2　 实验室的安全事项

有机化学实验所用试剂多数易燃、易爆、有毒、有腐蚀性，仪器又多是玻璃制品，此外，还要用到电器设备、煤气等，若疏忽大意，就会发生着火、爆炸、烧伤、中毒等事故。但只要实验者树立安全第一的思想，事先了解实验中所用试剂和仪器的性能、用途、可能出现的问题及预防措施，并严格执行操作规程，加强安全防范，就能有效地维护人身和实验室安全，使实验正常进行。为此，必须高度重视和切实执行下列事项。

一、实验室的一般注意事项

1. 实验开始前应检查仪器是否完整无损，装置是否正确、稳妥。

2. 实验进行时要密切注意反应进行的情况和装置有无漏气、破裂等现象。

3. 操作有可能发生危险的实验时，要采取适当的安全措施，如戴防护眼镜、面罩、手套等防护设备。

4. 实验中所用的药品，不得随意散失、遗弃。实验中产生的有害气体，应按规定处理，以免污染环境，影响健康。

5. 实验结束后要及时洗手，严禁在实验室吸烟或饮食。

6. 熟悉各种安全用具（如灭火器、沙桶、湿抹布以及急救药箱）的使用，并妥善保管，不得移作他用或挪动存放位置。

二、实验室事故的预防

1. 有机溶剂大多易燃，使用时应远离火源。

2. 易燃有机溶剂，特别是低沸点易燃溶剂（如乙醚），在室温时有较大的蒸气压。空气中混杂的易燃有机溶剂蒸气达到某一极限时，遇有明火即发生爆炸。而且有机溶剂蒸气都较空气的比重大，会沿着桌面或地面飘逸至远处，或沉积在低洼处。因此，蒸馏乙醚时周围不能有明火，整套装置切勿漏气，余气应通入下水道或室外。此外，蒸馏乙醚时还不能蒸干，以免发生爆炸。

3. 切勿将易燃溶剂倒入废液缸中，更不能用开口容器盛放和加热。倾倒易燃溶剂应远离火源，最好在通风橱内进行。数量较多的易燃溶剂应放在危险药品橱内保管，不能存放于实验室内。

4. 使用易燃、易爆气体（如氢气、乙炔）时，要保持室内空气畅通，严禁明火，并防止一切火星的发生，如敲击、电器开关等所产生的火花。

5. 常压蒸馏时蒸馏装置不能密闭。回流或蒸馏有机液体时应加沸石，以防溶液暴沸。若在加热后发现未加沸石，应停止加热，待稍冷后再补加。不能在沸腾或接近沸腾的溶液中加入沸石，否则，液体会迅速沸腾冲出瓶外引起火灾。不能用火焰直接加热烧瓶，应根据液体沸点高低使用石棉网、水浴或油浴等。减压蒸馏时，要用圆底烧瓶或吸滤瓶作接收器，不可用锥形瓶，否则，可能会发生爆炸。

表 1-1　常用易燃溶剂蒸气爆炸极限

名　称	沸点（℃）	闪燃点（℃）	爆炸范围（体积%）
甲醇	64.96	11	6.72~36.50
乙醇	78.5	12	3.28~18.95
乙醚	34.51	-45	2.55~12.80
丙酮	56.2	-17.5	1.41~7.10
苯	80.1	-11	1.41~7.10

表 1-2　易燃气体爆炸极限

气　体	空气中的含量（体积%）
氢气	4~74
一氧化碳	12.50~74.20
氨	15~27
甲烷	4.5~13.1
乙炔	2.5~80

6. 有些有机化合物遇到氧化剂会发生爆炸或燃烧。因此，存放药品时，应将氯酸钾、过氧化物、浓硝酸等强氧化剂与有机药品分开存放。

7. 开启储有挥发性液体的瓶塞和安瓿时，必须先充分冷却然后再开启（开启安瓿时需用布包裹），开启时瓶口应指向无人处，以免由于液体喷溅而遭到伤害。如遇瓶塞不易开启时，必须注意瓶内储物的性质，切不可贸然用火加热或敲击瓶塞等。

8. 有些化合物具有爆炸性，如叠氮化合物、干燥的重氮盐、硝酸酯、多硝基化合物等，使用时须严格遵守操作规程。有些有机化合物，如醚类，久置后会生成易爆炸的过氧化物，须经特殊处理后才能使用。金属钠、氢化铝锂在使用时切勿遇水，否则会发生燃烧甚至爆炸。

9. 有毒药品应妥善保管，剧毒物质应有专人收发，并向使用者提出必须遵守的操作规程。实验后的有毒残渣必须做妥善处理，不准乱丢。在接触固体或液体有毒物质时，必须戴橡胶手套，操作后立即洗手。切勿让毒品沾及五官或伤口，例如氰化钠沾及伤口后会随血液循环全身，严重者会导致中毒死亡。

10. 在反应过程中可能生成有毒或有腐蚀性气体的实验应在通风橱内进行。使用后的器皿应及时清洗。使用通风橱时不要把头伸入橱内。

11. 要经常检查煤气开关、煤气橡皮管及煤气灯是否完好。

12. 使用电器时，应防止人体与电器导电部分直接接触，不能用湿的手或手握湿物接触电插头。为了防止触电，装置和设备的金属外壳等都应连接地线。实验后应切断电源，再将连接电源的插头拔下。

三、事故的处理和急救

如果遇到事故，应立即采取适当措施，并报告老师。

1. 火灾

如果发生了火灾，应立即熄灭附近火源，拉下电闸并移去附近的易燃物质。

（1）有机物着火：少量溶剂（几毫升）着火，可任其烧完。若在小器皿内着火可用湿布或石棉网把着火仪器盖住，使之隔绝空气而灭火。若实验台或地面着火可用沙子或灭火器灭火。绝对不能用口吹，更不能用水浇，这样反而会使火焰蔓延。

（2）电器着火：先切断电源，然后用二氧化碳灭火器或 1211 灭火器灭火。使用灭火器时，应从火的四周向中心扑灭，并对准火焰的根部灭火。

（3）衣服着火：切勿奔跑，轻者应赶快把着火衣服脱下来用水淋熄，重者应立即在地上打滚（以免火焰烧向头部），其他人用防火毯或麻包布之类的东西将其包住，使火焰隔绝空气而熄灭。烧伤严重者应急送医院。

2. 割伤

取出伤口中的玻璃或固体物，用蒸馏水洗净，小伤口涂上碘酒或贴创可贴，大伤口则应在伤口上方用纱布扎紧，或按紧动脉血管以防大量出血，并急送医院。

3. 烫伤

轻伤涂烫伤膏，重伤涂烫伤膏后急送医院。

4. 试剂灼伤

酸、碱、溴灼伤先立即用大量水冲洗。若是酸灼伤，应再以 3%~5% 碳酸氢钠溶液洗、水洗。严重时要消毒，干后涂烫伤油膏。若是碱灼伤，应再以 1%~2% 醋酸洗、水洗。严重时处理同上。若是溴灼伤，则应再用酒精擦至无溴液存在为止，然后涂甘油或烫伤膏。钠灼伤时，先用镊子移去可见小块，其余与碱灼伤处理相同。

5. 试剂溅入眼内

任何情况下都要先立即用水冲洗，若是酸，再用 1% 碳酸氢钠溶液洗，然后再水洗；若是碱，再用 1% 硼酸溶液洗，然后再水洗；若是溴，再用 1% 碳酸氢钠溶液洗，然后再水洗。以上方法仅为紧急处理措施，处理完后应急送医院让医生再做进一步处理。

6. 中毒

（1）腐蚀性毒物：对于强酸，先饮大量水，然后服用氢氧化铝膏或鸡蛋白；对于强碱也应先饮大量水，然后服用醋、酸果汁或鸡蛋白。不论酸或碱中毒都要灌注牛奶，不要吃呕吐剂。

（2）刺激剂及神经性毒物：先服用牛奶或鸡蛋白使之冲淡缓和，再用一大匙硫酸镁（约30g）溶于一杯水中，服用催吐。有时也可用手指伸入喉部促使呕吐，然后立即送医院。

（3）有毒气体：将中毒者移至室外，解开衣扣。吸入少量氯气或溴者，可用碳酸氢钠溶液漱口。

7. 急救物品

为处理事故需要，实验室应备有急救箱，内置以下物品：①纱布、橡皮膏、药棉、创可贴、医用镊子、剪刀等。②消炎粉、烫伤油膏、玉树油或鞣酸油膏、凡士林等。③醋酸溶液（2%）、硼酸溶液（1%）、碳酸氢钠溶液（1%或饱和溶液）、酒精、甘油、龙胆紫、碘酒等。

§1-3　有机化学实验室常用的装置

为了能够安全、有效地进行实验，有机化学实验室需要配备一些实验常用的必要设备和安全装置。有机化学实验室必备的装置大致有下列几种。

一、干燥装置

1. 烘箱

实验室一般使用的是恒温鼓风干燥箱，主要用于干燥玻璃仪器或烘干无腐蚀性、加热时不分解的固体药品。

烘箱使用说明：接上电源后，即可开启加热开关，再将控温旋钮由"0"位顺时针旋至一定程度（视烘箱型号而定），此时烘箱内即开始升温，红色指示灯发亮。若有鼓风机，可开启鼓风机开关，使鼓风机工作。当温度计升至工作温度时（由烘箱顶上温度计读数观察得知），即将控温器旋钮按逆时针方向旋回，旋至指示灯刚熄灭。在指示灯明灭交替处，即为恒温定点。

2. 气流干燥器

这是一种用于快速烘干仪器的设备，如图1-1所示。使用时将仪器洗干净，甩掉多余的水分，然后，将仪器套在烘干器的多孔金属管上。注意随时调节热空气的温度。气流烘干器不可长时间加热，以免烧坏电机和电热丝。

3. 电吹风

实验室使用的电吹风应具有可吹冷风、热风的功能，它主要用于少量玻璃仪器的快速干燥以及供纸色谱和薄层色谱挥干溶剂使用。不宜长时间连续吹热风，以防损坏电热丝。用后存放于干燥处，防潮防腐蚀，定期保养。

图1-1　气流干燥器

二、加热装置

有机化学实验常用的加热装置有下列几种：

1. 电炉或煤气灯

电炉或煤气灯一般不能直接加热玻璃仪器，因为剧烈的温度变化和受热不均匀会使玻璃仪器损坏。同时，由于局部过热还可能引起有机物的部分分解，所以，使用电炉或煤气灯时应根据反应的具体情况，选用不同的间接加热方式。例如，在电炉（或煤气灯）与容器之间放上一张石棉网，容器与石棉网之间留 1cm 左右的间隙，使之形成一个简易的空气浴，或者采用水浴、油浴、砂浴等间接加热方式，这样可使容器的受热面积增大，使受热均匀。

使用电炉时应配有调压变压器，以调节加热温度。使用煤气灯时可通过调节空气量的大小来控制火焰温度。

2. 电热套

电热套是由玻璃丝包裹着电热丝织成的一个碗状半圆形内套，外面包上金属壳，中间填上保温材料制成的一种加热器，如图 1-2 所示。有的带有控温装置，有的外加调压变压器控制温度。电热套的容积与烧瓶的容积相匹配，有 50、100、150、200、250mL 等规格，最大可到 3000mL。使用电热套时，反应瓶外壁与电热套内壁保持 2cm 左右的

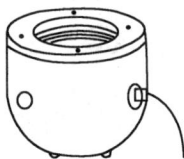

图 1-2　电热套

距离，以便利用热空气传热和防止局部过热。电热套没有明火，故不易引起着火，使用安全。由于它的结构为碗状，所以，加热时烧瓶处于热气流包围中，热效率高，并且受热均匀，是一种较好的空气浴，它主要作为回流加热的热源。用它进行蒸馏或减压蒸馏时，随着瓶内物质的减少，会使瓶壁过热，造成被蒸馏物的炭化。如果选用大一号的电热套，并在蒸馏过程中不断加大电热套与烧瓶间的距离，会减少炭化现象。使用电热套时应注意，不要将药品洒在电热套中，否则，加热时药品挥发污染环境，同时也会使电热丝腐蚀而断开。用完后放在干燥处，以免内部吸潮后降低绝缘性能。

3. 电热恒温水浴锅

电热恒温水浴锅是内外双层的箱式结构，上盖为单层，备有几个带套盖的孔洞，用以放置被加热的玻璃仪器，箱底密封管内装有电炉丝，它的外壳由薄钢板制成，内外层中间填有绝热材料，外箱正面有自控开关、指示灯等电控系统，侧面有水位管和放水阀。电热恒温水浴锅可自动控制温度，保持水浴恒温，使用方便，由于没有明火，可作为易燃液体回流、蒸馏的热源。

使用电热恒温水浴锅时注意：①槽内不要缺水，因为炉丝的套管为密封焊接，无水时易烧坏。②自动控制盒内不要溅上水或受潮，以防漏电和损坏。③箱内要保持清洁，定期洗刷换水。若长时间不用，要放掉箱内水并擦干，以防生锈。

三、冷却装置

实验室最常用的冷却装置是电冰箱。冰箱用于储存对热敏感的物质，也用于少量制冰。有的试剂会散发出腐蚀性气体损蚀冰箱机件，有的会散发出易燃气体被电火花点燃而造成事故，所以，盛装容器必须严格密封后才可放入冰箱。在冰箱内不能用锥形瓶或平底烧瓶盛装试剂，以免在负压下瓶底破裂。瓶上的标签易受冰箱中水汽的侵蚀而模糊或脱落，故标签应以石蜡涂盖。

四、安全装置

在化学实验中经常使用易燃、易爆、有毒的试剂，这些试剂若使用不当就可能发生事故，此外，玻璃器皿、电器设备、煤气等使用不当也会发生事故，为了及时处理所发生的事故，尽量减少损失，在实验室内需要设置一些安全急救设施。

1. 沙桶

实验台或地面小面积着火，可立即用沙子覆盖，使之隔绝空气而灭火。

2. 防火毯

实验人员衣服严重着火时，应立即用防火毯将其包裹。

3. 灭火器

化学实验室常用的灭火器有：

（1）二氧化碳灭火器：它的钢桶内装有压缩的液态二氧化碳，喷出时变成气体，同时吸收大量的热。喷出的二氧化碳相对减少了局部空气中氧的含量，当燃烧区空气中氧含量低于 14%，或二氧化碳在空气中的含量达到 30% ~ 35% 时，能使火焰熄灭。这种灭火剂的优点是灭火不留痕迹，并有一定的电绝缘性，适用于扑救 600V 以下的带电电器、精密仪器、贵重设备的火灾以及一般可燃液体的初起火灾。但不能用于扑救金属锂、钠、钾、镁、铅、锑、钛、铀等金属及其氢化物的火灾。二氧化碳有一定的渗透和环绕能力，可以到达一般直射不能到达的地方，但难于扑灭纤维物质的阴燃火，故在扑灭这类火灾时，须注意防止复燃。

（2）1211 灭火器：1211 灭火剂是一种低沸点的液化气体，它的化学名称叫二氟一氯一溴甲烷，是目前国内最常用的卤代烷灭火剂。灭火时利用填充在高压钢瓶中氮气的压力将 1211 灭火剂喷出。它的灭火效能高，约为二氧化碳的 2.5 倍，绝缘性能好，腐蚀性小，久储不变质，灭火不留痕迹，适用于扑救带电电器、精密仪器、易燃液体和气体的初起火灾。也用于织物、木、纸等火灾的扑救。它的灭火作用是通过抑制燃烧的连锁反应终止燃烧。但 1211 灭火剂的化学性质稳定，对大气臭氧层的破坏作用大，国外已开始淘汰，我国在 2010 年后也予以淘汰。

（3）泡沫灭火器：化学泡沫灭火剂是由碳酸氢钠溶液和硫酸铝溶液与泡沫稳定剂相互作用形成的泡沫群。化学泡沫轻，有一定的发泡倍数，抗烧性强，持久性好，它的灭火作用主要是在燃烧物表面形成泡沫覆盖层，使燃烧物与空气隔绝而灭火。适用于扑救油类等非水溶性可燃、易燃液体以及木材、橡胶、纤维等引起的火灾。不能用于扑救水溶性可燃易燃液体，如醇、酯、醚、醛、酮、有机酸等燃烧引起的火灾，也不能扑救带电电器和遇水发生燃烧爆炸物质的火灾。一般非大火通常不用泡沫灭火器，因后处理较麻烦。

（4）干粉灭火器：干粉灭火剂是由主剂小苏打干粉和少量添加剂经过研磨制成的一种灭火剂。使用时在二氧化碳或氮气的压力作用下喷出，形成浓云般的粉雾覆盖燃烧面，使燃烧的连锁反应终止。其灭火效率高、速度快、不腐蚀、毒性低，干粉有 5 万伏以上的电绝缘性能，故这种灭火剂适用于扑救可燃液体、气体的火灾，电器火灾，以及某些不易用水扑救的火灾。

4. 紧急洗眼器

在实验室中，无论何种化学试剂溅入眼内，都应立即就地先用大量水冲洗，争取在第一时间内把对眼睛的伤害降低到最低程度，然后再做进一步的处理和治疗。因此，化学实验室中应安装紧急洗眼器。目前国外实验室中这种设备较为普遍，国内尚少。

紧急洗眼器的洗眼喷头上带有过滤装置，用以滤去水中杂物，避免使用者二次感染。此外，喷头上有一防尘盖，平时防尘，使用时可随时被水冲开，用以降低突然打开阀门时短暂的高水压，防止冲伤眼睛。

紧急洗眼器有下列几种规格型号：

（1）桌上型紧急洗眼器：这种洗眼器安装在水槽旁边的台面上，单一喷头，洗眼器下面连有超过 1m 长的软管，使用时将洗眼器抽出，用手握住桶体和把手，稍用力即喷出水。可在周围 1m 左右的范围内使用，方便灵活，造价也较低（图 1-3）。

（2）座式紧急洗眼器：这种洗眼器安装在地面上，高 105cm 左右，上部有一洗眼盘，内置两个固定喷头（图 1-4），喷眼水幕高度为 2cm 左右，水幕范围 2.5~11.7cm。使用者以 45°向前弯腰，眼睛恰好碰触水源，水幕刚好覆盖双眼，其宽度包含眼睛的内角和外角。

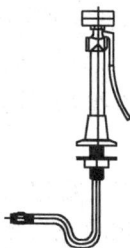

图 1-3　桌上型紧急洗眼器　　　　　　　图 1-4　座式紧急洗眼器

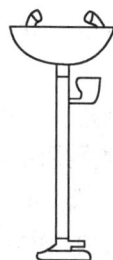

（3）紧急冲淋洗眼器：这种洗眼器是将座式紧急洗眼器的水管从侧面加高至 230cm左右，在其上端装一个喷淋盘，这样既可用于洗眼，也可用于全身冲淋。

五、排气装置

实验室的排气装置有通风橱、排气扇、抽气罩等，其中抽气罩为国内近年来应用的新型排气装置。它的特点是使用灵活方便，能近距离靠近毒气污染源，排毒效率高。此外，它装有噪音消音器，故噪音小（48 分贝以下）。目前国内生产的抽气罩主要有下列几种形式。

1. 吸顶型万向抽气罩

这种抽气罩由天花板伸向台面，伸出的抽气管为三节式，每个关节都可 360° 旋转（图 1-5），毒气吸入风罩后，沿抽气管上升进入天花板上风道，由风机排至室外。

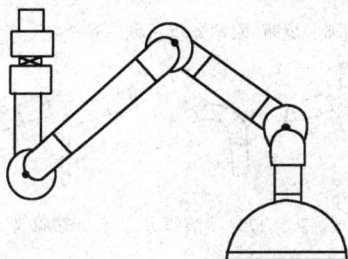

图 1-5　吸顶型万向抽气罩

2. 桌上型抽气罩

这种抽气罩从台面伸出，其径轴可自由升降、旋转变向，毒气吸入风罩后，进入地下风道，再入风机排入大气。

3. 桌上型隐蔽式抽气罩

这种抽气罩的特点是，用时可由台面自动伸出，不用时可缩至与台面相平。其他功能同桌上型抽气罩。

§1-4　有机化学实验常用仪器及装配方法

一、常用玻璃仪器简介

玻璃仪器通常由软质或硬质玻璃制成。软质玻璃耐热、耐腐蚀性较差，故一般由它制作的仪器均不耐热，如普通漏斗、量筒、吸滤瓶等。硬质玻璃具有较好耐热、耐腐蚀性，所制仪器可在温度变化较大的情况下使用，如烧瓶、冷凝器等。

玻璃仪器分为普通和标准磨口两种。实验室中常用的普通玻璃仪器有锥形瓶、烧杯、吸滤瓶、普通漏斗等。常用的常量标准磨口仪器见图 1-6。

标准磨口仪器均按国际通用技术标准制造。常用的标准磨口规格有 10、14、19、24、29、34、40、50 等号。其中 10 号为微量磨口仪器，14 号为半微量磨口仪器，19 号以上为常量磨口仪器。这些数字编号是指磨口最大端直径的毫米数。有的磨口仪器也常用两个数字表示磨口的规格，例如，14/30 则表示此磨口的口径为 14mm，磨口长度为 30mm。相同编号的子口与母口可以连接，不同编号的子口与母口连接时，中间需加一个大小口接头。

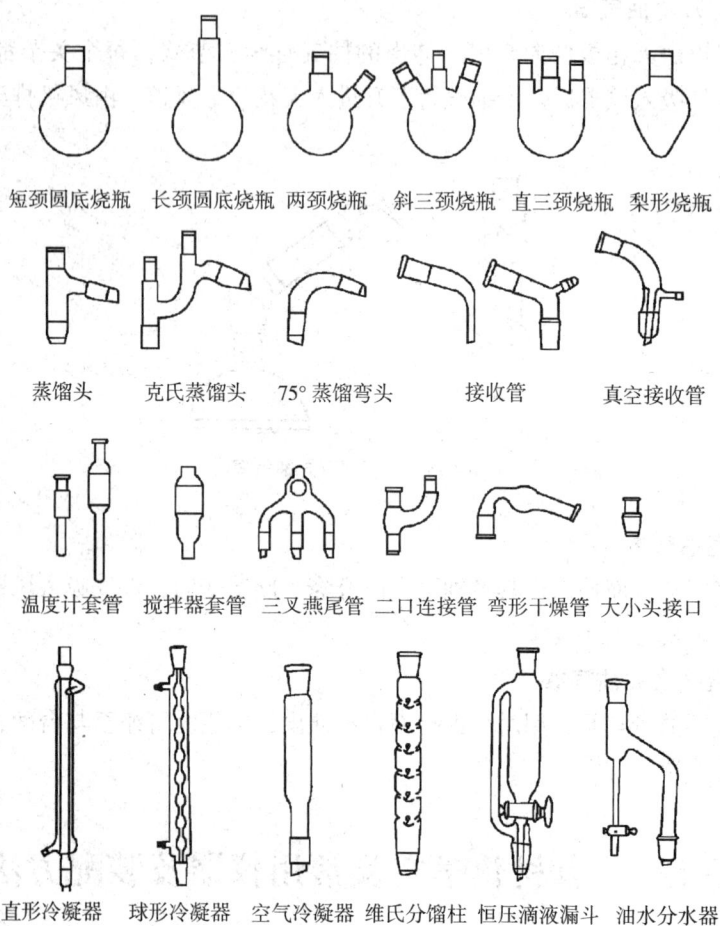

短颈圆底烧瓶　长颈圆底烧瓶　两颈烧瓶　斜三颈烧瓶　直三颈烧瓶　梨形烧瓶

蒸馏头　克氏蒸馏头　75°蒸馏弯头　接收管　真空接收管

温度计套管　搅拌器套管　三叉燕尾管　二口连接管　弯形干燥管　大小头接口

直形冷凝器　球形冷凝器　空气冷凝器　维氏分馏柱　恒压滴液漏斗　油水分水器

图1-6　常用的标准磨口仪器

微量磨口仪器用于微型化学实验中，其大部分微型玻璃仪器的形状与常量玻璃仪器相似，只是规格较小，但也有个别仪器的形状特殊。部分微型实验专用仪器见图1-7。

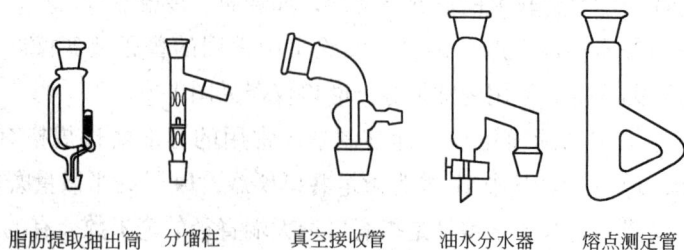

脂肪提取抽出筒　分馏柱　真空接收管　油水分水器　熔点测定管

图1-7　部分微型实验专用仪器

使用标准磨口仪器可免去配塞子及钻孔等手续，还能避免反应物或产物被软木塞或橡皮塞所污染，而且密封性能好。

二、玻璃仪器的使用、清洗、干燥及保养方法

1. 玻璃仪器的使用

使用玻璃仪器都应轻拿轻放。除试管等少数仪器外都不能直接用火加热。锥形瓶、平底烧瓶不耐压，不能用于减压系统。厚壁玻璃器皿（如抽滤瓶）不耐热，故不能加热。广口容器（如烧杯）不能存储有机溶剂。带活塞的玻璃仪器（如分液漏斗）用后洗净，在活塞与磨口间垫上纸片，以防粘住。如果已粘住可对着磨口外部玻璃吹热风，当外部玻璃受热膨胀而内部玻璃还未热起来时，试一下是否能将磨口打开；或者将磨口竖起，往缝隙处涂润滑剂（如甘油）；或者用水煮，之后再用木块轻敲塞子，看能否打开。

使用标准磨口仪器时须注意：

（1）磨口处必须洁净，若沾有固体杂物，则会使磨口对接不严密，导致漏气，杂物甚至还会损坏磨口。

（2）用后应立即拆卸洗净，若长期放置，磨口的连接处会粘牢，难以拆开。

（3）一般使用时磨口处无须涂润滑剂，以免沾污反应物或产物。若反应中有强碱，则应涂润滑剂（如凡士林或硅脂），以免磨口连接处因碱腐蚀粘牢而无法拆开。减压蒸馏时可涂真空脂。

（4）安装标准磨口仪器装置时，应做到横平竖直，磨口连接处要呈一直线，不能歪斜，以免应力集中将仪器损坏。

2. 玻璃仪器的清洗

清洗玻璃仪器的一般方法是先把仪器和毛刷淋湿，然后用毛刷蘸取去污粉刷洗仪器的内外壁，直至玻璃表面的污物除去为止，最后再用自来水冲洗干净即可。清洗时应避免用去污粉擦洗磨口，否则，会使磨口连接不紧密，甚至损坏。仪器洗净的标志是，当仪器倒置时玻璃壁上不挂水珠，即表示洗净，可供一般实验用。某些实验需要更洁净的仪器时，可用洗涤剂洗涤。若用于精制产品或供有机分析用的仪器，最后还须用蒸馏水摇洗，以除去自来水冲洗时带入的杂质。

若用上述方法还难以洗净时，应根据污物的性质酌情用其他方法清洗。例如用铬酸洗液、盐酸、碱液或有机溶剂等洗涤。用过的仪器应及时清洗，因为污物的性质当时是清楚的，容易用合适的方法除去。假如用过的仪器放置一段时间后再清洗，由于挥发性溶剂的逸出，会使洗涤变得困难。也可用超声波清洗器来洗涤仪器，把仪器放在配有洗涤剂的溶液中，接通电源，利用声波的振动和能量，即可达到洗涤的目的，洗后的仪器再用自来水冲洗干净即可。

如果不是十分需要，不应盲目使用各种化学试剂和有机溶剂来清洗仪器，这样不仅造成浪费，而且还可能带来危险。

3. 玻璃仪器的干燥

有机化学实验所用玻璃仪器，除需要洗净外，常常还需要干燥。仪器的干燥与否，有时是实验成败的关键。干燥玻璃仪器的方法有下列几种：

（1）自然风干：自然风干是指把已洗净的仪器在常温下晾干。这是常用且简单的方法。

（2）烘干：把玻璃仪器放入烘箱内烘干。放入前应先将水沥干，无水珠下滴时，将仪器口向上，放入烘箱内，并且是自上而下依次放入，以免残留的水滴流下使已烘热的玻璃仪器炸裂。带有磨口玻璃塞的仪器，必须取出活塞和玻璃塞再烘干。橡皮塞、橡皮筋、乳胶管不能进烘箱。具有挥发性、易燃性、腐蚀性的物质不能进烘箱。用酒精、丙酮淋洗过的玻璃仪器不能进烘箱，以免发生爆炸。取出玻璃仪器时，应用干布衬手，防止烫伤，或使烘箱温度降至室温后再取出。切不可让很热的玻璃仪器沾上冷水或放置于水泥、瓷砖等面上，以免破裂。也可将玻璃仪器放在气流烘干器上进行干燥。

（3）吹干：急用的仪器可先用乙醇或丙酮淋洗一遍，倒干，再用电吹风把仪器吹干。吹时先通入冷风，当大部分溶剂挥发后，再吹入热风使之干燥（有机溶剂蒸气易燃烧和爆炸，故不宜先吹热风），吹干后再吹冷风使仪器逐渐冷却。否则，被吹热的仪器在自然冷却过程中会在瓶壁上凝结一层水汽。

4. 玻璃仪器的保养方法

有机化学实验所用各种玻璃仪器的性质是不同的，必须掌握它们的性能和保养、洗涤方法，才能正确使用。下面介绍几种常用的玻璃仪器的保养方法。

（1）温度计：温度计水银球部位的玻璃很薄，容易打破，使用时要特别小心，不能把温度计当搅拌棒使用，不能测定超过温度计最高刻度的温度，也不能把温度计长时间放在高温的溶剂中，否则，会使水银球变形，乃至读数不准。

温度计用后要让它慢慢冷却，特别是在测量高温之后，不可立即用冷水冲洗，否则会破裂或使水银柱断开。应冷却至室温后再洗净抹干，放回盒内，盒底要垫一小块棉花。

温度计打碎后，应及时把硫黄粉洒在水银上，然后集中处理。不能将水银冲入下水道中或随便丢弃。

（2）冷凝管：冷凝管通水后较重，所以，装冷凝管时应将夹子夹在冷凝管的重心处，以免翻倒。

洗刷冷凝管时要用长毛刷，如用洗涤液或有机溶液洗涤时，用橡皮塞塞住一端。不用时应直立放置，使之易干。

（3）分液漏斗：分液漏斗的活塞和玻璃塞都是磨砂口的，若非原配就会不严密，所以，使用时应用橡皮筋和绳子将其与分液漏斗相连，以免丢失。各个分液漏斗之间也不能调换，用后须在活塞和玻璃塞的磨砂口间垫上纸片，以免日久难以打开。

三、实验室常用金属用具

实验室中常用的金属用具有铁架台、铁夹、S 扣、铁圈、三脚架、水浴锅、镊子、剪刀、三角锉刀、圆锉刀、打孔器、不锈钢刮刀、升降台等。使用这些金属用具时应注意防止腐蚀和锈蚀。

四、仪器的装配方法

装配仪器时，首先选定好主要仪器的位置，然后以此为基准，从下到上，从左到右（或从右到左）逐个装配其他仪器。以装配在干燥条件下的回流装置为例，首先根据热源的高低位置用铁夹固定好圆底烧瓶的位置，烧瓶底部距石棉网或水浴锅底部 1~2cm，然后将球形冷凝管正对烧瓶口，用铁夹垂直固定于烧瓶上方，再放松铁夹，将冷凝管慢慢放下，冷凝管下端磨口进入烧瓶，塞紧后再将铁夹旋紧（铁夹位于冷凝管中部偏上一些），固定好冷凝管，最后在冷凝管顶端装置干燥管。要求装配严密、正确、稳妥。整套装置安装好后应横平竖直、上下左右都在一条线上。

装配常压反应装置时，装置必须与大气相通，不能密闭，否则加热后反应产生的气体或有机蒸气在仪器内膨胀，会使压力增大，引起爆炸。

拆卸装置的顺序和安装顺序相反，即从上到下、从右到左（从左到右）逐个拆除。

实验所用铁夹都不宜拧得太紧或太松，铁夹不能与玻璃直接接触，而应套上橡皮管、贴上石棉垫或用石棉绳、布条包裹起来。需要加热的仪器应夹住受热程度最低的部位。

§1-5　化学试剂介绍

一、化学试剂的等级标准

关于化学试剂的等级标准，目前世界各国并不统一，各国按自定的标准生产化学试剂。我国化学试剂的等级标准有三种：

1. 化学试剂国家标准（GB）。
2. 原化工部"部颁化学试剂标准"（HG）。
3. 原化工部"部颁化学试剂暂行标准"（HGB）。

二、化学试剂的等级

我国由国家和主管部门颁布具体指标的化学试剂等级有四种，按其纯度和杂质含量的高低分为优级纯、分析纯、化学纯和实验试剂。不同等级化学试剂的对照见表 1-3。

表 1-3　不同等级化学试剂的对照表

等级	中文名称	英文名称	代号	标签颜色	杂质含量	应用范围
一级	优级纯或保证试剂	Guarantee Reagent	G. R.	绿	极少	适用于精密分析实验和科学研究
二级	分析纯或分析试剂	Analytical Reagent	A. R.	红	很少，纯度仅次于一级品	适用于一般科学研究和要求较高的定量、定性分析实验

等级	中文名称	英文名称	代号	标签颜色	杂质含量	应用范围
三级	化学纯或化学纯试剂	Chemical Pure	C. P.	蓝	少，纯度低于二级品	适用于要求较高的化学实验和要求不高的分析实验
四级	实验试剂	Laboratory Reagent	L. R.	黄或棕	较多，纯度低于三级	适用于要求不高的一般化学实验

除表 1-3 中四种级别的试剂以外，还有一些特殊规格的试剂，如：

光谱纯试剂：符号 S. P.，光谱法测不出杂质含量，为光谱分析中的标准物质。

基准试剂：纯度相当于或高于保证试剂，是容量分析中用于标定溶液的基准物质，也可用于直接配制标准溶液。

色谱纯试剂：在最高灵敏度下，以 10^{-10} g 试剂无色谱杂质峰为标准。用作色谱分析的标准物质。

生化试剂：用于各种生物化学实验。

各种级别的试剂因纯度不同价格相差很大，所以，使用时在满足实验要求的前提下，应考虑节约的原则。

在试剂瓶的标签上（一般在右上角），有时注明"符合 GB""符合 HG"或者"符合 HGB"的字样，这些字样表示该化学试剂的技术条件（或杂质最高含量）符合国家规定的某种标准。如"符合 GB"，即符合"化学试剂国家标准"。在这些符号的后面有该化学试剂的统一编号。如 HG3-123-64 是无水硫酸钠的部颁标准代号，HGB3166-60 是结晶碳酸钠的部颁暂行标准代号。

三、使用化学试剂的注意事项

1. 不能用手直接接触化学试剂。

2. 取用试剂时应防止试剂被污染。

（1）打开瓶塞后，瓶塞应仰放在桌面上，不许任意放置，防止沾污，取完试剂后应立即盖好。

（2）取固体试剂时应用洁净干燥的药匙取用，用后药匙应洗（或擦）净。

（3）原装试剂取用时，应采用"倒出"的方法，不用吸管直接吸取。若有特殊需要时，吸管或移液管应洁净干燥，防止带入污物或水。

（4）试剂自瓶中倒出后，若使用不完，其剩余部分不得再倒回原瓶，以免污染整瓶试剂，所以，要按需要量取用，避免浪费。

3. 称取固体试剂时，应把试剂放在称量纸或表面皿上称量。具有腐蚀性或易潮解的试剂必须放在称量瓶中称量。

4. 量取液体试剂时，应将试剂瓶上贴标签的一面握在手中，瓶口紧贴量筒口，逐渐倾斜瓶子，让试剂缓缓流入量筒，或借助洁净的玻璃棒，让瓶口紧贴玻璃棒使试剂沿玻璃棒注入烧杯中。当流出的试剂达到所需要量时，停止倾倒，将瓶口在量筒口上或玻璃棒上靠一下，以免遗留在瓶口的液滴流到试剂瓶的外壁上。

5. 往试管中加入粉末状固体时，将药匙（或将取出的样品放在对折的纸条上）伸进平放的试管中约 2/3 处，然后直立试管，使样品落入试管的底部。

6. 从滴瓶中取用试剂时，先将滴管提起离开液面，然后捏紧乳胶头，赶出滴管中的空气，再把滴管伸入到试剂中，放松手指吸入试剂，将滴管提起，垂直于试管（垂直）口上方，逐滴滴入。

为防止试剂污染，使用滴管时注意：

（1）滴加试剂时，滴管不得伸入试管内。

（2）滴管用后要放回原来的滴瓶上，注意不要放错。

（3）滴管吸入试剂后，应手拿乳胶头垂直向下，不能垂直向上，也不能平放或向上倾斜，否则，试管中的试剂会流入乳胶头内沾污试剂，此外若是腐蚀性试剂还可腐蚀乳胶头。

（4）滴加完毕后，滴管内剩余的试剂应滴回原试剂瓶，当滴管排空后方可放回试剂瓶上。注意：滴管放置时管内不得充有试剂，以免腐蚀性试剂腐蚀乳胶头。

7. 自配的试剂，瓶上应有明显的标签，并写明试剂的名称、浓度及配制时间。

§1-6　实验预习、实验记录和实验报告

一、实验预习

实验预习是做好实验的基础。每个学生都应准备一个实验预习本（也兼作记录本），实验前要认真预习实验讲义并写出实验预习报告。合成实验预习报告要求如下：

1. 写出实验目的、原理及有关反应式。

2. 列出实验所需的仪器名称。

3. 查阅并列出主要试剂和产物的物理常数以及主要试剂的规格、用量。

4. 阅读实验内容后，根据实验内容用简练的语句和符号（如化合物写分子式，克用"g"，毫升用"mL"，加入用"+"，加热用"△"，沉淀用"↓"，气体用"↑"，仪器可用示意图代之等）改写成简单明了的实验步骤（不是照抄实验讲义!），并标明关键之处。

5. 列出粗产物纯化过程。

6. 写出你认为做好该实验所必须的注意事项。

7. 画出实验装置草图。

此外，还应考虑实验中怎样合理地安排好时间，提高工作效率。

实验预习报告就是工作提纲，实验应按提纲进行。预习工作做得好，不仅实验能顺利进行，也能从实验中获得更多的知识。

二、实验记录

做好实验记录是培养学生科学作风和实事求是精神的重要环节。在实验过程中应仔细观察实验现象，如加入原料的量和颜色，加热温度、固体的溶解情况、反应液颜色的变化、有无沉淀或气体出现，产品的量、颜色、熔点或沸点、折光率等。将观察到的这些现象以及测得的数据认真如实地记录在记录本上（记录时要与操作一一对应），不准记录在纸片上，以免丢失。也不准事后凭记忆补写实验记录，应养成一边进行实验一边做记录的习惯。记录要简明扼要，字迹整洁。实验完毕后，将实验记录交老师审阅。实验记录是科学研究的第一手资料，也是写实验报告的原始根据，应予以重视。

三、实验报告

实验报告是总结实验进行的情况、分析实验中出现问题的原因、整理归纳实验结果的重要工作，所以必须认真写好实验报告。实验报告的格式如下：

1. 性质实验报告

（1）实验目的。

（2）实验原理。

（3）操作步骤（表格式）。

实验名称	步骤	现象	反应式	解释

预习实验时只填写"实验名称"和"步骤"两项，即为预习报告。做实验的过程中填写"现象"一项，实验结束后填写"反应式"和"解释"两项，即为实验报告。

（4）讨论或问题解答。

2. 合成实验报告

（1）写出实验目的、原理及有关反应方程式。

（2）写出主要试剂的规格、用量及物理常数。

（3）画实验装置图。

（4）实验步骤及现象。

（5）粗产品纯化过程。

（6）实验结果（包括产品的外观、产量、计算产率或其他数据）。

（7）讨论、总结。内容包括：①对实验结果和产品进行分析、评价。②分析实验中出现的问题及解决的办法。③写出做实验的体会。④可对实验提出建议。

一份完整的实验报告能体现学生对实验的理解深度、综合解决问题的能力以及文字表达能力。

下面举例说明实验报告的写法。

正溴丁烷的制备

（一）实验目的

1. 学习由醇制备正溴丁烷的原理及方法。

2. 练习带有吸收有害气体装置的回流加热操作。掌握分液漏斗的使用方法；液体样品的干燥技术；折光率的测定；简易水蒸气蒸馏。

（二）实验原理

本实验采用正丁醇与溴化钠、浓硫酸作用制取正溴丁烷。该反应为可逆反应，故增加溴化钠的用量，同时加入过量的浓硫酸以吸收反应中生成的水分，使平衡向右移动，提高收率。

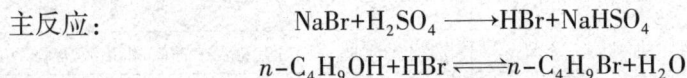

主反应：

$$NaBr+H_2SO_4 \longrightarrow HBr+NaHSO_4$$

$$n-C_4H_9OH+HBr \Longleftrightarrow n-C_4H_9Br+H_2O$$

副反应：

$$CH_3CH_2CH_2CH_2OH \xrightarrow[\triangle]{浓\ H_2SO_4} CH_3CH_2CH=CH_2+H_2O$$

$$2CH_3CH_2CH_2CH_2OH \xrightarrow[\triangle]{浓\ H_2SO_4} (CH_3CH_2CH_2CH_2)_2O+H_2O$$

$$2HBr+H_2SO_4 \xrightarrow{\triangle} Br_2+SO_2+2H_2O$$

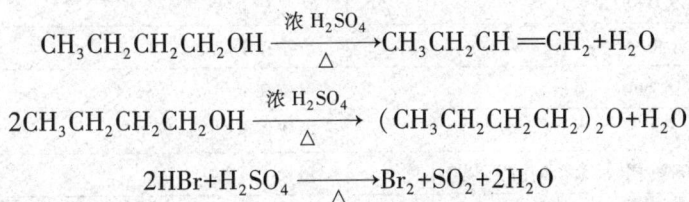

（三）主要试剂及产物的物理常数

名称	分子量	性状	折光率 (n^{20})	熔点（℃）	沸点（℃）	溶解性		
						水	醇	醚
正丁醇	74.12	无色透明液体	1.3993	-89.5	117.71	溶	溶	溶
正溴丁烷	137.03	无色透明液体	1.4399	-112.4	101.6	不溶	溶	溶

（四）主要试剂的规格及用量

正丁醇：C.P.　6.2mL（5g，0.068mol）。

浓硫酸：C.P.　10mL（0.18mol）。

无水溴化钠：A.R.　8.3g（0.08mol）。

（五）仪器装置图（略）

（六）操作步骤

步骤（预习部分）	现象记录（现场部分）
100mL 圆底烧瓶 + 6.2mL n-C$_4$H$_9$OH + 8.3g NaBr（研细）+ 沸石	溴化钠未完全溶解
锥形瓶 + 10mL H$_2$O（冰水冷却）+ 10mL 浓 H$_2$SO$_4$（分次、振摇、冷却）	放热
将 H$_2$O-H$_2$SO$_4$ 液分数次加入烧瓶中。边加边振摇，混合均匀	固体（NaBr）减少，上层液稍微发黄
装上冷凝管、气体吸收装置，加石棉网，小火加热回流 30 分钟，有固体存在时要不断振摇	9:26 开始加热，9:31 开始回流，振摇，冷凝管下端出现白雾状的 HBr，沿冷凝管上升。9:33 分层，上层橙黄色，下层乳白色，固体慢慢消失，10:01 停止回流，上层橙黄色，下层无色透明
稍冷，安装简易水蒸气蒸馏装置，加沸石，蒸馏	馏出液浑浊。瓶中上层减少，消失。馏出液澄清
停止蒸馏。分液，将下层分至干燥的分液漏斗中	产物在下层
酸洗（3mL 冷的浓 H$_2$SO$_4$），分液	产物在上层
水洗（10mL），分液	产物在下层
碱洗（10%NaHCO$_3$5mL），分液	产物在下层
水洗（10mL），分液	产物在下层
粗品置于 50mL 锥形瓶中，加无水氯化钙干燥 2 小时	澄清
过滤，蒸馏，收集 99~102℃ 馏分	99℃ 以前馏分很少，稳定于 101~102℃，至基本蒸干，停止蒸馏

（七）粗产物纯化过程及原理

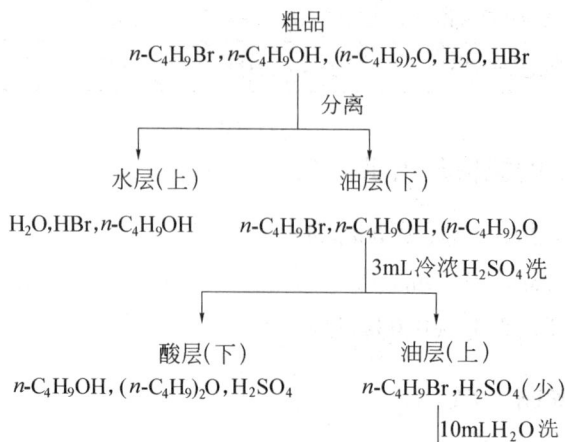

粗品
n-C$_4$H$_9$Br, n-C$_4$H$_9$OH, (n-C$_4$H$_9$)$_2$O, H$_2$O, HBr

分离

水层（上）
H$_2$O, HBr, n-C$_4$H$_9$OH

油层（下）
n-C$_4$H$_9$Br, n-C$_4$H$_9$OH, (n-C$_4$H$_9$)$_2$O

3mL 冷浓 H$_2$SO$_4$ 洗

酸层（下）
n-C$_4$H$_9$OH, (n-C$_4$H$_9$)$_2$O, H$_2$SO$_4$

油层（上）
n-C$_4$H$_9$Br, H$_2$SO$_4$（少）

10mLH$_2$O 洗

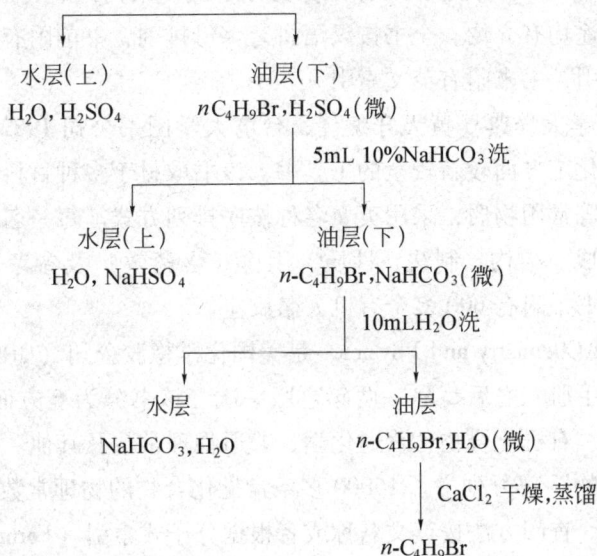

```
              ┌──────────────────┴──────────────────┐
           水层(上)                               油层(下)
        H₂O, H₂SO₄                          nC₄H₉Br, H₂SO₄(微)
                                                    │
                                          5mL 10%NaHCO₃ 洗
              ┌──────────────────┴──────────────────┐
           水层(上)                               油层(下)
        H₂O, NaHSO₄                      n-C₄H₉Br, NaHCO₃(微)
                                                    │
                                             10mLH₂O 洗
              ┌──────────────────┴──────────────────┐
            水层                                   油层
       NaHCO₃, H₂O                        n-C₄H₉Br, H₂O(微)
                                                    │
                                         CaCl₂ 干燥, 蒸馏
                                                    │
                                              n-C₄H₉Br
```

（八）实验结果

产品外观：无色液体。

产品重量：瓶重 15.8g，共重 21.9g，产品重 6.1g。

折光率：文献值 n_4^{20} 1.4399。

实测值：$t = 16℃$ 时为 1.4416，换算为 $t = 20℃$ 时为 1.4400。

产率计算：由于其他试剂过量，理论产量应按正丁醇计算。0.068mol 正丁醇可产生 0.068mol 正溴丁烷，所以正溴丁烷的理论产量应为 $0.068 \times 137 = 9.32g$。

即　　　　理论产量＝反应物摩尔数（最小的）×生成物分子量

　　　　　　产率＝实际产量/理论产量×100%

因此，正溴丁烷的产率为：$\dfrac{6.1}{9.32} \times 100\% = 65.5\%$。

（九）总结与讨论

根据自己对本次实验的理解和体会对实验做出总结，并对实验过程中出现的问题进行分析讨论，找出可能的原因。

§1-7　常用化学工具书和实验参考书

一、常用化学工具书

1. 化工辞典（王箴主编，第 4 版，化学工业出版社 2000 年出版），为综合性化学化工辞书，收集词目 1.6 万余条。列有化合物分子式、结构式、物理常数和化学性质，对化合物制备和用途均有介绍。全书按汉语拼音字母排列，书前附有汉语拼音检字索引及汉字笔画检字索引，书末附有英文索引。

2. 化学化工药学大辞典（黄天守编译，台湾大学图书公司 1982 年出版），是一本关于化学、医药及化工方面较新较全的工具书。该书取材于多种百科全书，收录近万个化学、医药及化工等常用物质，采用英文名称按序排列方式。每一名词各自成一独立单元，其内容包括组成、结构、制法、性质、用途（含药效）及参考文献等。本书取材新颖，叙述详细。书中附有 600 多个有机人名反应。

3. Handbook of Chemistry and Physics，是美国化学橡胶公司（CRC）于 1913 年出版的一本化学和物理手册，之后每隔一两年再版一次。该书分为 6 方面内容：数学用表、元素和无机化合物、有机化合物、普通化学、普通物理常数及其他。

在"有机化合物"部分列举了 15000 多条常见化合物的物理常数，并按照其英文名称的字母顺序排列。查阅方法按英文名称或者根据分子式索引（Formula Index）查找。

4. The Merck Index，是美国 Merck 公司于 1889 年出版的一本辞典，2001 年经修订出版第 13 版，目前已出至第 14 版。主要介绍有机化合物和药物的性质、制法和用途，共收集 10000 余种化合物，书中提供分子式索引和主题索引。

5. Chemical Abstracts，美国化学文摘，简称 CA，由美国化学会化学文摘社编辑出版，于 1907 年创刊。1962 年起，每年出 2 卷，每卷出 13 期，自 1976 年（66 卷）至今，改为周刊，每卷 26 期。单期号刊载生化类和有机化学类内容，双期号刊载大分子类、应用与化工、物化与分析化学内容。

每期 CA 前面是文摘，期末附有关键词索引、作者索引、专利号索引以及专利对照索引。每卷出版包括全卷内容的各种索引，每 10 年出版包括 10 年全部内容的各种累积索引，自 1957 年开始每 5 年出版一次累积索引。通过累积索引可在短时间内找出 5~10 年内发表的有关文献。

有关 CA 的查阅方法可参考《美国化学文摘查阅法》，彭海卿编，化学工业出版社 1981 年出版。

二、网上资源

由于互联网技术迅速发展，上网查阅已成为我们获取图书、资料、信息的重要途径之一，下面介绍有关网址供参考。

1. 中国国家图书馆：http://www.nlc.gov.cn
2. 清华大学图书馆：http://www.lib.tsinghua.edu.cn
3. 北京大学图书馆：http://www.lib.pku.edu.cn
4. 中国专利信息网：http://www.patent.com.cn
5. 中国科学院文献情报中心：http://www.las.ac.cn
6. 万方数据资源系统：http://www.wanfangdata.com.cn

7. 外文文献服务网：http://book. spousecare. com

8. 化合物基本性质数据库：http://www. chemfinder. camsoft. com

网络中有些资源可免费查阅，有些资源需交费才能使用。

三、主要实验参考书

1. 王清廉，沈风嘉．有机化学实验．2 版．北京：高等教育出版社，1994

2. 周科衍，高占先．有机化学实验．3 版．北京：高等教育出版社，1996

3. 关烨第，李翠娟，葛树丰．有机化学实验．2 版．北京：北京大学出版社，2002

4. 李兆陇．有机化学实验．北京：清华大学出版社，2001

第二部分 有机化学实验技术 ▷▷▷

§2-1 基本操作技能

一、加热与冷却

加热与冷却是促进和控制有机反应常用的手段，在进行有机化学反应时，常用热浴进行加热，用冷却剂进行冷却。

（一）加热与热源

在室温下，某些有机反应难于进行或反应速度很慢。为了加快反应速度，往往需要加热。有机物质的蒸馏、升华等也需要加热。化学反应中的加热方式有直接加热和间接加热。有机化学实验室一般不采用直接加热，例如用电热板加热圆底烧瓶，会因受热不均匀，导致局部过热，甚至导致烧瓶破裂，所以，在实验室安全规则中规定禁止用明火直接加热易燃的溶剂。

实验室常用的热源有煤气、酒精和电能。

为了保证加热均匀，一般使用热浴间接加热，作为传热的介质有空气、水、有机液体、熔融的盐和金属等。根据加热的温度、升温的速度等需要，常采用以下手段。

1. 空气浴

空气浴是利用热空气间接加热，对于沸点在80℃以上的液体均可采用。

把容器放在石棉网上加热，就是最简单的空气浴。但是，容器受热仍不均匀，故不能用于回流低沸点的液体或减压蒸馏。

2. 水浴

水浴是较常用的热浴。当加热的温度不高于90℃时，可将反应容器部分浸在水中进行加热。必须强调的是，当涉及用金属钾和钠的操作时，决不能在水浴上进行。

使用水浴时，不能使容器触及水浴器壁或其底部。

如果加热温度要稍高于100℃，则可选用适当的无机盐类的饱和水溶液作为热浴液。表2-1是部分无机盐饱和水溶液的沸点。

由于在加热过程中，水浴中的水会不断蒸发，故应适时添加热水，使水浴中水面经常保持稍高于容器内的液面。

表 2-1 部分无机盐饱和水溶液的沸点

盐 类	饱和水溶液的沸点（℃）
NaCl	109
$MgSO_4$	108
KNO_3	116
$CaCl_2$	180

总之，使用液体热浴时，热浴的液面应始终略高于容器中的液面。

市售的电热多孔恒温水浴，锅盖是由一组大小不同的同心金属（铜或铝）圆环组成，可根据加热器皿的大小任意选择，以尽可能增大器皿底部的受热面积而又不掉进水浴为原则。水浴中的水一般不能超过其容积的 2/3。

3. 油浴

油浴适用于 $100 \sim 250℃$ 的加热。优点是温度容易控制在一定范围内，反应物受热均匀。反应物的温度一般低于油浴液 20℃ 左右。常用的油类液体有：

（1）甘油：可以加热到 $140 \sim 150℃$，温度过高时则会分解。

（2）植物油或硬化油：如菜油、蓖麻油、花生油和氢化棉籽油等，可以加热到 220℃。使用时常加入 1% 的对苯二酚等抗氧化剂，增加油在受热时的稳定性。

（3）固体石蜡和液体石蜡：能加热到 200℃ 左右，冷却到室温时凝固成固体，保存方便。液体石蜡（石蜡油）加热时温度稍高并不分解，但较易燃烧。

（4）硅油：硅油在 250℃ 时仍较稳定，透明度好。只是价格较贵。

用油浴加热时要特别小心，防止着火，当油受热冒烟时，应立即停止加热。万一着火，也不要慌张，可首先将热源移开，再移去周围易燃物，然后用石棉板盖住油浴，火即可熄灭。油浴中应挂一支温度计（温度计不可接触油浴锅底），可以观察油浴的温度和有无过热现象，便于控制温度。油浴中油量不能过多，否则受热后有溢出而引起火灾的危险。使用油浴时要极力防止可能引起油浴燃烧的因素和污染实验室空气。

加热完毕取出反应器时，仍须用铁夹夹住反应容器令其离开液面悬置片刻，待容器壁上附着的油滴完后，用纸或干布揩干。

4. 酸浴

酸浴是以酸作为传热介质，常用的酸是浓硫酸，可加热至 $250 \sim 270℃$，当加热至 300℃ 左右时则分解，产生白烟。若酌加硫酸钾，则加热温度可升到 350℃ 左右。表 2-2 是两种浓硫酸-硫酸钾混合物酸浴的使用温度。

表 2-2 两种浓硫酸-硫酸钾混合物酸浴的使用温度

浓硫酸（密度 1.84g/cm^3）	70%（W/W）	60%（W/W）
硫酸钾	30%	40%
加热温度	约 325℃	约 365℃

上述混合物冷却时，成固体或半固体，因此，若使用温度计测量酸浴温度，应在液体未完全冷却前将其取出。

5. 砂浴

砂浴一般是用铁盆盛装干燥的细海砂（或河砂），将反应器半埋入砂中加热，可加热到350℃。加热沸点在80℃以上的液体时可以采用，砂浴特别适用于加热温度在220℃以上者。缺点是砂对热的传导能力很差，升温很慢，且不易控制。因此，砂层要薄一些。砂浴中应插入温度计，温度计水银球要紧靠反应容器。

6. 电热套加热

半球形的电热套是比较好的热浴工具，因为电热套中的电热丝是被玻璃纤维包裹着的，用调压变压器来控制加热温度，使用安全、方便，一般可加热到400℃。电热套主要用于回流加热。蒸馏或减压蒸馏以不用为宜，因为在蒸馏过程中随着容器内物质的逐渐减少，会使容器壁过热。电热套有各种规格，取用时要与容器的大小相适应。使用时不可让有机液体或酸、碱、盐的溶液流到电热套中，否则会造成电热丝的短路或腐蚀，使电热套损坏。

（二）冷却

1. 在有机化学实验中，有时须在一定的低温条件下进行反应或分离提纯等。例如：

（1）某些反应需要在特定的低温条件下进行，否则会引起很多副反应，甚至引发爆炸，如重氮化反应一般在0~5℃进行。

（2）对于沸点很低的有机物，进行冷却可减少损失。

（3）可加速晶体的结晶析出。

因此常采用一定的冷却剂进行冷却操作。

2. 冷却剂的选择是根据冷却的温度和带走的热量来决定的。常用的冷却剂有：

（1）水：价廉，热容量高，是常用的冷却剂。但随着季节的不同，冷却效率变化较大。

（2）冰-水混合物：也是容易得到的冷却剂，可冷至5~0℃，比单纯用冰块有较大的冷却效能。因为将冰粉碎后，冰-水混合物能与容器的器壁充分接触。如果水的存在并不妨碍反应的进行，则可以把碎冰直接投入到反应物中，这样能更有效地保持低温。

（3）冰-盐混合物：如果需要把反应混合物保持在0℃以下，可采用冰-食盐混合物，即向碎冰中加入食盐（质量比3∶1），可冷至-5~-18℃。实际操作时按上述质量比将食盐均匀的撒布在碎冰上。其他盐类如$CaCl_2 \cdot 6H_2O$按质量比5∶4与碎冰混合，可冷至-40~-50℃。

若无冰时，则可用某些盐类溶于水时的吸热作用作为冷却方法。

常用的水-盐冷却剂和盐-冰冷却剂见表2-3。

表 2-3　水（冰）及盐组成的冷却剂

盐　类	用量（g）（每 100g 水）	温　度（℃）	
		始温	冷冻
KCl	30	+13.6	-0.6
$CH_3COONa \cdot 3H_2O$	95	+10.7	-4.7
NH_4Cl	30	+13.3	-5.1
$NaNO_3$	75	+13.2	-5.3
NH_4NO_3	60	+13.6	-13.6
$CaCl_2 \cdot 6H_2O$	167	+10.0	-15.0
（每 100g 冰）			
NH_4Cl	25	-1	-15.4
KCl	30	-1	-11.1
NH_4NO_3	45	-1	-16.7
$NaNO_3$	50	-1	-17.7
NaCl	33	-1	-21.3
$CaCl_2 \cdot 6H_2O$	404	0	-19.7

　　有机化学实验室常用的冷却剂还有固体二氧化碳（"干冰"）和乙醇、乙醚、丙酮的混合物，可达到更低的温度（-50~-78℃）。

二、回流

　　在室温下，有些反应速度很慢或难于进行，为使反应尽快地进行，常常需要使反应在沸腾的条件下进行若干时间，为了避免挥发性的溶剂或反应物损失，可以在烧瓶口加装回流冷凝器，使汽化的溶剂或反应物蒸气冷凝成液体，回流到反应容器中，这个操作称为回流。当用挥发性溶剂（如乙醇、醚、石油醚）加热溶解物质时，或放热反应进行会使挥发性物质损失时，也应该使用回流装置。常用回流装置见图 2-1。

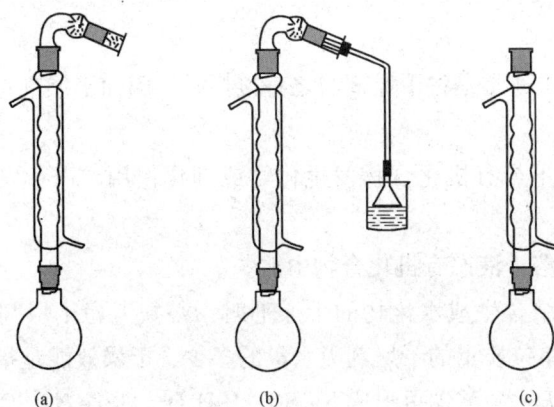

(a)　　　　　(b)　　　　　(c)

图 2-1　回流装置

进行回流时，为了使挥发性物质能充分冷凝下来，切勿使沸腾过于剧烈。为了防止过热、暴沸，常常加入止暴剂（如沸石或多孔的瓷片）。有些反应要求在无水情况下进行，为了防止空气中的湿气进入影响反应，可在回流冷凝器上端加装氯化钙干燥管［图2-1（a）］；如果反应中有有害气体放出（如溴化氢等），可加接气体吸收装置［图2-1（b）］。

三、干燥与干燥剂

干燥是指除去附在固体或混杂在液体或气体中的少量水分，也包括除去少量溶剂。很多有机反应需要在无水的条件下进行，所用的原料及反应容器都应该是干燥的。某些含有水分经加热会变质的化合物，在蒸馏或用无水溶剂进行重结晶前，也必须进行干燥。在进行元素的定性分析之前，必须将样品干燥，否则会影响分析结果。因此，在有机化学实验中，常需要对反应器皿、化学试剂进行干燥。干燥是最常用且十分重要的基本操作。

（一）干燥方法

有机化合物的干燥方法，可分为物理方法和化学方法两种。

1. 物理方法是指不使用干燥剂而进行干燥。常用的方法有：

（1）分馏：如甲醇和水的混合物，由于沸点相差较大，用分馏柱即可完全分开。

（2）吸附：如用硅胶或分子筛脱水干燥空气。

（3）加热烘干：如用烘箱或红外线灯干燥晶体样品。

2. 化学方法是向有机液体中加入干燥剂，使干燥剂与水起化学反应或与水结合生成水化物，从而除去有机液体中所含的水分，达到干燥的目的。例如：

$$CaCl_2+6H_2O \Longrightarrow CaCl_2 \cdot 6H_2O$$
$$2Na+2H_2O \Longrightarrow 2NaOH+H_2 \uparrow$$

（二）液态有机化合物的干燥

1. 干燥剂的选择

液体有机物的干燥通常是将干燥剂与之直接接触，因而干燥剂选用时必须注意以下几点。

（1）干燥剂必须不与有机化合物发生化学或催化作用，以免发生缩合、聚合或自动氧化等反应。

（2）干燥剂应不溶于液态有机化合物中。

（3）当选用与水结合生成水化物的干燥剂时，必须考虑干燥剂的吸水容量和干燥效能。吸水容量是指单位质量的干燥剂吸水量的多少，干燥效能是指达到平衡时液体被干燥的程度。例如，无水硫酸钠可形成 $Na_2SO_4 \cdot 10H_2O$，即 1g Na_2SO_4 最多能吸收 1.27g 水，其吸水容量为 1.27，但其水化物的蒸气压也较大（25℃时为 255.98Pa），故干燥效能差。氯化钙能形成 $CaCl_2 \cdot 6H_2O$，其吸水容量为 0.97，此水化物在 25℃时蒸气压为 39.99Pa，故无水氯化钙吸水容量虽然较小，但干燥效能强。所以干燥操作时应根据除去水分的具体要求而选择合适的干燥剂。通常干燥剂形成水化物需要一定的平衡时间，因此，加入干燥剂后必须放置一段时间才能达到脱水效果。

已吸水的干燥剂受热后又会脱水，其蒸气压会随温度的升高而增加，所以，对已干燥的液体在蒸馏之前必须把干燥剂滤去。

（4）干燥剂应价廉易得。

2. 干燥剂的用量

掌握好干燥剂的用量是很重要的。用量不足，不可能达到干燥的目的。用量太多时，则会由于干燥剂的吸附而造成被干燥液体的损失。以乙醚为例，室温时水在乙醚中的溶解度为 1%～1.5%，若用无水氯化钙来干燥 100mL 含水的乙醚时，全部转变成 $CaCl_2 \cdot 6H_2O$，其吸水容量为 0.97，无水氯化钙的理论用量至少要 1g，而实际用量远远超过 1g，这是因为醚层中的水分不可能完全分离开，而且还有悬浮的微细水滴，其次形成高水化物的时间很长，往往不可能达到理论上的吸水容量，故实际投入的无水氯化钙是大大过量的，常需要 7～10g 无水氯化钙。操作时，一般投入少量的干燥剂到液体中，进行振摇，如出现干燥剂附着在器壁或相互黏结时，则说明干燥剂用量不够，应再添加干燥剂；如投入干燥剂后出现水相，必须用吸管把水吸出，然后再添加新的干燥剂。

干燥前，液体呈浑浊状，经干燥后变成澄清，这可简单地作为水分基本除去的标志。

一般干燥剂的用量为每 10mL 液体需要 0.5～1g。由于含水量不等，干燥剂质量的差异，干燥剂的颗粒大小和干燥时的温度不同等因素，实际用量应根据具体情况确定。

3. 常用的干燥剂

（1）无水氯化钙（$CaCl_2$）：价廉，吸水后形成 $CaCl_2 \cdot nH_2O$（$n = 1$，2，4，6）。吸水容量最大为 0.97，干燥效能中等，平衡时间较长，所以，使用无水氯化钙干燥液体时需放置一段时间，并要间歇振荡。氯化钙适用于烃类、醚类化合物的干燥。由于氯化钙能与醇、酚、胺、酰胺、某些醛、酮以及酯形成配合物，因此不适用于以上化合物的干燥。工业品氯化钙中可能含有氢氧化钙或氧化钙，故不能用于干燥酸性化合物。

（2）无水硫酸镁（$MgSO_4$）：中性干燥剂，不与大多数有机化合物和酸性物质起反应，吸水后形成 $MgSO_4 \cdot nH_2O$（$n = 1$，2，4，5，6，7），48℃以下形成 $MgSO_4 \cdot 7H_2O$，吸水容量 1.05，效能中等，可干燥许多不能用无水氯化钙干燥的有机化合物，应用范围广，是一个很好的中性干燥剂。

（3）无水硫酸钠（Na_2SO_4）：为中性干燥剂，价廉，与水结合生成 $Na_2SO_4 \cdot 10H_2O$，吸水容量为 1.27，但干燥速度缓慢，且最后残留的少量的水分不易被吸收，一般用于有机液体的初步干燥，然后再用效能高的干燥剂干燥。

（4）无水硫酸钙（$CaSO_4$）：与有机化合物不起化学反应，不溶于有机溶剂，与水形成相当稳定的水化物，25℃时蒸气压为 0.532Pa，是一种作用速度快，效能高的中性干燥剂,唯一的缺点是吸水容量小,常用于第二次干燥(即在无水硫酸镁、无水硫酸钠干燥后做最后干燥之用)。

(5)无水碳酸钾(K_2CO_3):与水形成 $K_2CO_3 \cdot 2H_2O$,干燥速度慢,吸水容量为0.2,干燥效能较弱,一般用于水溶性醇和酮的初步干燥,或替代无水硫酸镁,有时代替氢氧化钠干燥胺类化合物。但不适用于酸性物质的干燥。

(6)金属钠(Na):适用于已用无水氯化钙或硫酸镁等初步干燥过的烷烃、芳烃、醚和叔胺等有机物,若仍含有微量的水分时,可加入金属钠(切成薄片或压成丝)除去。干燥时有氢气放出,所以应在瓶塞中插入一无水氯化钙的干燥管,使氢气放空而水汽不至于进入。干燥完毕后应将残留的钠回收放入煤油中保存,或用无水乙醇处理后弃去,切忌直接倒入回收容器中,以免发生事故。不宜用作醇、酯、酸、卤代烃、酮、醛及某些胺等能与钠起反应或易被还原的有机物的干燥剂。

有机化合物常用的干燥剂见表 2-4。

表 2-4　各类有机物常用干燥剂

液态有机化合物	适用的干燥剂
烷烃、芳烃、醚类	氯化钙、金属钠、五氧化二磷
醇类	碳酸钾、硫酸镁、硫酸钠、氧化钙
醛类	硫酸镁、硫酸钠
酮类	硫酸镁、硫酸钠、碳酸钾
有机酸、酚	硫酸镁、硫酸钠
酯类	硫酸镁、硫酸钠、碳酸钾
卤代烃	氯化钙、硫酸镁、硫酸钠、五氧化二磷
胺类	氢氧化钠、氢氧化钾
硝基化合物	氯化钙、硫酸镁、硫酸钠

4. 干燥操作

液态有机化合物的干燥操作一般在干燥的三角烧瓶内进行。首先将已分离尽水层的有机液体置于三角烧瓶中,然后将适量的合适干燥剂投入液体中,密塞(用金属钠作干燥剂时则例外,此时塞中应插入一个无水氯化钙管,使氢气放空而水汽不能进入),振荡片刻,静置,若瓶壁上无黏附的干燥剂颗粒且溶液清亮无气泡后,说明所有的水分全被吸去,将干燥剂与溶液分离。若干燥剂用量太少,致使部分干燥剂溶解于水时,可将干燥剂滤去,用吸管吸出水层,再加入新的干燥剂,放置一定时间(有时需放置过夜),过滤除去干燥剂,进行蒸馏精制。所用的干燥剂颗粒不宜太大,但也不能呈粉状,颗粒太大,表面积小,吸水作用不大,粉状干燥剂在干燥过程中容易变成泥浆状,分离困难。

(三)固体的干燥

从重结晶得到的固体有机化合物常带有水分或有机溶剂,干燥时应根据被干燥固体有机化合物的性质选择适当的方法进行干燥。

1. 自然晾干

这是最简便、最经济的干燥方法。适用于热稳定性较差且不易吸潮的固体有机物，或结晶上吸附有如乙醚、石油醚等易燃和易挥发溶剂者，此时可将要干燥的固体先在布氏漏斗中的滤纸上压平，然后在一张滤纸上薄薄地摊开，用另一张滤纸覆盖起来，在空气中慢慢地晾干。

2. 烘箱干燥

对热稳定的固体化合物可以放在烘箱内烘干，加热的温度切忌超过该物质的熔点，以免固体变色或分解，如需要则可放在真空恒温干燥箱中干燥。

3. 红外线干燥

利用红外线穿透能力强的特点，使水分或溶剂从固体内部的各部分蒸发出来。一般是使用红外线灯进行干燥，其干燥速度较快。用红外线灯干燥时要注意经常翻动固体，这样既可以加速干燥，又可以避免"烤焦"。

4. 干燥器干燥

对于易吸湿，或在较高温度干燥时会升华、分解或变色的有机化合物可置于干燥器中干燥。干燥器有普通干燥器和真空干燥器两类（图2-2）。在其底部放置干燥剂，中间隔一个多孔瓷板。干燥时将待干燥的固体平铺在表面皿中放在隔板上。真空干燥器顶部装有带活塞的玻璃导气管，由此处连接抽气泵，使干燥器内压力降低，从而可提高干燥效率，比普通干燥器快6~7倍。干燥器内常用的干燥剂见表2-5。

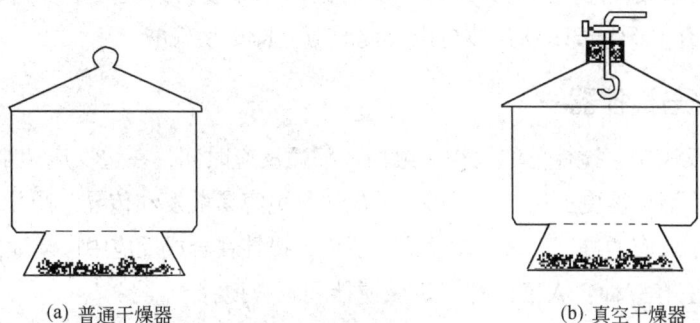

(a) 普通干燥器　　　　　　　　　　(b) 真空干燥器

图2-2 干燥器

表2-5 干燥器内常用的干燥剂

干 燥 剂	吸去的溶剂或其他杂质
CaO	水、醋酸、氯化氢
$CaCl_2$	水、醇
NaOH	水，醋酸、氯化氢、酚、醇
浓 H_2SO_4	水、醋酸、醇
P_2O_5	水、醇
石蜡片	醇、醚、石油醚、苯、甲苯、氯仿、四氯化碳
硅胶	水

干燥器在使用时应注意以下几点：

（1）干燥器的盖子磨口处涂抹适量凡士林，以提高密封效果；搬动干燥器时，应用两手的拇指按住盖子，以防盖子滑落打碎。

（2）干燥器内不能放置炽热的物体。温度很高的物体，应稍冷却后再放进去（不能冷却至室温）。普通干燥器在放入温度较高的待干燥物体后，一定要在短时间内，再打开盖子1~2次，以免干燥器内空气冷却使其内部压力降低而打不开盖子。

（3）打开（或盖上）干燥器，应沿水平方向向前（或向后）推动盖子。

（4）由于干燥器的玻璃可能厚薄不均，或质料不够坚固，当抽至真空时，可能经不住内外巨大的压力差，而发生崩裂，所以，真空干燥器在使用之前必须试压。试压时，要用铁丝网或防爆布包住真空干燥器，然后抽真空，关上活塞放置过夜。使用时，真空度不宜过高，防止万一干燥器炸碎时玻璃碎片飞溅而伤人，一般在水泵上抽真空至盖子推不动即可。

（5）真空干燥器在用水泵减压时，要在水泵和干燥器之间安装安全瓶，以免水压突变时水倒吸至干燥器内。

（6）通入空气的玻璃导管底部应弯成钩形。在解除干燥器内真空时，开动活塞放入空气的速度宜慢不能快，以免吹散被干燥的物质。

（7）真空干燥器一般不宜用硫酸做干燥剂。因为在真空条件下硫酸会蒸发出部分蒸气。如果必须使用，则需要在瓷板上加入一盘固体氢氧化钾。所用的硫酸的密度应为 $1.84g/cm^3$ 的浓硫酸，并按照每升硫酸18g的比例加硫酸钡到硫酸中，当硫酸的浓度降到93%时，会有 $BaSO_4 \cdot 2H_2O$ 晶体析出，此时应立即更换硫酸。

四、搅拌与搅拌器

在非均相反应中，搅拌可增大相接触面，缩短反应时间，在边反应边加料的实验中，搅拌可使反应物混合得更加均匀，反应体系的热量更容易散发和传导，防止局部过浓、过热，从而有利于反应的进行，减少副反应。所以，搅拌在合成反应中广泛地使用。

搅拌的方法有三种：人工搅拌、机械搅拌和磁力搅拌。

（一）人工搅拌

对于反应物量小、反应时间不长、不需要加热或加热温度不太高，而且反应过程中放出的气体无毒的制备实验，可采用人工搅拌。可以用已烧光滑的玻璃棒沿着容器内壁均匀的搅动，但应避免玻璃棒碰撞器壁。若在搅拌的同时还需要控制反应温度，可用橡皮圈把玻璃棒和温度计套在一起。为了避免温度计水银球触及容器底部而损坏，玻璃棒的下端宜稍伸出一些。

（二）机械搅拌和磁力搅拌

比较复杂的、反应物量较大、反应时间较长的，而且反应过程中体系能产生有毒气体的或需同时回流，或需按照一定速度长时间持续加入反应物的制备实验，要采用机械搅拌或磁力搅拌。

　　机械搅拌装置主要包括三个部分：电动机、搅拌棒和封闭器。电动机是动力部分，竖直固定在支架上，转速由调速器控制。搅拌棒与电动机相连，当接通电源后，电动机就带动搅拌棒转动而进行搅拌。密封器是搅拌棒与反应器连接的装置，它可以防止反应器中的气体外逸。搅拌的效率很大程度上取决于搅拌棒的结构。图 2-3 介绍了常用的几种搅拌棒，是用粗玻璃棒制成的。

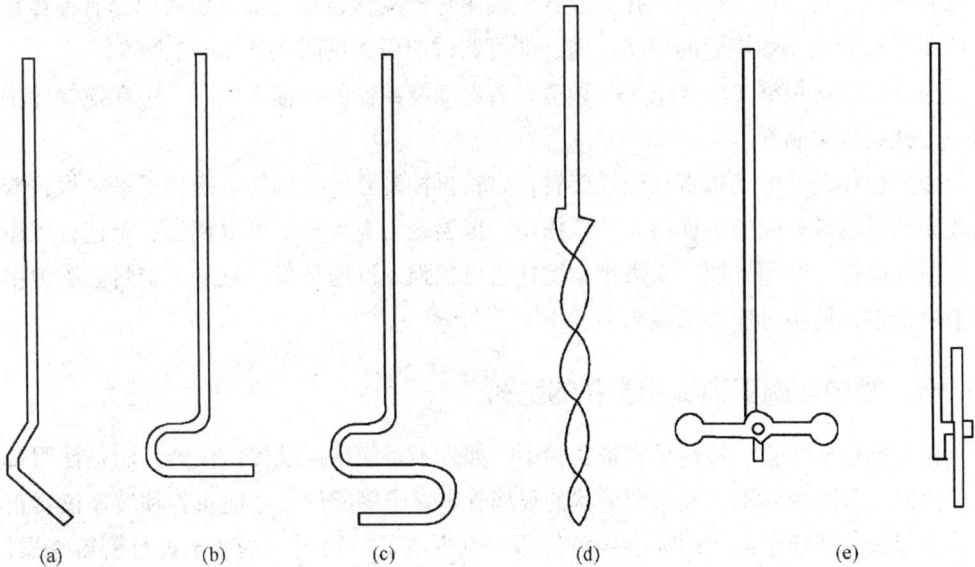

图 2-3　常用的几种搅拌棒

　　根据反应器的大小、形状、瓶口的大小及反应条件的要求，搅拌棒可以有各种样式，（a）、（d）适于圆底瓶，（b）、（c）、（e）适合于锥形瓶。其中（a）、（b）、（c）较易制作，（b）、（c）、（d）和（e）搅拌效果较好。

　　当在搅拌的同时还需要进行回流时，最好用三颈烧瓶，三颈烧瓶的中间瓶口装配搅拌棒，一个侧口安装回流冷凝管，另一个侧口安装温度计或滴液漏斗。密封器一般可以采用图 2-4 所示密封装置。

　　图 2-4（a）为简易密封装置，制作的方法是：在选择好了的塞子中央打一个孔，孔道必须光滑垂直，插入一根长 6~7cm，内径较搅拌棒略粗的玻璃管，使搅拌棒可以在玻璃管内自由的转动，把橡皮管套在玻璃管的上端；然后由玻

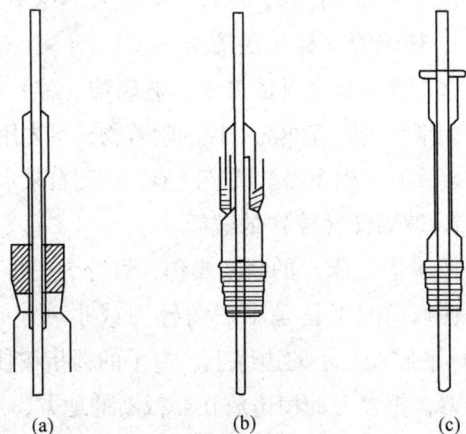

图 2-4　搅拌密封装置

璃管下端插入已制作好的搅拌棒，让橡皮管的上端松松地裹住搅拌棒；接着，把配有搅拌棒的塞子塞进三颈烧瓶中间口内，将塞子塞紧，调整三颈烧瓶的位置（最好不要调整搅拌器的位置，若必须调整搅拌器，必须首先拆除三颈烧瓶，以免搅拌棒戳破瓶底），使棒的搅拌部分接近三颈烧瓶的底部，但不能接触。在橡皮管和搅拌棒之间滴入少许甘油或凡士林起润滑和密封作用。这种装置制作简单，但密封性不太好。

如果使用的是标准接口仪器，则需要选择一个合适的搅拌器套管，将搅拌棒插入搅拌器套管内，再将搅拌棒和搅拌器套管上端用短橡皮管连接起来，然后把套有搅拌棒的搅拌器套管插入三颈烧瓶的中间口内，即可调试使用，见图2-4（b）、（c）。

搅拌速度可根据实验要求进行调节。若电动搅拌器的摆幅太大时，可在搅拌棒中部加一个铁夹来限制它。

磁力搅拌是以电动机带动磁铁旋转，磁铁再控制磁转子旋转。磁转子是一根包着玻璃或聚四氟乙烯外壳的小铁棒。一般使用的恒温磁力搅拌器，可以调温、调速，可用于液体恒温搅拌，使用方便，噪声小，搅拌力也较强，调速平稳，且易于密封。磁力搅拌器型号很多，使用时应参阅说明书。

五、简单玻璃工训练和塞子的钻孔

在有机化学实验，特别是制备实验中，如果不是使用标准接口仪器，而是使用普通玻璃仪器，常要用到不同规格和形状的玻璃管和塞子等配件，才能将各种玻璃仪器正确地装配起来。即使全部使用标准接口仪器，也少不了要用到一些塞子进行密封等操作，实验过程中还需要滴管、搅拌器等配件。因此，掌握玻璃管、棒的加工和塞子的选用及钻孔的方法，是进行有机化学实验必不可少的基本操作。

（一）简单玻璃工操作

有机化学实验中有些玻璃制品，如毛细熔点管、减压蒸馏的毛细管、搅拌棒等都需要自己动手加工制作。因此，必须较熟练地掌握玻璃工基本操作。

1. 玻璃管（棒）的清洁

根据实验要求对欲加工的玻璃管（棒）进行清洗，玻璃管内的灰尘，可用水冲洗干净。如果管内附有冲洗不掉的附着物，可先用铬酸洗液浸泡，然后用水冲洗。制作熔点管的玻璃管必须先用铬酸洗液浸泡，再用自来水和蒸馏水清洗、干燥，然后才能加工。

2. 玻璃管（棒）的截断

玻璃管（棒）的截断操作，可分为三步：锉痕、折断和熔光。

锉痕用的工具是小三角锉刀或小砂轮片，也可以用新敲碎的碎瓷片。将玻璃管（棒）平放在桌子的边缘上，左手的拇指按住玻璃管（棒）要截断的地方，右手执小三角锉刀，把锉刀的棱边放在要截断的地方，用力锉出一道细直的凹痕，凹痕约占管周的1/6，锉痕时只能向一个方向即向前或向后锉去，不能来回拉锉，否则，不但会损坏锉刀的棱锋，而且断裂面也不平整。

当锉出了凹痕之后下一步就是把玻璃管（棒）折断。折断时，两手分别握住凹痕的两边，凹痕向外，两个大拇指分别按在凹痕的后面两侧，用力急速轻轻一压带拉，就在凹痕处折成两段，如图 2-5 所示。为了安全起见，常用布包住玻璃管（棒），同时尽可能远离眼睛，以免玻璃碎渣飞溅伤人。

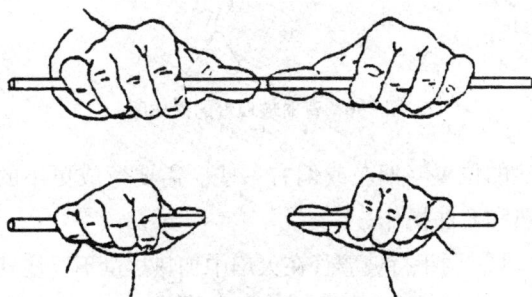

图 2-5　玻璃管（棒）的折断

较粗的玻璃管（棒）或要在靠近管端部切断的较细玻璃管（棒），采取上述方法处理较难截断，可利用玻璃管（棒）骤然受强热或骤冷易裂的性质，采取热切的方法：一种方法是先用锉刀在欲切断处划一道锉痕，然后将一根末端拉细的玻璃管（棒）在酒精喷灯灯焰上加热至白炽，使成珠状，立即压触到用水滴湿的粗玻璃管（棒）的锉痕处，锉痕因骤然受强热而裂开。另一种方法是使用电阻丝，将一段电阻丝绕成圆圈套在玻璃管（棒）的锉痕处（应紧贴玻璃管），然后将电阻丝通过导线连接在变压器上，接通电流，慢慢升高电压至电阻丝呈亮红色，稍等一会切断电流后再用滴管滴水至锉痕处，使其骤冷自行裂开。

玻璃管（棒）的断口是十分锋利的，容易割破皮肤、橡皮管，又不易插入塞子的孔道中，所以要把断口在火焰上烧平滑（熔光）。熔光的方法是将玻璃管（棒）呈 45°倾斜，将断口置于氧化焰边沿处，边烧边转动，直到烧平滑即可。熔光时注意防止烧的时间过长，以免玻璃管口径缩小甚至封死。

3. 玻璃管的弯曲

有机化学实验常常要用到弯曲玻璃管，它是将玻璃管放在火焰中加热至一定温度时，逐渐变软，离开火焰后，轻轻弯曲至所需要的角度而得到的。

玻璃管弯制的操作如图 2-6 所示，双手持玻璃管，把要弯曲的部分放在火焰上预热，然后放在鱼尾形的火焰中加热（或斜插入火焰内以增大玻璃管受热面积），受热的部分约宽 5cm。在火焰中使玻璃管缓慢、均匀而不停地向同一个方向转动，两手用力要均匀，否则玻璃管就会在火焰中扭歪。当玻璃管受热至足够软化时（玻璃管色变黄！）即从火焰中取出，轻轻弯成所需要的角度。弯玻璃管时不可性急，切忌加热不均匀、用力过猛。不论在烧管或弯管时，都不要扭动，否则弯好的管子会不在同一个平面上。

120°以上的角度可以一次弯成。较小的角度，可分几次弯成，先弯成 120°左右的角度，待玻璃管稍冷后，再加热弯成较小的角度（例如 90°），注意玻璃管在第二次受热

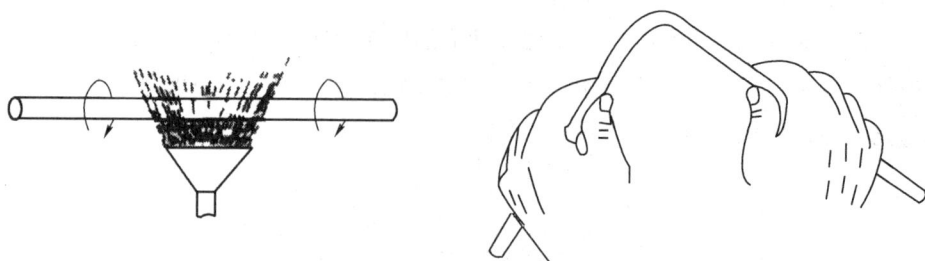

图 2-6　弯曲玻璃管的操作图

的位置应较第一次受热的位置略偏左或偏右一些。需要弯成更小的角度（如 60°、45°）时，应进行第三次加热和弯曲操作。

　　为了维持管径的大小，两手持玻璃管在火焰中加热尽量不要往外拉，其次注意掌握玻璃管的受热程度，受热不够则不易弯曲，容易出现纠结和瘪陷，受热过度则弯曲处的管壁厚薄不均匀。可在弯成角度之后，在管口轻轻吹气（不能过猛!）弯好的玻璃管从管的整体来看应在同一平面上。检查弯好的玻璃管的外形，如图 2-7（a）所示的为合格。

瘪陷

纠结

(a)　　　　　　　　　　　　　　　　　　　　(b)

图 2-7　弯好的玻璃管的形状

　　加工后的玻璃管均应趁热在弱火焰中加热一会，然后将其慢慢移出火焰，放在石棉网上自然冷却，称为退火处理，否则玻璃管冷却时内部会产生很大的应力，使玻璃管断裂。切勿立即与冷的物体接触。例如，不能放在实验台的瓷板上，因为骤冷会使已弯好的玻璃管炸裂。

4. 熔点管和沸点管的拉制

这两种管的拉制实质上就是把玻璃管拉细成一定规格的毛细管。

首先取一根洁净，壁厚为 1mm、直径 8～10mm 的玻璃管，在欲拉制的部位先用小火烘烤，将玻璃管中的水汽烘干，然后加大火焰，两肘搁在桌面上，用两手拿住玻璃管的两端，掌心相对，加热方法和玻璃管的弯制相同，但加热程度要强一些，待玻璃管被烧成红黄色时，再从火焰中取出，两肘仍搁在桌面上，然后，两手平稳的沿水平方向向两边拉伸，开始时要慢一些，逐步加快拉长成为内径约 1mm 的毛细管。最后截取 15～20cm 长，把此毛细管的两端在小火上封闭，当要使用时，将其从中央切断，就成为两根熔点管。

至于沸点管的拉制，是将粗玻璃管拉长为内径 3～4mm 的毛细管截成 7～8cm 长，在小火上封闭其一端，另取内径约 1mm 的毛细管截成 8~9cm 长，封闭一端，这两根毛细管就可组成沸点管了，留作沸点测定实验时使用。

5. 玻璃钉的制备

取一根玻璃棒，将其一端在酒精喷灯氧化焰边缘加热，变黄软化后在石棉网上压扁成直径为 1cm 左右。如一次达不到要求，可将此端反复加热软化后压扁，最后进行退火处理，以防冷却炸裂，然后截成长 6cm 左右，截断处熔光，就制成一根玻璃钉，可供抽滤时挤压或研磨样品用。

（二）塞子的钻孔

在有机化学实验中，往往需要用不同规格的玻璃管和塞子把各种仪器装配起来。

有机化学实验常用的塞子有软木塞和橡皮塞两种。软木塞的优点是不易和有机化合物作用，但易漏气和易被酸碱所腐蚀。橡皮塞虽然不漏气和不易被酸碱腐蚀，但易被有机物所侵蚀或溶胀。二者各有优缺点，究竟选用哪一种塞子才合适要由具体情况而定。一般说来，比较多的是使用软木塞，因为在有机化学实验中接触的主要是有机化合物；但在要求密封的实验中，如减压蒸馏、抽滤等就必须使用橡皮塞，以防漏气。不论是哪一种塞子，塞子的选择和钻孔的操作，都是必须掌握的。

1. 塞子的选择

选择一个大小合适的塞子，是使用塞子的起码要求，总的要求是塞子的大小应与仪器口径相匹配。塞子进入瓶颈或管颈部分不能少于塞子本身高度的 1/2，也不能多于 2/3，如图 2-8 所示。新的软木塞只要能塞入 1/3~1/2 即可。因为新的软木塞内部疏密不均，使用前须用压塞机压紧、压软，经过压塞机压软打孔后，就有可能塞入 2/3 左右了。

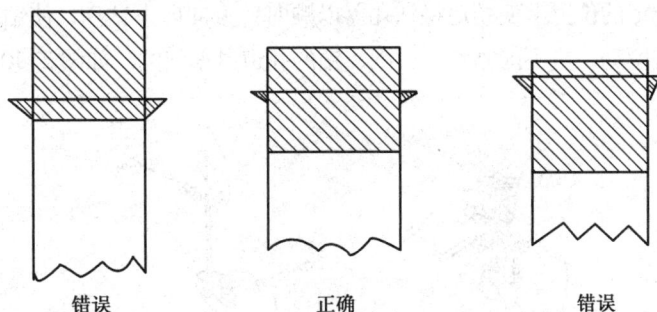

错误　　　　　正确　　　　　错误

图 2-8　塞子大小的选择

2. 钻孔器的选择

有机化学实验往往需要在塞子内插入导气管、温度计、滴液漏斗等，这就需要在塞子上钻孔。钻孔用的工具叫钻孔器（也叫打孔器），如图 2-9 所示。它是一组（五六支）直径不同的金属管（钻嘴），管的一端有柄，另一端管口很锋利。另外，每套钻孔器还有一个带柄的铁条，用来捅出进入钻孔器内的橡皮或软木。

图 2-9 所示的钻孔器是靠手力钻孔的。也有把钻孔器固定在简单的机械上，借机械

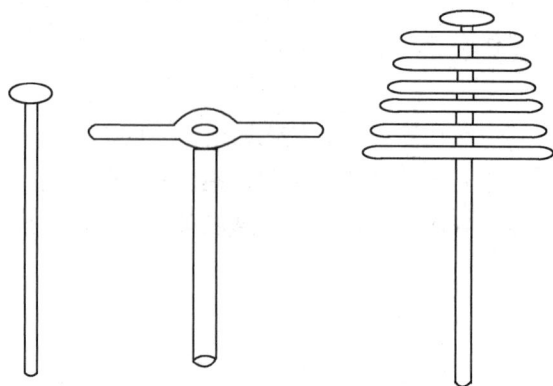

图 2-9 钻孔器

力来钻孔的，这种工具叫打孔机。

若在软木塞上钻孔，由于软木塞质软而疏松，应选用比欲插入的玻璃管等的外径稍小或接近的钻嘴。若在橡皮塞上钻孔，则要选用比欲插入的玻璃管外径稍大的钻嘴。因为橡皮塞有弹性，孔钻成后，会收缩使孔径变小。

总之，塞子孔径的大小，应能使插入的玻璃管等能紧密的贴合为度。

3. 钻孔的方法

软木塞在钻孔之前，需用压塞机压软，防止在钻孔时塞子破裂。

钻孔时，首先在钻嘴的刀口上搽一些润滑剂（如甘油、肥皂水或水），以减少金属管与塞子的摩擦。然后把塞子小端朝上，平放在桌面上的一块木板上，避免当塞子被钻通后，钻坏桌面。钻孔时，首先在塞子中心刻出印痕，然后左手握紧塞子平稳放在木板上，右手持钻孔器的柄，在选定的位置上使劲地将钻孔器以顺时针方向向下钻动，使钻孔器垂直于塞子的平面，不能左右摆动，更不能倾斜。否则，钻的孔道是偏斜的。如图 2-10 所示。

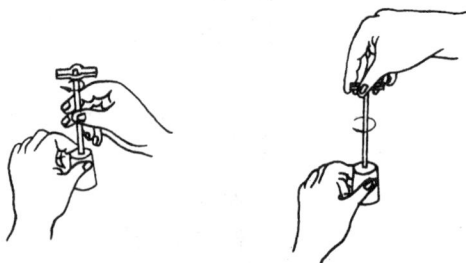

图 2-10 塞子的钻孔

当钻至约塞子高度的一半时，逆时针旋转取出钻嘴，用钻杆捅出钻嘴中的塞芯。然后在塞子大的一端钻孔，要对准小头的孔位，以上述同样的操作钻孔至钻通。拔出钻嘴，用铁条捅出钻嘴内的塞芯。

钻孔后，要检查孔道是否合用，如果不费力就能把玻璃管插入时，说明孔道过大，玻璃管和塞子之间不能紧密贴合，会漏气，不能用。若孔道略小或不光滑时，可用圆锉修整。

钻双孔时，务必使两个孔道垂直于塞子平面，且互相平行，确保所插入的两根玻璃管不会接触，方便使用。

4. 玻璃管插入塞子的方法

首先用水或甘油润湿选好的玻璃管的一端（若插入温度计时即为水银球部分），然后左手拿住塞子，右手指捏住玻璃管的另一端（距管口约 4cm），如图 2-11 所示，稍稍用力转动逐渐插入。

必须注意，右手指捏住玻璃管的位置与塞子的距离应经常保持 4cm 左右，不能太远，其次，不能用力太大，以免造成玻璃管折断刺破手掌。另外最好用揩布包住玻璃管较为安全。插入或拔出弯曲玻璃管时，手指不能捏住弯曲的地方。

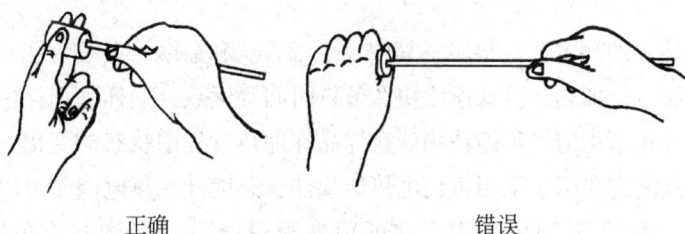

正确　　　　　　　　　　错误

图 2-11　玻璃管插入塞子

§2-2　有机化合物物理常数的测定

一、熔点的测定及温度计的校正

（一）基本原理

在大气压下，晶体化合物加热到由固态转变为液态，并且固、液两相处于平衡状态时的温度就是该化合物的熔点。每一种晶体有机化合物都具有固定的熔点。一个纯的晶体有机化合物从开始熔化（始熔）至完全熔化（全熔）的温度范围叫作熔距，也叫熔程，一般不超过 0.5℃。当含有杂质时，会使其熔点下降，且熔距也较宽。由于大多数有机化合物的熔点不超过 300℃，较易测定，故利用测定熔点，可以推测有机化合物的纯度。

图 2-12 所示为晶体物质的蒸气压与温度的关系。曲线 SM 表示一种物质固相的蒸气压与温度的关系，曲线 LL' 表示液相的蒸气压与温度的关系。由于 SM 的变化大于 LL'。两条曲线相交于 M，在交叉点 M 处，固液两相蒸气压相等，固液两相平衡共存，这时的温度（T）就是该物质的熔点（melting point，缩写为 m. p.）。这说明纯晶体物质具有固定和敏锐的熔点。因此，要精确的测定熔点，在接近熔点时加热速度一定要慢，

每分钟温度升高不能超过 $1~2℃$，只有这样才能使整个熔化过程尽可能接近于两相平衡的条件。

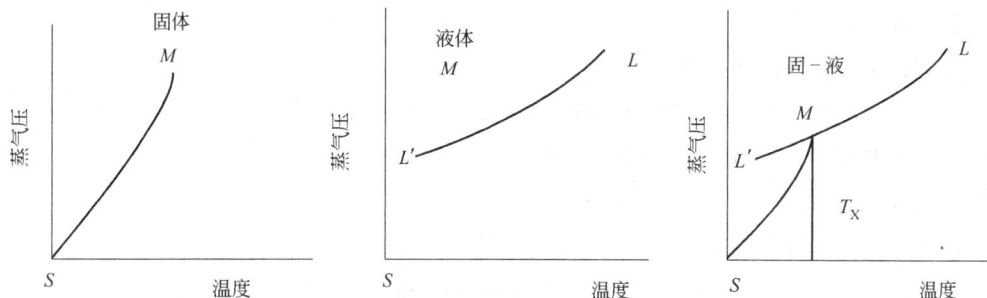

图 2-12 物质的蒸气压和温度的关系

有机化合物熔点的测定方法很多，其中以毛细管法和显微熔点法为主。毛细管法应用广泛，具有设备简单，加热、冷却速度快，节省时间等优点；但样品消耗量大，加热时熔点测定管内温度分布不均匀，不能精确观察样品在加热过程中状态的变化，测得的熔点不够精确。显微熔点测定法由于采用可调电热板加热、温度计或热电偶测温以及显微镜观察样品的熔化过程，提高了测量精度。它可用来测量微量样品和具有较高熔点（高于 $350℃$）样品的熔点。

（二）熔点测定方法

1. 毛细管法

（1）熔点管：通常用内径 1mm、长 6~7cm、一端封闭的毛细管作为熔点管。

（2）样品的装填：取 0.1~0.2g 样品，放在干净的表面皿或玻片上，用玻璃棒或不锈钢刮刀研成粉末，聚成小堆，将毛细管的开口插入样品堆中，使样品挤入管内，把开口一端向上竖立，轻敲管子使样品落在管底；也可以把装有样品的毛细管，通过一根长约 40cm 直立于玻璃片或蒸发皿上的玻璃管，自由落下，重复几次，直至样品的高度 2~3mm 为止。操作要迅速，防止样品吸潮，装入样品要结实，受热时才均匀，如果有空隙，不易传热，影响测定结果。

样品一定要研得很细，装样要结实。

（3）测定熔点的装置：毛细管法测定熔点的装置很多。现将常用的装置介绍如下：

第一种装置 ［图 2-13（a）］是取一个 100mL 的高型烧杯，置于石棉网上，在烧杯中放入一支玻璃搅拌棒，可在玻璃棒底端烧一个圆环，便于上下搅拌 ［图 2-13（c）］，放入约 60mL 的传热介质。然后将毛细管中下部用液体石蜡润湿后，将其紧附在温度计旁，样品部分应靠在温度计水银球的中部，并用橡皮圈将毛细管紧固在温度计上 ［图 2-13（b）］，注意橡皮圈不能浸入传热介质中。最后，在温度计上端套一个软木塞，并用铁夹夹住，将其垂直固定在离烧杯底约 1cm 的中心处。

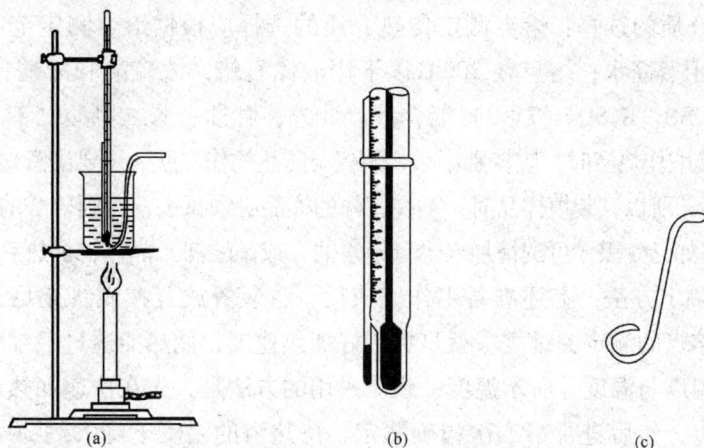

图 2-13 毛细管法熔点测定装置

第二种装置（图 2-14）是利用 Thiele 管（又称为 b 型管、熔点测定管）。将 b 型管夹在铁架台上，装入传热介质于熔点测定管中至高出上侧管约 1cm 处为度，熔点测定管口配一缺口的单孔软木塞，温度计插入孔中，刻度应朝向软木塞缺口。把毛细管如同前法附着在温度计旁。温度计插入熔点测定管中的深度以水银泡恰在熔点测定管的两侧管的中间。测定熔点时，在下侧管上端加热。这种装置的好处是，管内液体因温度差而发生对流作用，省去了人工搅拌的麻烦，构造简单，操作简便。但传热不均匀，常因温度计的位置和加热部位的变化而影响测定结果的准确度。

此外，还有图 2-15 所示的双浴式熔点测定装置。

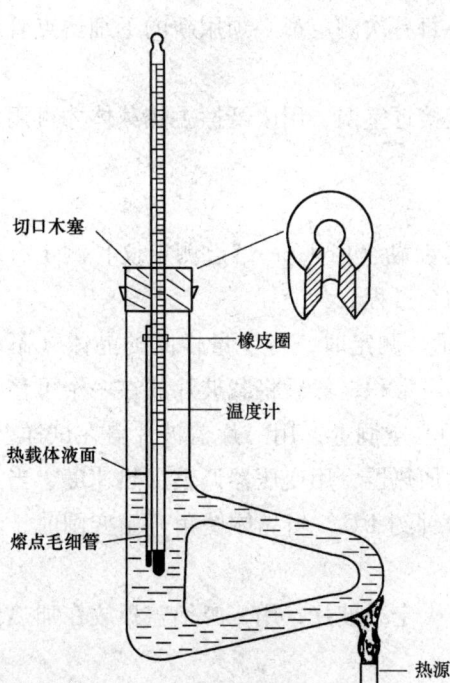

图 2-14 Thiele 管熔点测定装置

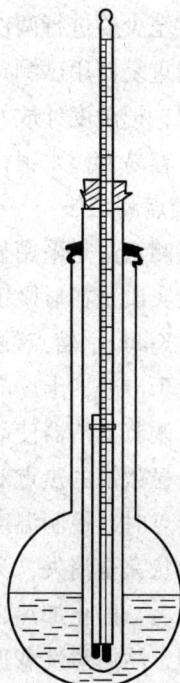

图 2-15 双浴式熔点测定装置

（4）传热介质的选择：熔点测定传热介质的选择应根据熔点测定范围进行，熔点在 80℃以下的用蒸馏水；熔点在 200℃以下用液体石蜡、浓硫酸和磷酸；熔点在200~300℃之间用 H_2SO_4-K_2SO_4（7∶3）混合液。此外，甘油、苯二甲酸二丁酯、硅油等也可采用。用浓硫酸作热浴时，应特别小心，不仅要防止灼伤皮肤，还要注意勿使样品或其他有机物触及硫酸，所以，装填样品时，粘在管外的样品必须拭去，否则硫酸的颜色会变成棕黑，妨碍观察。如已变黑，可酌情加入少量硝酸钠（或硝酸钾）晶体，加热后便可褪色。

（5）熔点测定方法：上述准备工作完成后，将装置放置在光线充足、平整的实验台面上操作。熔点的测定关键之一就是控制好加热速度，使热能透过毛细管，样品受热熔化，使熔化温度与温度计所示温度一致。采用的方法是，先在快速加热下，测定出化合物的大概熔点，然后进行第二次精确测定，待热浴的温度下降大约 30℃时，换一支新的样品管，慢慢加热，以每分钟约 5℃的速度升温，当热浴温度达到粗测熔点下约 15℃时，立即减慢加热速度，每分钟上升 1~2℃，一般可在加热中途将热源移开，观察温度是否上升，如停止加热后温度亦停止上升，说明加热速度是比较合适的。当接近熔点时，加热要更慢，每分钟上升 0.2~0.3℃，此时应特别注意温度的上升和毛细管中样品的情况，当毛细管中的样品开始塌落和有湿润现象，出现小滴液体时，表示样品已开始熔化，为始熔，记下温度，继续微热至微量固体样品消失成为液体时，为全熔，即为该化合物的熔程（距）。例如某一化合物在 112℃时开始萎缩塌落，113℃时有液滴出现，在 114℃时全部熔化成为液体，应记录为：熔点 113~114℃，112℃塌落（或萎缩）。还应记录颜色变化。

熔点测定至少要进行两次以上的平行操作，每一次测定都必须用新的毛细熔点管新装样品，不能重复使用已测定过熔点的样品管。

实验完毕，把温度计放好，让其自然冷却至接近室温，用废纸擦去热载体才可用水冲洗，否则，容易发生水银柱断裂。

2. 显微熔点测定法

显微熔点测定法是采用显微熔点测定仪［考弗勒（Köfler）熔点测定仪］测定有机物的熔点，其实质是在显微镜下观察样品熔化的全过程。

考弗勒（Köfler）熔点测定仪如图 2-16 所示。测定时，将少量样品的晶体（不多于 0.1mg）置于洁净、干燥的载玻片上，注意不可堆积；然后将载玻片放在一个可移动的支持器内，调节支持器使晶体位于加热块的中心空洞上，用一片盖玻片盖在试样上。调节镜头，使显微镜的焦点对准试样晶体，开启加热器，用变压器调整加热速度，当温度接近试样熔点时，控制温度上升的速度为每分钟约 1℃，当晶体棱角开始变圆时，为始熔；结晶形状完全消失，为全熔。

测定完成后，停止加热，待稍冷后，用镊子夹走载玻片，用一厚铝盖板放在加热板上，加快冷却，然后清洗载玻片，以备再用。

一般显微熔点测定仪的样品最小测试量不大于 0.1mg，熔点测定温度范围在 20~320℃。测量误差为：测定温度在 20~120℃，测量误差不大于 1℃；测定温度在 120~

220℃，测量误差不大于2℃；测定温度在220~320℃，测量误差不大于3℃。

所以，显微熔点测定法具有样品用量少，能精确地观察晶体物质的受热熔化的详细过程等特点。

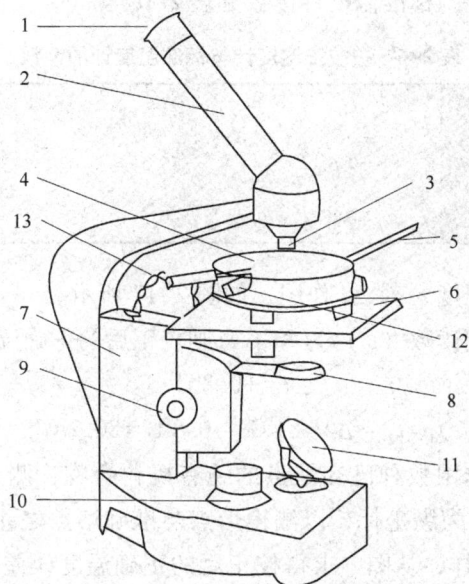

图2-16 显微熔点测定仪

1. 目镜；2. 棱镜检偏部件；3. 物镜；4. 加热台；5. 温度计；6. 载热台
7. 镜身；8. 起偏镜；9. 手轮；10. 电位器；11. 反光镜；12. 拨动圈；13. 隔热玻璃

（三）温度计的校正

用上述方法测定的熔点常会与实际熔点之间有一定的差距，原因是多方面的，温度计的影响是其中一个重要因素。通常所使用的温度计大多数不能测量出绝对正确的温度，它们的读数总是有一定的误差，这可能是由于温度计的质量引起的。例如，一般温度计中的毛细管孔径不一定是很均匀的，有时刻度也不够精确。其次，温度计刻度划分有全浸式和半浸式两种。全浸式温度计的刻度是在温度计的汞线全部均匀受热的情况下刻出来的，而在测定熔点时仅有部分汞线受热，因而暴露在热浴外的汞线温度较全部受热者为低。另外长期使用的温度计，玻璃也可能发生变形而使刻度不准。

温度计刻度的校正方法有两种：

一种是比较法。选用一支标准温度计与要进行的校正的温度计比较。这种方法比较简单。

将要校正的温度计和标准温度计并排放在石蜡油或浓硫酸热浴中，两支温度计的水银球要处于同一水平位置，加热热浴，并用搅拌棒不断搅拌，使温度均匀，控制温度上升速度为1~2℃/min（不宜过快）。每隔5℃迅速而准确的记下两支温度计的读数。计算出Δt。

Δt=被校正温度计的读数（t_2）-标准温度计的读数（t_2）

然后，用被校正温度计的温度 t_2 对 Δt 作图，从图中便可得出被校正温度计的正确温度误差值。

例如：被校正温度计与标准温度计读数见表 2-6。

表 2-6　被校正温度计与标准温度计的读数

被校正温度计的温度 t_2(℃)	50	55	60	65
标准温度计的温度 t_1(℃)	50.6	55.5	60.3	64.7
Δt(℃)	-0.6	-0.5	-0.3	+0.3

以被校正温度计的温度 t_2 对 Δt 作图，如图 2-17 所示。

若温度计测得的温度读数（t_2）为 81℃，则校正后的正确读数为：

$$\Delta t = +0.8℃$$

$$t_1 = t_2 - \Delta t = 81℃ - 0.8℃ = 80.2℃$$

另一种是熔点法。选用数种已知熔点的纯有机化合物，测定其熔点作为校正的标准。以测定的熔点（t_2）为纵坐标，以测得熔点与准确熔点之差 Δt 为横坐标作图，如图 2-18 所示，如前法一样，从图中求得校正后的正确温度误差值。通过本法校正的温度计，则不必做外露汞线校正（即读数校正）。

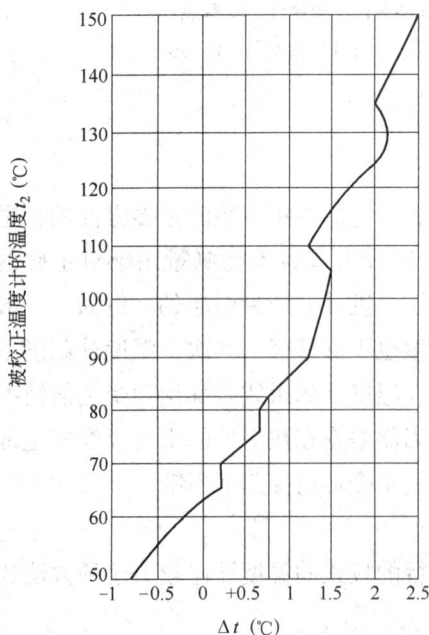

图 2-17　温度计刻度校正示意图

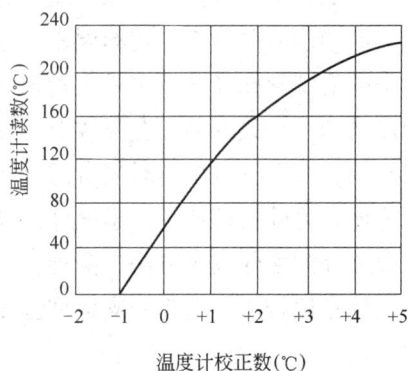

图 2-18　温度计刻度校正示意图

常用于熔点法校正温度计的标准化合物的熔点见表 2-7，使用时可具体选择其中几种物质。

表 2-7　一些标准有机化合物的熔点

样品名称	m. p.（℃）	样品名称	m. p.（℃）
水-冰	0	邻苯二酚	105
α-萘胺	50	乙酰苯胺	114.3
二苯胺	53~54	苯甲酸	122.4
对二氯苯	53.1	尿素	132
苯甲酸苯酯	70	水杨酸	159
萘	80	D-甘露醇	168
间二硝基苯	89~90	对苯二酚	174
二苯乙二酮	95~96	蒽	216.2~216.4

零点的测定最好用蒸馏水和纯冰的混合物，在一个 15cm×2.5cm 的试管中放入蒸馏水 20mL，将试管放进冰盐浴中，至蒸馏水部分结冰，用玻璃棒搅动使之成为冰-水混合物；将试管从冰盐浴中移出，再将温度计插入冰-水混合物中，用玻璃棒轻轻搅动混合物，待温度恒定 2~3 分钟后进行读数。

二、液态有机化合物折光率的测定

（一）基本原理与仪器

光在不同的介质中传播速度是不同的。当光从一种介质进入另一种介质时，由于其在两种介质中的传播速度不同，在分界面上会发生折射现象，而折射角因介质密度、分子结构、温度以及光的波长不同而不同。若将空气作为标准介质，并在相同条件下测定折射角，经换算后即为该物质的折光率。

用斯内尔（Snell）定律表示：

$$n = \sin\alpha / \sin\beta$$

式中 α 是入射光与界面垂直线之间的夹角，β 是折射光与垂直线之间的夹角。入射角正弦与折射角正弦之比等于介质 B 对介质 A 的相对折光率。见图 2-19。

折光率是物质的特征常数，固体、液体和气体都有折光率，尤其是液体，记载十分详细，不仅作为物质纯度的标志，也可以用来鉴定未知物。物质的折光率随入射光线波长不同而改变，也随测定时温度不同而改变，通常温度

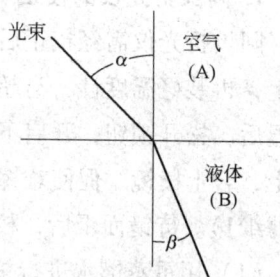

图 2-19　光的折射

升高 1℃，液态化合物的折光率降低（3.5~5.5）×10^{-4}，所以，折光率（n）的表示需要注明所用的光线波长和测定温度，常用 n_D^t 表示，D 表示钠光的 D 线（589nm）。

阿贝（Abbe）折光仪是测定折光率的常用仪器，是基于光的折射现象和临界角的基本原理设计而成的。主要部分是两块直角棱镜，上面一块是光滑的，下面的表面是磨砂的，可以开启。阿贝折光仪的构造见图 2-20，左面有一个镜筒和刻度盘，上面刻有

13000~17000 的格子。右面也有一个镜筒，是测量望远镜，用来观察折光情况的，筒内装有消色散镜。光线由反射镜反射入下面的棱镜，以不同入射角射入两个棱镜之间的液层，然后再射到上面的棱镜的光滑表面上，由于它的折射率很高，一部分光线可以再经折射进入空气而达到测量镜，另一部分光线则发生全反射。调节螺旋以使测量镜中的视野如图 2-21 所示，即使明暗面的界线恰好落在"十"字的交叉点上，记下读数，再让明暗界线上下移动，至如图 2-21 所示，记下读数，重复 5 次。

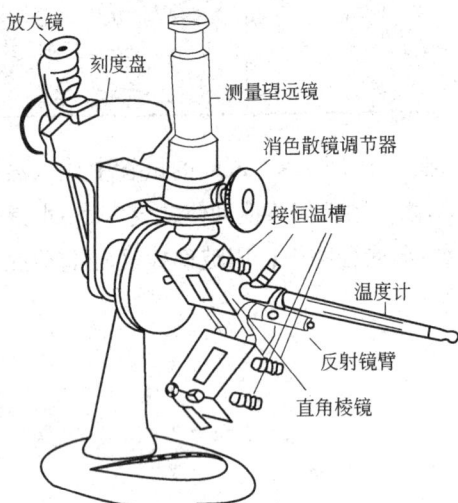

图 2-20　阿贝折光仪

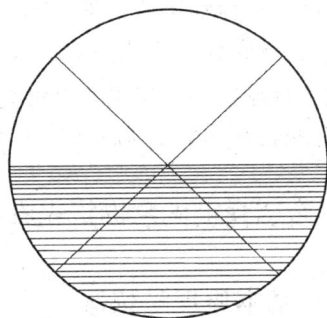

图 2-21　阿贝折光仪在临界角时的目镜视野图

（二）测定方法

1. 阿贝折光仪的校正

阿贝折光仪需经校正后才能作测定用。校正的方法是：将仪器置于清洁、平整的台面上，再装好温度计，与超级恒温热水浴相连，通入恒温水，一般为 20℃或 25℃。当恒温后，松开锁钮，开启下面的棱镜，使其镜面处于水平位置，滴入 1~2 滴丙酮于镜面上，合上棱镜，促使难挥发的污物逸走，再打开棱镜，用擦镜纸轻轻擦拭镜面（不能用滤纸!）。待镜面干后，校正刻度标尺。操作时严禁用手触及光学零件!

（1）用重蒸馏水进行校正：打开棱镜，滴 1~2 滴重蒸馏水于镜面上，关紧棱镜，调节反光镜使目镜内视场明亮，转动棱镜调节旋钮直到镜内观察到有界线或彩色光带。若出现彩色光带，则转动消色散调节器（或称棱镜微调旋钮），使视野中除黑白两色外再无其他颜色，明暗界线清晰，再转动棱镜调节旋钮使明暗分界线恰好通过"十"字的交叉点，然后记录读数和温度，重复两次测定重蒸馏水的平均折光率，与标准值（$n_D^{20} = 1.3329$，$n_D^{25} = 1.3325$）比较，求得折光仪的校正值。

若校正值较大，整个仪器必须重新调校。首先转动左边的刻度盘，使读数镜内的标尺等于重蒸馏水的折光率（$n_D^{20} = 1.3329$，$n_D^{25} = 1.3325$），调节反射镜，使入射光进入棱镜组，从测量望远镜中观察，使视场最亮，调节测量镜，使视场最清晰。转动消色散调节器，消除色散，再用特制的小螺丝刀旋动右面镜筒下的调节螺丝，使明暗交界面和"十"字交叉重合，校正工作完成。

（2）用标准折光玻璃块校正：将棱镜完全打开使成水平，用少许 1-溴代萘（$n = 1.66$）涂在光滑棱镜上，然后将玻璃块黏附于镜面上，使玻璃块直接对准反射镜，然后按上述方法校正。

2. 测定折光率

折光率的测定准备工作做好后，打开棱镜，用滴管把待测液体 2~3 滴均匀地滴在磨砂镜面上，要求液体无气泡并充满视场，关紧棱镜。转动反射镜使视场最亮。

轻轻转动左面的刻度盘，并在右镜筒内找到明暗分界或彩色光带，再转动消色散调节器，至看到一个清晰的明暗分界线。转动左面的刻度盘，使分界线对准"十"字交叉线中心，读出折光率。重复 2~3 次。

如果在目镜中看不到半明半暗，而是畸形的，这是因为棱镜间未充满液体。若出现弧形光环，则可能是有光线未经棱镜面而直接照射到聚光透镜上。若液体的折光率不在 1.3~1.7 之间，则 Abbe 折光仪不能测定，也调不出明暗界线。

3. 阿贝折光仪的维护

（1）阿贝折光仪在使用前后，棱镜均须用丙酮或乙醚洗净、干燥。滴管或其他硬物均不得接触镜面，擦拭镜面只能使用丝巾或镜头纸吸干液体，不能用力擦拭，以防毛玻璃面被擦花。

（2）使用完毕，要放尽金属套内的恒温水，拆下温度计，将仪器擦净，放入仪器盒内。

（3）折光仪不能放在日光直射或靠近热源的地方，以免样品迅速挥发。仪器应避免振动或撞击，以防光学零件损伤及影响精度。

（4）酸、碱等腐蚀性液体不得使用 Abbe 折光仪测定其折光率，可改用浸入式折光仪测定。

（5）折光仪不使用时，应放置在木箱内，箱内放置干燥剂，木箱应放在干燥、空气流通的室内。

三、旋光度的测定

（一）基本原理与仪器

某些有机化合物因是手性分子，能使偏振光的偏振面发生偏转，使偏振面向左（逆时针方向）旋转的称为左旋性物质；使偏振面向右（顺时针方向）旋转的称为右旋性物质。

一个化合物的旋光性可以用它的比旋光度来表示。比旋光度是物质的特征常数之一，测定旋光度，可以检定旋光性物质的纯度和含量。测定旋光度的仪器叫旋光仪。直接目测旋光仪的基本结构如图 2-22 所示。

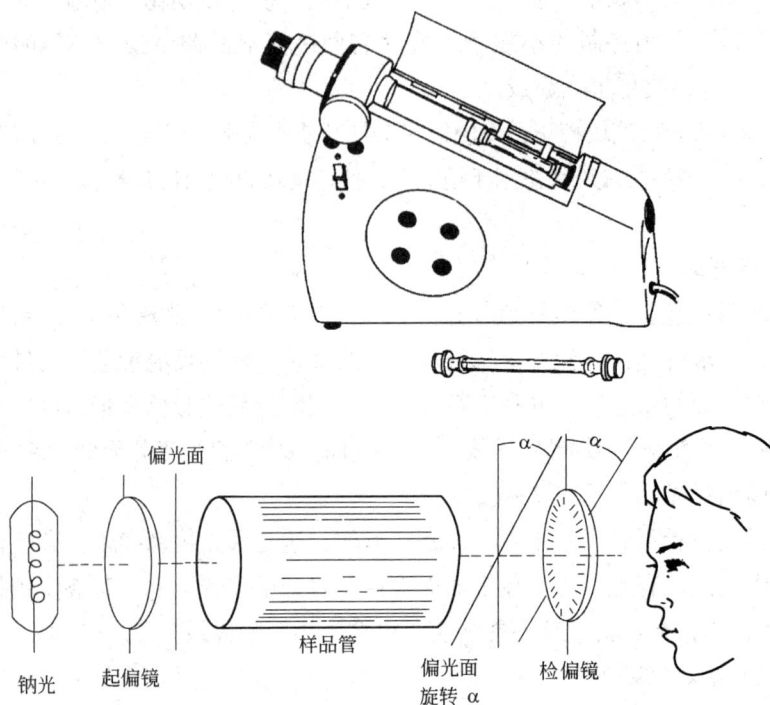

图 2-22　旋光仪示意图

从钠光源发出的光经过起偏镜，成为平面偏振光，经过盛有旋光物质的旋光管时，因物质的旋光性致使偏振面发生偏转而不能通过检偏镜，必须将检偏镜旋转一定角度，才能使光线通过。因此，要调节检偏镜进行配光。由标尺盘上移动的角度，可以指示出检偏镜的转动角度，即为该物质在此浓度时的旋光度。

物质的旋光度与溶液的浓度、溶剂、温度、旋光管长度和所用光源的波长等都有关系。因此用比旋光度 $[\alpha]_\lambda^t$ 来表示各物质的旋光性。

纯液体的比旋光度：
$$[\alpha]_\lambda^t = \frac{\alpha}{l \times d}$$

溶液的比旋光度：
$$[\alpha]_\lambda^t = \frac{\alpha}{l \times c} \times 100$$

式中 $[\alpha]_\lambda^t$ 表示旋光物质在 t℃，光源的波长为 λ 时的比旋光度；t 表示测定时的温度；λ 表示光源的波长；d 表示纯液体的密度；l 表示样品管长度（dm）；c 表示溶液浓度（100mL 溶液中所含溶质的质量，g/mL）。

（二）测定方法

1. 旋光仪零点的校正

在测定样品前，应先校正旋光仪的零点。将样品管洗净，装上蒸馏水，使液面凸出管口，将玻璃盖沿管口边缘轻轻平推盖好，不能带入气泡，然后旋上螺丝帽盖，使之不漏水，不可过紧，以免玻璃器产生扭力，使管内有空隙，影响测定。将已装好蒸馏水的样品管擦干，放入旋光仪内，罩上盖子，开启钠光灯，将标尺盘调在零点左右，旋转粗动、微动手轮，使视场内三部分的明暗度一致（都很暗），记下读数，重复操作至少5次，取其平均值。若零点相差太大，则应重新校正。

2. 溶液样品的配制

准确称取待测样品适量，放入容量瓶中，加入溶剂溶解并稀释至刻度。一般选择水、乙醇、氯仿等为溶剂。配制的溶液应透明无杂质，否则应过滤。

3. 旋光度的测定

换放盛有待测样品的样品管，依上法测定其旋光度（测定之前必须用溶液润洗样品管两次，以免受污物影响）。旋转刻度盘手轮至三分视场明暗度一致（都很暗），见图2-23，读数。读数时，先读游标的0落在刻度盘上的位置（整数值），再用游标的刻度盘画线重合的方法，读出游标尺上的数值（可读到小数点后两位）（图2-24）。所得的读数与零点之间的差值即为该物质的旋光度。记下样品管的长度及溶液的温度，然后计算其比旋光度。

实验完毕，洗净样品管，再用蒸馏水洗净，晾干存放。

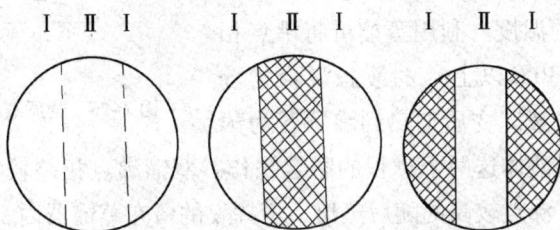

图2-23　三分视野式旋光仪中的旋光的观察

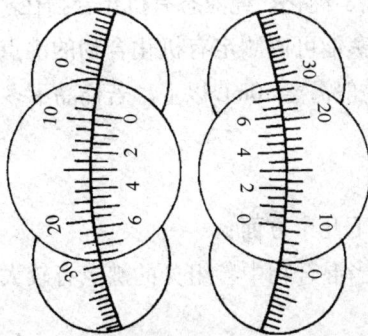

$\alpha = 9.30°$

图2-24　旋光仪的读数

§2-3 有机化合物的分离纯化技术

一、常压蒸馏和沸点的测定

蒸馏是有机化学实验常用的、重要的基本操作技能。液体有机化合物的纯化和分离，溶剂的回收等都经常采用蒸馏的方法来完成；常量法沸点的测定也是通过蒸馏来实施的，因此必须熟练掌握。

当液态物质受热时，其蒸气压增大（图2-25），待蒸气压增大到与外界液面的总压力相等时液体沸腾，此时的温度称为该液体的沸点。显然，液体的沸点与外界压力的大小有关，每种纯液态有机化合物在一定压力下具有固定的沸点。通常所说的沸点，是指在 101.3kPa（一个标准大气压）下液体沸腾的温度。利用蒸馏可将沸点相差较大（沸点差在 30℃ 以上）的液态混合物分开。所谓蒸馏就是将液态物质加热到沸腾变为蒸

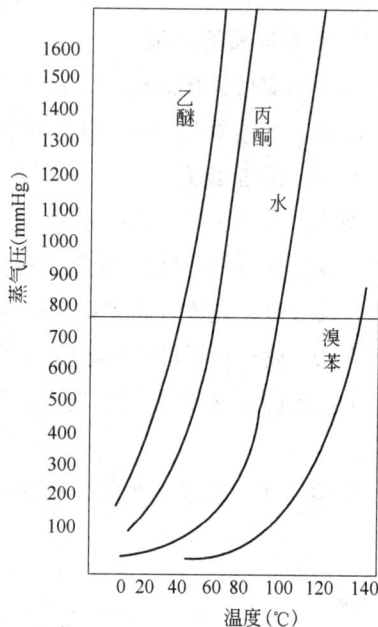

图 2-25 物质蒸气压与温度的关系

气，再将蒸气冷凝为液体这两个过程的联合操作。蒸馏沸点相差较大的液体混合物时，沸点较低者先蒸出，沸点较高的随后蒸出，不挥发的留在蒸馏器内，这样，可达到分离和提纯的目的。但在蒸馏沸点比较接近的混合物时，各种物质的蒸气将同时蒸出，只不过沸点低的组分含量高一些，沸点高的组分含量低一些，故难于达到分离和提纯的目的，此时可以借助于分馏进行分离、纯化。纯液态有机化合物在蒸馏过程中沸点范围很小（一般为 0.5~1℃），所以，利用蒸馏可以测定有机化合物的沸点，用蒸馏法测定沸点称为常量法，此法样品用量较大，一般需要 10mL 以上。若样品不多，可采用微量法测定。

（一）蒸馏

1. 蒸馏操作一般用于以下几个方面：

（1）分离液体混合物，当混合物中各组分的沸点有较大的差别（一般在 30℃ 以上）时才能有效地分离。

（2）测定化合物的沸点。

（3）提纯，除去不挥发杂质。

（4）回收溶剂或蒸出部分溶剂以浓缩溶液。

常用蒸馏装置见图 2-26。

2. 进行蒸馏操作时应注意：

（1）应根据所蒸馏液体的容量、沸点来选择合适的蒸馏瓶、温度计、冷凝器及加热方式等。

（2）冷凝器的选择：如果蒸馏的液体沸点低于130℃，可用水冷直形冷凝管，对易挥发、易燃液体，冷却水的流速可快一些；沸点在100~130℃时应缓慢通水（以防仪器破裂）；沸点在130℃以上的必须使用空气冷凝管。

（3）温度计插入的位置应使水银球的上端与蒸馏瓶支管口的下侧相平，温度计必须位于塞子的正中，不能与瓶壁接触（图2-27），馏出液的沸点不应超出温度计的测量范围。

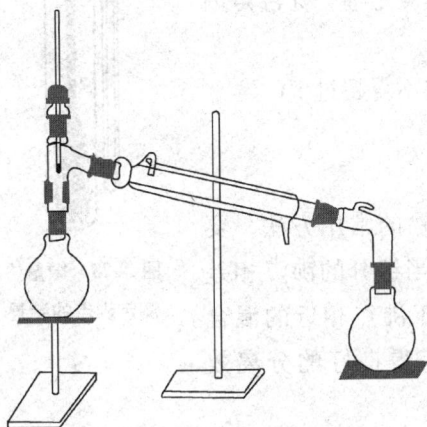

图2-26　普通蒸馏装置（标准接口仪器）　　　　图2-27　蒸馏装置中温度计的位置

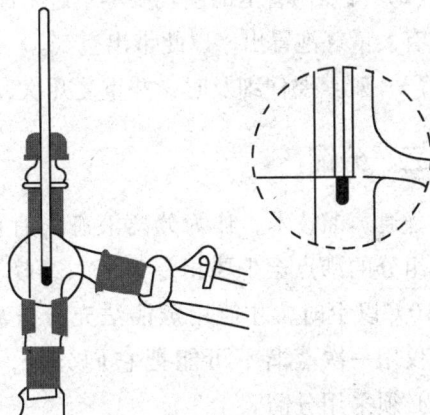

（4）冷凝器的冷水应由低端通入，高端流出，冷凝水应在开始加热前通入。

（5）蒸馏任何液体在加热前应先加入2~3块助沸剂，以助汽化及防止爆沸，蒸馏中途严禁加入助沸剂，万一需中途补加，必须降温后方可加入。对于中途停止蒸馏的液体，在重新蒸馏前应补加新的助沸剂。

（6）各接口必须密封良好，但整个装置需与大气相通，以免由于加热或有气体产生使瓶内压力增大而发生爆炸。一般冷凝管或尾接管与接收器之间不加塞子，若蒸馏液为易燃液体，则应使用真空接收器将冷凝管与接收器连接起来，并在真空接收器的侧管上接一橡皮管通入水槽或引到室外（如蒸乙醚），若蒸馏液易吸潮，应在接收瓶或接收器的侧管上装一干燥管与大气相通，以防吸收水分。

（二）沸点的测定

沸点的测定分为常量法和微量法两种。不管用哪种方法测定沸点，在测定之前必须设法对液体进行纯化。常量法测定沸点，用的是蒸馏装置，在操作上也与简单蒸馏相同。微量法测定沸点的方法如下：

取一根内径5mm、长8~9cm的毛细管，用小火封闭一端，作为沸点管的外管，放入欲测定沸点的样品4~5滴，在此管中放入一支内径1mm、长5~6cm的上端封闭的毛细管，将其开口处浸入样品中。把微量沸点管像熔点测定那样紧贴于温度计水银泡旁

（图2-28），并浸入热浴中，加热，由于气体膨胀，内管中有小气泡断断续续冒出来，达到样品的沸点时，将出现一连串的小气泡，此时应停止加热，使热浴的温度下降，气泡逸出的速度渐渐减慢，仔细观察，最后一个气泡出现而刚欲缩回内管的瞬间即表示毛细管内液体的蒸气压与大气压平衡时的温度，亦就是此液体的沸点。

微量法测定沸点应注意以下几点：

（1）加热不能过快，被测液体不宜太少，以防液体全部汽化。

（2）沸点内管里的空气要尽量赶干净，正式测定前，让沸点内管里有大量气泡冒出，以此带出空气。

（3）观察要仔细及时，并重复几次，其误差不得超过1℃。

二、分馏

普通蒸馏技术，作为分离液态的有机化合物的常用方法，要求其组分的沸点至少要相差30℃，事实上只有当组分的沸点相差达110℃以上时，才能用蒸馏法充分分离。对于沸点相近的混合物，仅用一次蒸馏不可能把它们分开，要想获得良好的分离效果，必须采用分馏。

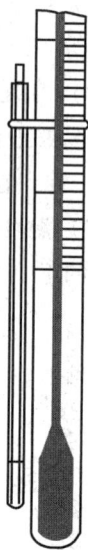

图2-28　微量法测定沸点的装置

（一）基本原理

分馏的基本原理与蒸馏相类似，不同之处是在装置上多了一分馏柱，使汽化、冷凝的过程由一次改进为多次，简单地说，分馏即相当于多次蒸馏。分馏过程就是使沸腾的混合物蒸气通过分馏柱（工业上用分馏塔）进行一系列的热交换，由于柱外空气的冷却，蒸气中高沸点的组分被冷却为液体，回流到烧瓶中，故上升的蒸气中含低沸点的组分就相对地增加，当冷凝液回流途中遇到上升的蒸气，两者之间又进行热交换，上升蒸气中的高沸点组分又被冷凝，低沸点的组分仍继续上升，易挥发的组分又增加了，如此在分馏柱内反复进行着汽化、冷凝、回流等程序，当分馏柱的效率相当高且操作正确时，在分馏柱顶部出来的蒸气就接近于纯低沸点的组分。这样，最终便可将沸点不同的物质分离开来。

我们可以通过沸点-组成图解来理解分馏原理。图2-29是苯和甲苯混合物的沸点-组成图，从下面一条曲线可看出这两个化合物所有混合物的沸点，上面一条曲线是用Raoult定律计算得到的，它指出了在同一温度下和沸腾液相平衡的蒸气相组成。例如，在90℃沸腾的液体是由58%（mol）苯、42%（mol）甲苯组成的（图2-29A），而与其相平衡的蒸气相由78%（mol）苯、22%（mol）甲苯组成的（图2-29B）。总之，在任意温度下蒸气相总比与其平衡的沸腾液相含有更多的易挥发组分。如蒸馏混合物A，最初一小部分馏出液（由蒸气相冷凝）的组成将是B，B中苯的含量要比A中多得多。相反残留在蒸馏烧瓶的液体中的苯含量降低了，而甲苯的含量增加了。如果继续蒸馏，混合物的沸点将继续上升，从 A 到 A′、A″等，直至接近或达到甲苯的沸点，而馏出液组成为 B 到 B′、B″等，直至最终为苯。

采用分馏的分离效果比蒸馏好得多。例如，将 20mL 甲醇和 20mL 水的混合物分别进行普通蒸馏和分馏，控制蒸出速度为 1mL/3min，每收集 1mL 馏出液记录温度，以馏出液体积为横坐标，温度为纵坐标，分别绘出蒸馏曲线和分馏曲线，如图 2-30 所示，从分馏曲线可以看出，当甲醇蒸出后，温度便很快上升，达到水的沸点，甲醇和水可以得到较好的分开，显然，分馏比只用普通蒸馏（一次）的效果要好得多。

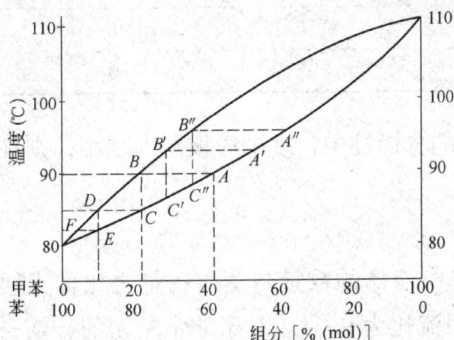

图 2-29　苯-甲苯系统沸点-组成曲线图　　　图 2-30　甲醇-水（1∶1）的蒸馏和分馏曲线

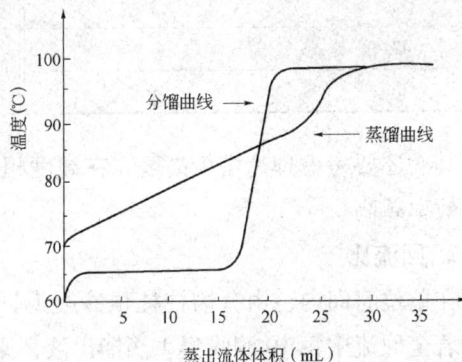

应当指出，当某两种或三种液体按一定比例混合，可组成具有固定沸点的混合物，将这种混合物加热至沸腾时，在气液平衡体系中，气相组成和液相组成一样，故不能使用分馏法将其分离开，只能得到按一定比例组成的混合物，这种混合物称为共沸混合物和恒沸混合物。共沸混合物的沸点若低于混合物中任一组分的沸点称为低共沸混合物，也有高共沸的。

具有低共沸混合物体系，如乙醇-水体系的低共沸相图，见图 2-31。

我们应该注意到水能与多种物质形成低共沸混合物。所以，化合物在蒸馏前，必须仔细的用干燥剂除水。有关共沸混合物的数据可在化学手册中查到。

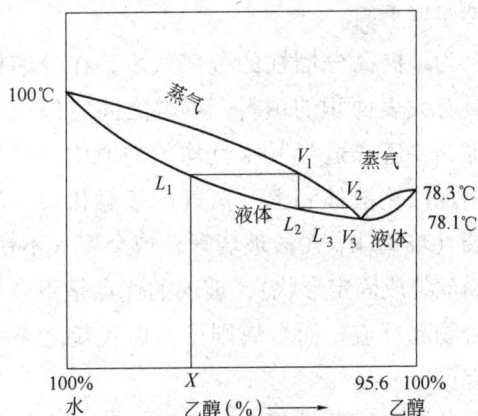

图 2-31　乙醇-水低共沸相图

（二）影响分馏效率的因素

1. 理论塔板

分馏柱效率是用理论塔板来衡量的。分馏柱中的混合物，经过一次汽化和冷凝的热力学平衡过程，相当于一次普通蒸馏所达到的理论浓缩效率。当分馏柱达到这一浓缩效率时，那么分馏柱就具有一块理论塔板。分馏柱的理论塔板数越多，分离效果越好。分离一个理想的二组分混合物所需要的理论塔板数与该两个组分的沸点差之间的关系见表2-8。

表2-8　二组分的沸点差与分离所需要的理论塔板数

沸 点 差 值	分离所需要的理论塔板数	沸 点 差 值	分离所需要的理论塔板数
108	1	20	10
72	2	10	20
54	3	7	30
43	4	4	50
36	5	2	100

其次还要考虑理论塔板高度，在高度相同的分馏柱中，理论塔板高度越小，则柱的分离效率越高。

2. 回流比

在单位时间内，由分馏柱柱顶冷凝返回柱中液体的数量与蒸出物量之比称为回流比。若全回流中每10滴收集1滴馏出液，则回流比为9∶1。对于非常精密的分馏，使用高效率的分馏柱，回流比可达100∶1。

3. 柱的保温

许多分馏柱必须进行适当保温，以便能始终维持温度平衡。

为了提高分馏柱的分离效率，在分馏柱内装入具有大表面积的填料，填料之间应保留一定的空隙，要遵守适当紧密且均匀的原则，这样就可以增加回流液体和上升蒸气的接触机会。填料有玻璃（玻璃珠、短段玻璃管）或金属（不锈钢棉、金属丝绕成固定形状），玻璃的优点是不会与有机化合物起反应，而金属则可与卤代烷之类的化合物起反应。

分馏柱的种类很多，一般实验室常用的分馏柱见图2-32。

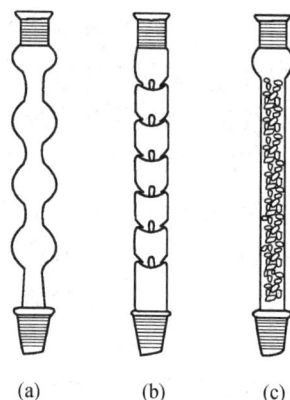

图2-32　常用的几种分馏柱
（a）球形分馏柱；（b）Vigreux 分馏柱
（c）Hemple 分馏柱

实验室中简单的分馏装置包括热源、圆底烧瓶、分馏柱、冷凝管和接收器等几个部分，如图2-33所示。在分馏柱顶安装一支蒸馏头，在蒸馏头顶端插一支温度计，温度计水银球上缘恰与蒸馏头侧管接口下缘在同一水平线上。

（三）简单分馏操作

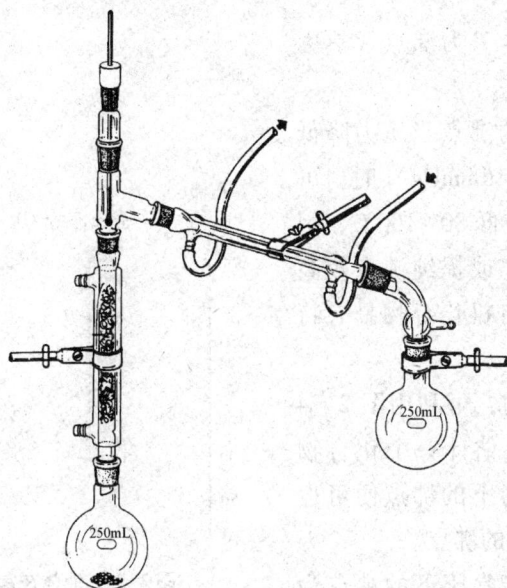

图 2-33　简单分馏装置

　　根据对待分离混合物的要求，选择好分馏柱及相应的全套仪器。在圆底烧瓶中加入待分离的混合物，放入助沸物，按图 2-33 中所示装好分馏装置，用石棉绳包裹分馏柱身，尽量减少散热。仔细检查后开始加热，开始用小火加热，以使加热均匀，防止过热。当液体开始沸腾时，可见到一圈圈气液沿分馏柱慢慢上升，当蒸气上升至柱顶时，温度计水银球即出现液滴，此时将火调小，使蒸气上升至柱顶而不进入蒸馏头侧管就被全部冷凝回流。这样维持 5 分钟后，再将火调大，当开始有馏出液流出时，马上用一接收容器接收，并使馏出液体的速度控制在每 2~3 秒 1 滴，此时可以得到较好的分离效果。待低沸点组分蒸完后，温度计水银柱会骤然下降，此时再逐渐加大火力升温，按各组分的沸点分馏出不同的液体有机化合物。如操作合理，使分馏柱发挥最大效率，可把液体混合物一一分馏出来。

三、减压蒸馏

　　减压蒸馏亦是有机化学实验常用的操作技能。有些有机化合物往往加热未到沸点即已分解、氧化、聚合，或其沸点很高，不能用常压蒸馏的方法进行纯化，此时可采用减压蒸馏。

（一）基本原理

　　由于液体表面分子逸出所需要的能量随外界压力降低而降低。所以设法降低外界压力，便可降低液体的沸点。沸点与压力的关系可近似地用下式求出。

$$\lg P = A + \frac{B}{T}$$

式中 P 为蒸气压，T 为沸点（热力学温度），A、B 为常数。

许多有机化合物的沸点当压力降低到 $1.3 \sim 2.0$ kPa（$10 \sim 15$ mmHg）时，可以比其常压下的沸点降低 $80 \sim 100$℃，因此，减压蒸馏对于分离或提纯沸点较高或对热不稳定的液态有机化合物具有特别重要的意义。

在实际减压蒸馏前，可利用图 2-34 "压力-温度关系图"，估计一个化合物的沸点，即从某一压力下的沸点便可近似的推算出另一压力下的沸点。

例如，水杨酸乙酯常压下的沸点为 234℃，减压至 1999Pa（15mmHg）时，沸点为多少？先在图 2-34 中 B 线上找到

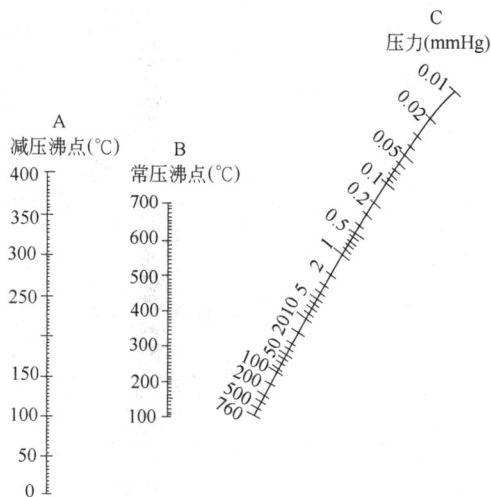

图 2-34　液体在常压下的沸点与减压下的沸点的近似关系图
（1mmHg=133.3Pa）

234℃ 的点，再在 C 线上找到 1999Pa（15mmHg）的点，然后两点连成一条直线，延长此直线与 A 线相交，交点所示的温度就是在 1999Pa（15mmHg）下的沸点，约为 113℃。此法得到的沸点虽为估计值，但较为简单，实验中有一定的参考价值。

表 2-9 列出了一些化合物在不同压力下的沸点，从表中可粗略地看出，当蒸馏在 $1333 \sim 1999$Pa（$10 \sim 15$mmHg）下进行时，压力每相差 133.3Pa（1mmHg）沸点相差约 1℃。

一般把压力范围划分为几个等级：

"粗"真空（10~760mmHg），一般可用水泵获得。

"次高"真空（0.001~1mmHg），可用油泵获得。

"高"真空（<10^{-3}mmHg），可用扩散泵获得。

表 2-9　压力和沸点的关系

压力 Pa（mmHg）	水（℃）	氯苯（℃）	苯甲醛（℃）	水杨酸乙酯（℃）	甘油（℃）	蒽（℃）
101325（760mmHg）	100	132	179	234	290	354
6665（50mmHg）	35	54	95	139	204	225
3999（30mmHg）	30	43	84	127	192	207
3332（25mmHg）	26	39	79	124	188	201
2666（200mmHg）	22	34	75	119	182	194

续表

压力 Pa（mmHg）	水（℃）	氯苯（℃）	苯甲醛（℃）	水杨酸乙酯（℃）	甘油（℃）	蒽（℃）
1999（15mmHg）	15	29	69	113	175	186
1333（10mmHg）	11	22	62	105	167	175
666（5mmHg）	1	10	50	95	156	159

（二）减压蒸馏装置

图 2-35 是常用的减压蒸馏装置，其主要仪器设备是蒸馏烧瓶、冷凝管、接收器、吸收装置、测压计、安全瓶和减压泵。

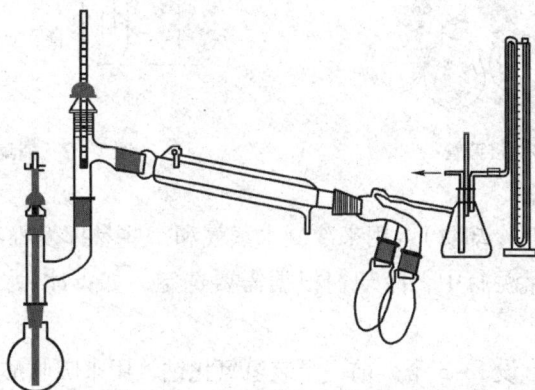

图 2-35 减压蒸馏装置

1. 蒸馏烧瓶

减压蒸馏的蒸馏烧瓶与普通蒸馏的仪器类似，也有一些特殊的要求：首先要求仪器必须是耐压的；其次为了防止液体由于沸腾而冲入冷凝管，蒸馏液不能多装（一般占烧瓶体积的 1/3～1/2），通常使用克氏蒸馏烧瓶或者用圆底烧瓶和克氏蒸馏头组成。克氏蒸馏头带侧管的一颈插入温度计（要求与普通蒸馏相同）。为了平稳地蒸馏，避免液体过热而产生暴沸溅跳现象，另一颈插入一根末端拉成毛细管的玻璃管，毛细管口距瓶底 1～2mm，上端接一短橡皮管且插一根细金属丝（直径约 1mm）用螺旋夹夹住橡皮管，以调节进入空气的量。减压抽气时空气从毛细管进入，成为液体的汽化中心，使蒸馏平稳地进行。如果氧气对蒸馏液有影响，可从毛细管中通入惰性气体（氮气、二氧化碳等）。减压蒸馏的毛细管口要很细，检查毛细管口的方法是，将毛细管插入少量的乙醚或丙酮内，用嘴在玻璃管口轻轻吹气，若毛细管能冒出一连串的细小气泡，仿若一条细线，即为合用。如果不冒气，表示毛细管闭塞，不能用。

2. 接收器

蒸馏沸点在 150℃以上的物质，可用圆底烧瓶作接收器；蒸馏 150℃以下的物质，接收器前应连接冷凝管冷却。如果蒸馏不能中断或要分段接收馏出液时，则要采用多头接液管。如图 2-36 所示。

3. 吸收装置

其作用是吸收对真空泵有损害的各种气体或蒸气，借以保护减压设备，吸收装置一般由以下几部分组成（图 2-37）。

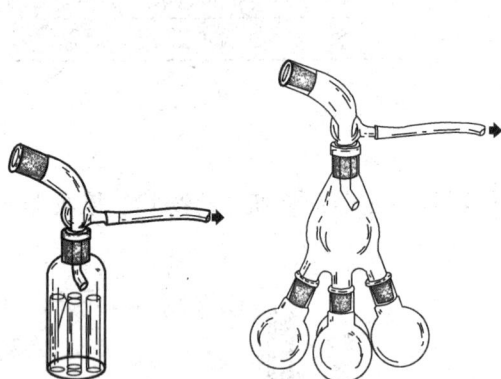

图 2-36　多头接液管　　　　　　　图 2-37　捕集管和吸收塔

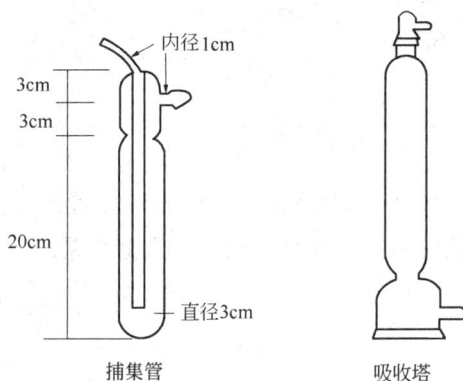

（1）捕集管（也叫冷却阱）：用来冷凝水蒸气和一些易挥发性物质。使用时将其放入盛有冷却剂的广口保温瓶中，冷却剂根据需要选定，如：冰-水混合物、冰-盐混合物、干冰等。

（2）吸收塔：通常设 2~3 个，前一个装氢氧化钠，用来吸收酸性蒸气，后一个装硅胶（或无水氯化钙），用来吸收经捕集管和氢氧化钠吸收塔后还未除净的残余水蒸气。

若蒸气中含有碱性蒸气或有机溶剂蒸气，则要增加碱性蒸气吸收塔和有机溶剂蒸气吸收塔等。

4. 压力计

压力计的作用是指示减压蒸馏系统内的压力，通常采用水银压力计。

（1）开口式水银压力计：如图 2-38（a）所示，这种压力计装汞方便，比较准确，缺点是笨重，所用玻璃管的长度需超过 760mm，使用时还应配有大气压计以便比较，而且装汞量大，又是开口，使用时操作不当，汞容易冲出，不安全。U 形管两臂汞柱之差即为大气压力与系统中压力之差。因此，蒸馏系统内的实际压力应为大气压力减去这一汞柱之差。

（2）封闭式水银压力计：如图 2-38（b）所示，这种压力计的优点是轻巧方便，两臂汞柱高度之差即为蒸馏体系中的真空度。但如有残留空气，或引入了水及杂质时，则准确度受到影响。这种压力计装入汞时要严格控制不让空气进入，方法如图 2-39 所示，先将纯净汞放入小圆底烧瓶内，然后如图与压力计连接，用高效油泵抽真空至 13.33Pa（0.1mmHg）以下，并轻拍小烧瓶，使汞内的气泡逸出，用电吹风微热玻璃管使气体抽出，然后把汞注入 U 形管，停止抽气，放入大气即成。

（3）转动式（麦式真空规）压力计：如图 2-38（c）所示，读数时先开启真空体系的旋塞，稍等一会慢慢转动至直立状。比较毛细管汞面应升到零点，另一封闭毛细管中汞面所示刻度即为体系真空度，其测量范围为 1.33～133Pa（0.01～1mmHg）。读数完毕后应立即慢慢恢复横卧式，在读数时再慢慢转动，不读数时应关闭通真空体系的旋塞。这种压力计应用十分方便，测量真空度简便、快速。

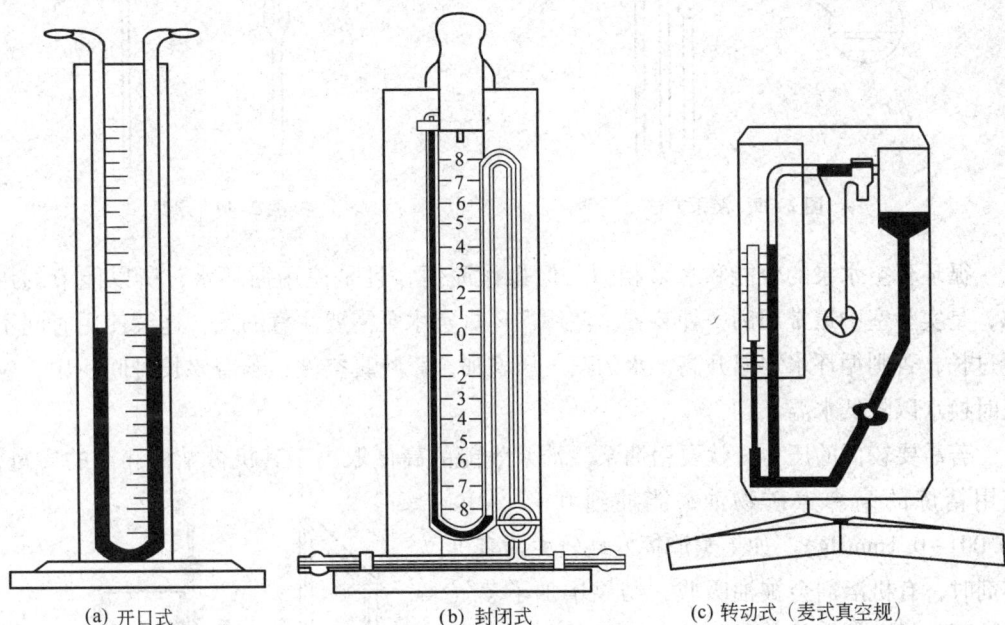

(a) 开口式　　　　　　(b) 封闭式　　　　　(c) 转动式（麦式真空规）

图 2-38　压力计

除了使用汞压力计来测量系统的压力外，在使用循环真空水泵作抽气泵时，循环水泵上直接连接有一个真空表，它能够直接显示系统的真空度，它的读数范围从 0～0.1MPa。可用下面的公式计算出体系内的压力。

体系内压=大气压-真空度

=实验时的实际大气压（mmHg）-7500×真空表读数（mmHg）

5. 安全瓶

一般用吸滤瓶，壁厚耐压，安全瓶与减压泵和压力计相连，活塞用来调节压力及放气。

6. 减压泵

有机化学实验室通常使用的减压泵有水泵、循环真空水泵和油泵几种。若不需要很低的压力时可用水泵。水泵是用玻璃或金属制成，如图 2-40 所示。如果水泵的构造好，且水压又高时，其抽真空效率可达 1067～3333Pa（8～25mmHg）。水泵所能抽到的最低压力，理论上相当于当时水温下的蒸气压。例如，水温在 25℃、20℃、10℃时，水蒸气压力分别为 3200Pa、2400Pa、1203Pa（24mmHg、18mmHg、9mmHg）。用水泵抽气时，应在水泵前装上安全瓶，以防水压下降时，水流倒吸。停止蒸馏时要先放气，然后关闭水泵。

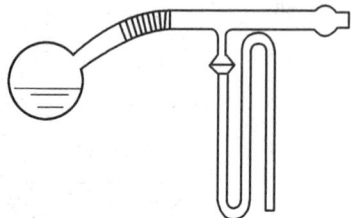

图 2-39　装汞方法

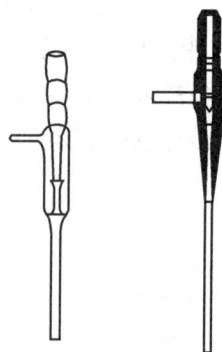

图 2-40　水泵

循环真空水泵的效能和水泵相似，但操作简便，且是使用循环水，所以能节约用水，是实验室中最常用的一种装置。使用循环真空水泵需要注意的是，连续使用时间不可过长，否则循环水水温升高，水的蒸气压增加，影响真空度，若需要长时间使用，应及时换水以降低水温。

若需要较低的压力，就要用油泵。油泵效能的高低取决于其机械结构和油的质量，使用精炼的高沸点矿物油，能抽到 0.1～13Pa（0.001～0.1mmHg）。如果蒸馏挥发性较大的有机溶剂时，有机溶剂会被油吸收，结果增加了蒸气压从而降低了抽空效能；如果是酸性蒸气，那就会腐蚀油泵；如果是水蒸气，就会使油成为乳浊液而破坏真空油。因此，使用油泵时必须注意以下几点：

（1）在蒸馏系统和油泵之间，必须装有吸收装置。

（2）如能用水泵抽气的，则尽量使用水泵。如果蒸馏物中含有挥发性杂质，可先用水泵减压抽滤，彻底抽去系统中的有机溶剂蒸气，然后改用油泵。

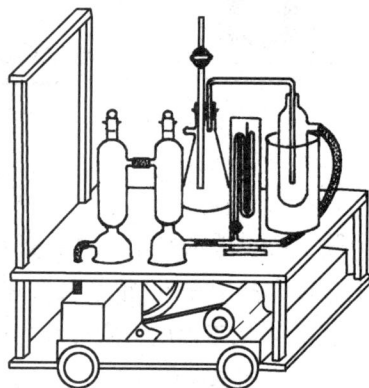

图 2-41　油泵

减压系统必须保持密封不漏气，所用的橡皮塞和磨口塞都要十分合适，橡皮管要使用厚壁的真空用橡皮管。磨口塞要涂上真空脂。

另外，实验室可设计一个如图 2-41 所示的小推车，既便于移动，又不占用实验台，还能避免经常拆卸仪器。

（三）减压蒸馏操作

1. 按图 2-35 安装减压蒸馏装置，先检查系统能否达到所要求的压力，检查方法为：首先关闭安全瓶上的活塞及旋紧克氏蒸馏头上毛细管的螺旋夹，然后用泵抽气。观察能否达到要求的压力（如果仪器装置紧密不漏气，系统内的真空情况应能保持良好），然后慢慢旋开安全瓶上的活塞，放入空气，直到内外压力相等为止。如果压力降不下来，应逐段检查，直到符合要求为止。

2. 加入待蒸馏的液体于圆底烧瓶中，其体积不得超过烧瓶容积的 1/2，关好安全瓶活塞，开动抽气泵，调节毛细管导入空气量，以能稳定地冒出一连串小气泡为宜。

3. 当达到所要求的低压，且压力稳定时，开始使用热浴加热（不能直接加热），热浴的温度一般较液体的沸点高出 20~30℃。液体沸腾后，应调节热源，经常注意压力计上所示的压力，如果与要求不符，则应进行调节，蒸馏速度以 0.5~1 滴/秒为宜。待达到所需要的沸点时，更换接收器（用多头接收器），继续蒸馏。

4. 蒸馏完毕，移去热源，慢慢旋开夹在毛细管上的橡皮管的螺旋夹，并慢慢打开安全瓶上的活塞，平衡内外压力，使测压计的水银柱缓缓地恢复原状（若放开得太快，水银柱很快上升，有冲破压力计的可能），待内外压力平衡后，才可关闭抽气泵，以免抽气泵中的油反吸入干燥塔。最后拆除仪器。

四、水蒸气蒸馏

1. 水蒸气蒸馏是用来分离和提纯液态或固态有机化合物的一种方法，常用于下列几种情况：

（1）某些沸点高的有机化合物，在常压蒸馏虽可与副产物分离，但易被破坏。

（2）混合物中含有大量树脂状杂质或不挥发性杂质，采用蒸馏、萃取等方法都难于分离的。

（3）从较多固体反应物中分离出被吸附液体的。

2. 被提纯物质必须符合以下几个条件：

（1）不溶或难溶于水。

（2）共沸腾下与水不发生化学反应。

（3）在 100℃ 左右时，必须具有一定的蒸气压 [至少 666.5~1333Pa（5~10mmHg）]。

（一）基本原理

当有机物与水一起共热时，根据分压定律，整个系统的蒸气压应为各组分蒸气压之和。即

$$p = p_{H_2O} + p_A$$

式中 p 为总蒸气压，p_{H_2O} 为水蒸气压，p_A 为与水不相溶物或难溶物质的蒸气压。

当总蒸气压（p）与外界大气压力相等时，则液体沸腾。显然，混合物的沸点低于任何一个组分的沸点。即有机物可在比其沸点低得多的温度，而且在低于 100℃ 的温度下随蒸气一起蒸馏出来。这样的操作叫作水蒸气蒸馏。例如在制备苯胺时，苯胺的沸点为 184.4℃，将水蒸气通入含有苯胺的反应混合物中，当温度达到 98.4℃ 时，苯胺的蒸气压为 5652.5Pa，水的蒸气压为 95427.5Pa，两者总和接近大气压力，于是，混合物沸腾，苯胺就随水蒸气一起被蒸馏出来。

伴随水蒸气馏出的有机物和水，二者的物质的量之比 n_A/n_{H_2O} 等于二者的分压（p_A/p_{H_2O}）之比。因此，馏出液中有机物同水的质量比可按下式计算：

$$\frac{n_A}{n_{H_2O}} = \frac{p_A}{p_{H_2O}}$$

$$\frac{\dfrac{m_A}{M_A}}{\dfrac{m_{H_2O}}{M_{H_2O}}} = \frac{p_A}{p_{H_2O}} \qquad \text{则} \quad \frac{m_A}{m_{H_2O}} = \frac{M_A \times p_A}{18 \times p_{H_2O}}$$

例如 $p_{H_2O} = 95427.5\text{Pa}$，$p_{苯胺} = 5652.5\text{Pa}$，$M_{H_2O} = 18$，$M_{苯胺} = 93$，则

$$\frac{m_{苯胺}}{m_{H_2O}} = \frac{93 \times 5652.5}{18 \times 95427.5} = 0.31$$

故馏出液中苯胺的含量为 $\dfrac{0.31}{1+0.31} \times 100\% = 23.7\%$。

这个数值为理论值，因为实验时有相当一部分水蒸气来不及与被蒸馏物做充分接触便离开蒸馏烧瓶，同时，苯胺微溶于水（绝对不溶于水的物质是没有的），所以，实验蒸出的水量往往超过计算量，计算值仅为近似值。

应用过热水蒸气可以提高馏出物中有机化合物的含量。例如，对苯甲醛（沸点 178℃）进行水蒸气蒸馏，在 97.9℃沸腾［此时水的蒸气压为 93.7kPa（703.5mmHg），苯甲醛的蒸气压为 7.5kPa（56.5mmHg）］，这时馏出液中苯甲醛占 32.1%；若导入 133℃过热蒸气，这时苯甲醛的蒸气压可达 29.3kPa（220mmHg）。因而水的蒸气压只要 71.9kPa（540mmHg）就可使体系沸腾，此时馏出液中苯甲醛的含量提高到 70.6%。在实际操作中，过热蒸气还应用在 100℃时仅具有 133～666Pa（1～5mmHg）蒸气压的化合物。例如在分离苯酚的硝基化合物时，邻硝基苯酚可用水蒸气蒸馏出来，待邻硝基苯酚蒸馏完毕，再提高水蒸气温度也可以蒸馏出对硝基苯酚。

（二）水蒸气蒸馏装置

图 2-42 是实验室常用的水蒸气蒸馏装置。包括水蒸气发生器、蒸馏容器、冷凝器和接收器四个部分。

1. 水蒸气发生器

一般用金属制成，其中水的液面可以从侧面玻璃管中观察，C 是一根长玻璃管，起安全管的作用，管的下端应位于水面以下接近容器底部。蒸馏过程中可以根据 C 管内水位的高低或升降情况来判断体系是否堵塞，以保证操作的安全。导出管与一个 T 形管相连，T 形管的支管上套上一短橡皮管，橡皮管用螺旋夹夹住，T 形管的另一端与蒸馏部分的导管相连。这段水蒸气导管应尽可能短些，以减少水蒸气的冷凝。T 形管用来除去管路中冷凝下来的水，有时在操作中发生不正常的情况时，可使水蒸气发生器与大气相通。

通过水蒸气发生器安全管中水面的高低，可以观察到整个水蒸气蒸馏系统是否畅

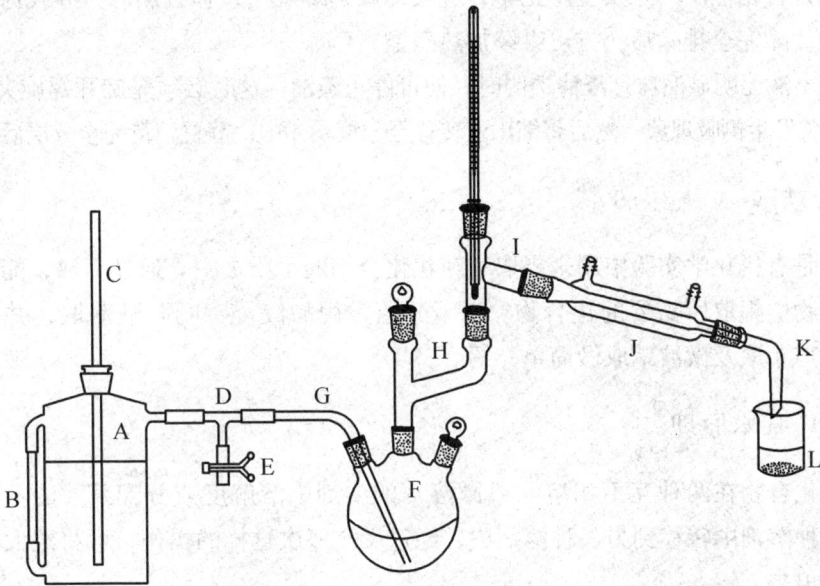

图 2-42 水蒸气蒸馏装置

A. 水蒸气发生器；B. 液面计；C. 安全管；D.T 形管；E. 弹簧夹；F. 蒸馏烧瓶
G. 导气管；H. Y 形管；I. 蒸馏头；J. 直形冷凝管；K. 尾接管；L. 接收容器

通，若水面上升很高，则说明有某一部分堵塞住了，这时应立即旋开螺旋夹，移去热源，拆下装置进行检查（一般多数是水蒸气导入管下端被树脂状物质或者焦油状物堵塞）和处理。否则，就有可能发生塞子冲出、液体飞溅的危险。

需要过热水蒸气进行蒸馏时，可以在水蒸气发生器的出口处连接一段金属盘管，用灯焰加热，水蒸气通过盘管，即可变成过热水蒸气。

2. 蒸馏容器

通常采用长颈圆底烧瓶，被蒸馏液体体积不能超过烧瓶容积的 1/3，斜放与桌面成 45°角，这样可以避免由于蒸馏时液体跳动十分剧烈而引起液体从导出管冲出，以至污染馏出液。

（三）水蒸气蒸馏操作

将需要蒸馏的固体样品置于圆底烧瓶中，然后在水蒸气发生器中加入约占容积 1/3 的热水。待检查整个装置不漏气后，旋开 T 形管，加热至沸腾。当有大量水蒸气产生从 T 形管的支管冲出时，立即旋紧螺旋夹，水蒸气便进入烧瓶，开始蒸馏。在蒸馏过程中，如果由于水蒸气的冷凝而使烧瓶内液体量增加，以至超过烧瓶容积的 2/3 时，或者水蒸气蒸馏速度不快时，则将蒸馏容器用石棉网隔开，进行加热，要注意烧瓶内的崩跳现象，如果崩跳剧烈，则不应加热，以免发生意外。蒸馏速度为 2~3 滴/秒。

在蒸馏过程中必须经常检查安全管中的水位是否正常，有无倒吸现象。蒸馏部分混合物飞溅是否剧烈。一旦发生不正常，应立即旋开螺旋夹，移去热源，寻找原因，排除故障，待故障完全排除后，方可继续加热蒸馏。

当馏出液无明显油珠，澄清透明时，便可停止蒸馏。这时必须先旋开螺旋夹，再移开热源，以免发生倒吸现象。然后将馏出液转移至分液漏斗中，静置，待完全分层后，分离。

五、萃取

萃取是有机化学实验中用来提取和纯化化合物的手段之一。通过萃取，能从固体或液体混合物中提取所需要的化合物。以下介绍常用的液-液和固-液萃取，并对超临界萃取、超声萃取及微波萃取做简单介绍。

（一）基本原理

利用化合物在两种互不相溶（或微溶）的溶剂中溶解度或分配系数的不同，使化合物从一种溶剂中转移到另一种溶剂中，经过反复多次这样的操作，可将绝大部分的化合物提取出来。

分配定律是萃取方法的主要理论依据。物质在不同的溶剂中有着不同的溶解度。同时，在两种互不相溶的溶剂中加入某种可溶性的物质时，它能分别溶解于这两种溶剂中。实验证明，在一定温度下，该化合物与这两种溶剂不发生分解、电解、缔合和溶剂化等作用时，此化合物在两液层中之比是一个定值。不论所加的物质量是多少，都是如此。用公式表示：

$$c_A/c_B = K$$

式中 c_A、c_B 分别表示一种化合物在两种互不相溶的溶剂中的质量浓度；K 是一个常数，称为"分配系数"。

有机化合物在有机溶剂中一般比在水中的溶解度大。用有机溶剂提取溶解于水的有机化合物是萃取的典型实例。在萃取时，若在水溶液中加入一定量的电解质（如氯化钠），利用"盐析效应"以降低有机物和萃取溶剂在水溶液中的溶解度，常可提高萃取效果。

要把所需要的化合物从溶液中完全萃取出来，通常萃取一次是不够的，必须重复萃取数次。利用分配定律的关系，可以算出经过萃取后化合物的剩余量。

设：V 为原溶液的体积，W_0 为萃取前化合物的总量，W_1 为萃取一次后化合物剩余量，W_2 为萃取二次后化合物剩余量，W_n 为萃取 n 次后化合物剩余量，V_e 为萃取溶剂的体积。

经一次萃取，原溶液中该化合物的质量浓度为 W_1/V；而萃取溶剂中该化合物的质量浓度为 $(W_0-W_1)/V_e$；两者之比等于 K，即

$$\frac{W_1/V}{(W_0-W_1)/V_e} = K$$

整理后

$$W_1 = W_0 \frac{KV}{KV+V_e}$$

同理，经二次萃取后，则有

$$\frac{W_2/V}{(W_1-W_2)/V_e}=K$$

即

$$W_2=W_1\frac{KV}{KV+V_e}=W_0\left(\frac{KV}{KV+V_e}\right)^2$$

因此，经 n 次萃取后

$$W_n=W_0\left(\frac{KV}{KV+V_e}\right)^n$$

当用一定量溶剂萃取时，希望在水中的剩余量越少越好。而上式中 $\frac{KV}{KV+V_e}$ 总是小于 1，所以，n 越大，W_n 就越小。也就是说把溶剂分成数份作多次萃取比用全部量的溶剂做一次萃取为好。但应注意，上面的公式适用于几乎和水不互溶的溶剂，例如苯、四氯化碳等。而与水有少量互溶的溶剂，如乙醚，上面公式只是近似的，但还是可以定性地估算出预期的结果。

例如：在 100mL 水中含有 4g 正丁酸的溶液，在 15℃ 时用 100mL 苯来萃取。设已知 15℃ 时正丁酸在水和苯中的分配系数。用苯 100mL 一次萃取后正丁酸在水中的剩余量为：

$$W_1=4\text{g}\times\frac{1/3\times100\text{mL}}{1/3\times100\text{mL}+100\text{mL}}=1.0\text{g}$$

如果将 100mL 苯分为三次萃取，则剩余量为：

$$W_3=4\text{g}\times\left[\frac{1/3\times100\text{mL}}{1/3\times100\text{mL}+33.3\text{mL}}\right]^3=0.5\text{g}$$

从上面的计算可以看出 100mL 苯一次萃取可提取出 3g（75%）的正丁酸，而分三次萃取时则可提取出 3.5g（87.5%）的正丁酸。所以用同体积的溶剂，分多次萃取比一次萃取的效果好得多。但当溶剂的总量不变时，萃取次数 n 增加，V_e 就要减少。例如：当 $n=5$ 时，$W_5=0.38\text{g}$，$n>5$ 时，n 和 V_e 这两个因素的影响就几乎相互抵消了。再增加 n，W_n/W_{n+1} 的变化很小，通过实际运算也可证明这一点。所以一般同体积溶剂分为 3~5 次萃取即可。

上面的结果也适用于由溶液中除去（或洗涤）溶解的杂质。

（二）液–液萃取

1. 间歇多次萃取

通常用分液漏斗来进行液体中的萃取。在萃取前，活塞用凡士林处理，必须事先检查分液漏斗的塞子和活塞是否严密，以防分液漏斗在使用过程中发生泄漏而造成损失（检查的方法，通常是先用溶剂试验）。

在萃取时，先将液体与萃取用的溶剂由分液漏斗的上口倒入，塞好塞子，振摇分液漏斗使两液层充分接触。

振摇的操作方法一般是先把分液漏斗倾斜，使漏斗的上口略朝下，右手捏住上口颈部，并用食指根部压紧塞子，以免盖子松开，左手握住活塞，握紧活塞的方式既要防止振摇时活塞转动或脱落，又要便于灵活地旋开活塞（图2-43），振摇后漏斗仍保持倾斜状态，旋开活塞，放出蒸气或产生的气体，使内外压力平衡，若在漏斗中盛有易挥发的溶剂，如乙醚、苯，或用碳酸钠溶液中和酸液振摇后，更应注意及时旋开活塞，放出气体，振摇数次以后，将分液漏斗放在铁圈上，静置，使乳浊液分层。

(a) 振摇　　　　　　　　　　(b) 放气

图 2-43　分液漏斗的振摇

待分液漏斗中的液体分成清晰的两层以后，就可以进行分离。分离液层时，应永远记住这个规律：下层液体应经活塞放出，上层液体应从上口倒出。如果上层液体也经活塞放出，则漏斗基部所附着的残液就会将上层液体污染。分离后再将液体倒回分液漏斗中，用新的萃取溶剂继续萃取。萃取次数，决定于分配系数，一般为3~5次。将所有萃取液合并，加入适当干燥剂进行干燥，再蒸去溶剂，萃取后所得有机化合物视其性质确定进一步的纯化方法。

下面几点对初用者来说容易忽视，应予注意，以免养成不正确的操作习惯。

(1) 使用前对分液漏斗不检查，拿来就用。

(2) 振摇时用手抱着漏斗，而不是如图2-43那样操作。

(3) 分离液体时，不放在铁圈上而是用手拿着漏斗操作。

(4) 上层液体也经下端放出。

(5) 玻璃塞未打开就扭开活塞放液。

(6) 液体分层还未完全就从下端放出，或者是放的速度太快，分离不净。

2. 盐析

易溶于水而难溶于盐类水溶液的物质，向其水溶液中加入一定量盐类，可降低该物质在水中的溶解度，这种作用称为盐析（加盐析出）。

通常用作盐析的盐类：$NaCl$、KCl、$(NH_4)_2SO_4$、NH_4Cl、Na_2SO_4、$CaCl_2$。

可盐析的物质：有机酸盐、蛋白质、醇、酯、磺酸等。

萃取时也常利用盐析效应增加萃取效率，同时也能减少溶剂的损失。如用乙醚萃取水溶液中的苯胺，若向水溶液中加入一定量的$NaCl$，既可提高萃取效率，也能减少醚溶于水的损失。

3. 连续萃取

连续萃取的方法，实验室也常采用。当有些化合物在原有溶剂中比在萃取溶剂中更易溶解时，就必须使用大量溶剂进行多次的萃取才行。用间断多次萃取效率差，且操作烦琐，损失也大。为了提高萃取效率，减少溶剂用量和被纯化物的损失，多采用连续萃取装置，使溶剂在进行萃取后能自动流入加热器，受热汽化，冷凝变为液体再进行萃取，如此循环即可萃取出大部分物质，此法萃取效率高，溶剂用量少，操作简便，损失较小。使用连续萃取方法时，根据所用溶剂的相对密度小于或大于被萃取溶液相对密度的条件，应采取不同的实验装置，见图2-44。

（三）固-液萃取

1. 长期浸泡法

将固体样品装在适当容器中，加入适当溶剂浸渍一段时间，反复数次，合并浸渍液，减压浓缩。药厂中常用此法萃取，但效率不高，时间长，溶剂用量大，实验室不常采用。

2. 回流提取法

以有机溶剂作为提取溶剂，在回流装置中加热进行回流，也可采用反复回流法，即第一次回流一定时间后，滤出提取液，加入新鲜溶剂，重新回流，如此反复数次，合并提取液，减压回收溶剂。

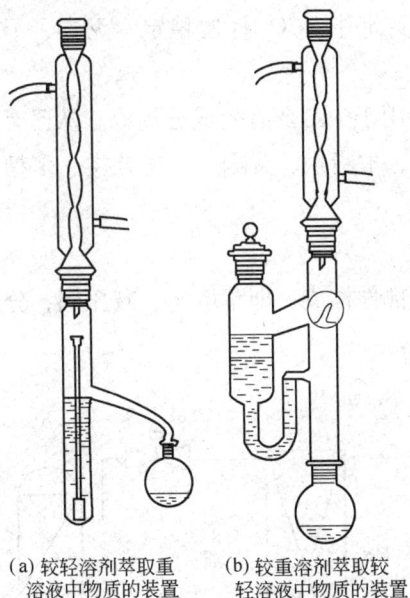

（a）较轻溶剂萃取重溶液中物质的装置　（b）较重溶剂萃取较轻溶液中物质的装置

图2-44　连续萃取装置

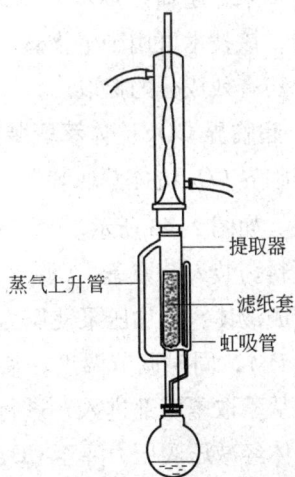

蒸气上升管

提取器
滤纸套
虹吸管

图2-45　脂肪提取器

3. 脂肪提取器提取法

实验室多采用脂肪提取器或叫索氏（Soxhlet）提取器来萃取物质（图2-45）。通过对溶剂加热回流及虹吸现象，使固体物质每次均被新的溶剂所萃取，效率高，节约溶剂。但对受热易分解或变色的物质不宜采用。高沸点溶剂采用此法进行萃取也不合适。萃取前应先将固体物质研细，以增加固-液接触面积，然后将固体物质放入滤纸筒内

（将滤纸卷成圆柱状，直径略小于提取筒的内径，下端用线扎紧）。轻轻压实，上盖一小圆滤纸。加溶剂于烧瓶内，装上冷凝管，开始加热，溶剂沸腾进行回流，蒸气通过蒸气上升管上升后，溶剂冷凝成液体，滴入萃取器中，当液面超过虹吸管顶端时，萃取液自动流入加热烧瓶中，萃取出部分物质，再蒸发溶剂，如此循环，直到被萃取物质大部分被萃取出为止。固体中的可溶性物质富集于烧瓶中，然后用适当方法将萃取物质从溶液中分离出来。

（四）超临界萃取及其在中药中的应用

1. 基本原理

超临界萃取（supercritical extraction）是指以超临界流体（supercritical fluid，SCF）为萃取剂的萃取分离技术。所谓超临界流体即处于临界温度（T_c）和临界压力（P_c）以上的流体。与常温常压下的气体和液体比较，超临界流体具有两个特性：一是密度接近于液体，具有类似于液体的高密度，因而对溶质有较大的溶解度；二是黏度近似于气体，具有类似于气体的低黏度，故易于扩散和运动，其传质速率大大高于液相过程。能作为超临界流体的化合物有二氧化碳、氨、乙烯、丙烷、丙烯、水等。其中超临界流体 CO_2 具有最适合的临界点数据，其临界温度为 31.06℃，接近室温；临界压力为 7.39MPa，比较适中；临界密度为 0.448g/cm³，是常用超临界溶剂中最高的（合成氟化物除外），而高密度使其具有较好的溶解能力。此外，CO_2 性质稳定、无毒、不易燃易爆、价格低廉，因而是最常用的超临界流体。

近年来，超临界 CO_2 流体萃取技术广泛应用于中草药有效成分提取。从已有的研究报道看，该技术可用于生物碱、醌类、香豆素、木脂素、黄酮类、皂苷类、多糖、挥发油等中药有效成分的提取。

2. 超临界 CO_2 流体萃取装置

超临界 CO_2 流体萃取装置一般由四个基本部件构成，即萃取釜、减压阀、分离釜和加压泵。如图 2-46 所示。

原料药装入萃取釜，CO_2 气体经热交换器冷凝成液体，用加压泵使压力增加（高于 CO_2 的 P_c），同时调节温度，使其成为超临界流体从萃取釜底部进入，进行萃取。萃取后的流体经减压阀压力降至 CO_2 临界压力以下，进入分离釜中，所提取成分溶解度急剧下降而析出，可定期从釜底放出。CO_2 气体可循环使用。

与常规的提取方法比较，超临界 CO_2 流体萃取具有如下优点。

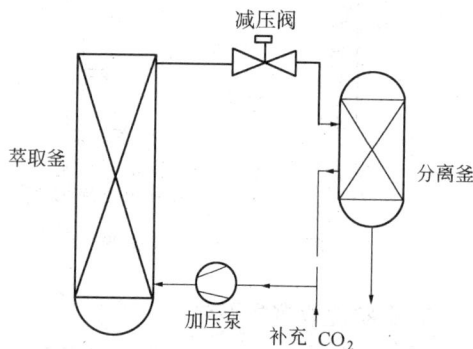

图 2-46　超临界 CO_2 流体萃取装置示意图

（1）传统提取方法常常要用大量的有机溶剂，不但回收困难而且回收过程中有损失，造成成本增加和有机溶剂残留问题。运用超临界 CO_2 萃取，CO_2 无色、无味、无毒，且通常条件下为气体，无溶剂残留问题。

（2）常规提取方法如水煎煮法提取温度较高，提取时间也较长。药材中一些热不稳定性有效成分往往受热易破坏，超临界 CO_2 萃取温度接近室温，对于那些对湿、热、光敏感的物质和芳香性物质的提取特别适合，可避免常规提取过程可能产生的分解、形成复合物沉淀等反应，能最大限度地保持各组分的原有特性。

（3）常规提取法在提取出有效成分的同时，往往也将药材中的一些大分子杂质如树胶、淀粉、蛋白质、鞣质等提取出来，给后续的除杂精制工艺带来困难。超临界 CO_2 萃取可以根据被提取有效组分的性质，通过改变温度和压力以及加入夹带剂，进行高选择性提取，并且流程简单，耗时短，省去了某些分离精制步骤，大大缩短生产周期。

（4）超临界 CO_2 萃取操作提取完全，能充分利用中药资源。由于超临界 CO_2 的溶解能力和渗透能力强，扩散速度快，且是在连续动态条件下进行，萃取出的产物不断地被带走，因而提取较完全，这一优势在挥发油提取中表现得非常明显。

（5）超临界 CO_2 萃取技术同其他色谱技术及分析技术联用，能够实现中药有效成分的高效、快速、准确分析。

（6）与其他超临界流体相比，CO_2 临界压力适中，在实际操作中，其使用压力范围有利于工业化生产。

但是，超临界萃取技术也有其自身局限。诸如：①设备的安装、使用、维护的工程技术要求较高，投资较大。②由于 CO_2 的非极性和低分子量的特点，对于强极性和大分子量成分难以进行有效的提取。尽管可以通过添加夹带剂来改善提取效果，但与传统提取方法相比，优势可能就不再明显，甚至不如传统提取方法。③有关超临界流体的基础研究还比较薄弱，还有大量的基础研究和化学工程方面的问题需要解决。④该技术用于复方提取的方法与效率还有待于进一步研究和探讨。

（五）超声波萃取技术简介

1. 基本原理

超声波（supersonic wave）是指频率高于 20kHz，人的听觉阈以外的声波。超声波萃取（supersonic wave extraction）是利用超声波具有的机械效应、空化效应及热效应，通过增大介质分子的运动速度，增大介质的穿透力而进行萃取的实验技术。

（1）机械效应：超声波在介质中传播可使介质质点在其传播空间内产生振动，从而强化介质的扩散、传质，这就是超声波的机械效应。超声波在传播过程中产生一种辐射压强，沿声波方向传播，对物料有很强的破坏作用，可使细胞组织变形，植物蛋白质变性；同时，它还可给予介质和悬浮体以不同的加速度，且介质分子的运动速度远大于悬浮体分子的运动速度，从而在两者之间产生摩擦，这种摩擦力可使生物分子解聚，使细胞壁上的有效成分更快地溶解于溶剂之中。

（2）空化效应：通常情况下，介质内部或多或少地溶解了一些微气泡，这些气泡在超声波的作用下产生振动，当声压达到一定值时，气泡由于定向扩散而增大，形成共振腔，然后突然闭合，这就是超声波的空化效应。这种增大的气泡在闭合时会在其周围产生高达几千个大气压的压力，形成微激波，它可造成植物细胞壁及整个生物体破裂，而且整个破裂过程瞬间完成，有利于有效成分的溶出。

（3）热效应：和其他物理波一样，超声波在介质中的传播过程也是一个能量的传播和扩散过程，即超声波在介质的传播过程中，其声能可能不断被介质的质点吸收，介质将所吸收的能量全部或大部分转化为热能，从而导致介质本身和药材组织温度升高，增大了药物有效成分的溶解度，加快了有效成分的溶解速度。由于这种吸收声能引起的药物组织内部温度的升高是瞬时的，因此可以使被提取的成分的结构和生物活性保持不变。

此外，超声波还可以产生许多次级效应，如乳化、扩散、击碎、化学效应等，这些作用也促进了植物体中有效成分的溶解，促使药物有效成分进入介质，并与介质充分混合，加快了提取过程的进行，并提高了药物有效成分的提取率。

2. 影响因素

（1）时间：超声波萃取通常比常规提取的时间短。样品性质不同，超声波萃取时间各不相同。一般在 10~100 分钟以内即可得到较好的提取效果。

（2）频率：超声波频率是影响有效成分提取率的因素之一。不同的目标成分，其适合的超声波频率也不同，应通过实验加以选择。

（3）温度：超声波萃取时一般不需加热，其本身有较强的热作用，因此在提取过程中应对温度进行控制。不同样品、不同溶剂，有其各自的最佳提取温度，需要进行实验筛选。

此外，样品的组织结构、超声波的凝聚机制等因素对超声萃取效果也可产生一定影响。

3. 超声波萃取的特点

（1）超声波萃取时不需加热，避免了中药常规煎煮法、回流法长时间加热对有效成分的不良影响，适用于对热敏物质的提取；同时由于其不需加热，因而也节省了能源。

（2）超声波萃取提高了药物有效成分的提取率，节省了原料药材，有利于中药资源的充分利用，提高经济效益。

（3）溶剂用量少，节约溶剂。

（4）超声波萃取是一个物理过程，在整个浸提过程中无化学反应发生，不影响大多数药物有效成分的生理活性。

（5）提取物有效成分含量高，有利于进一步精制。

近年来，超声波萃取技术广泛应用于中药有效成分的提取。目前已有该技术用于生物碱类、蒽醌类、多糖类、苷类、有机酸类等中药有效成分提取的研究报道。

（六）微波萃取技术简介

微波萃取（microwave-asisted extraction）主要是基于微波热特性的萃取分离技术。

微波（microwave，MW）又称超高频电磁波，其频率范围是（$3 \times 10^2 \sim 3 \times 10^5$）MHz。为了规范微波的应用，避免相互间产生干扰，国际公约规定工业、民用及科学研究中使用的微波频率为（915±25）MHz、（2450±13）MHz、（5800±75）MHz、（22125±125）MHz。我国目前使用的微波频率为 915MHz（大功率设备）和 2450MHz（中、小功率设备）。

微波加热的原理有两个方面：一是"介电损耗"（或称"介电加热"），具有永久偶极的分子接受微波辐射后，以每秒数十亿次的速度高速旋转，产生热效应；二是"离子传导"，离子化的物质在超高频电磁场中高速运动，因摩擦而产生热效应。对于生物样品，微波辐射导致细胞内极性物质尤其是水分子吸收微波能量而产生大量的热量，使细胞内温度迅速上升，液态水汽化产生的压力将细胞膜和细胞壁冲破，形成微小的孔洞，再进一步加热，细胞内部和细胞壁水分减少，细胞收缩，表面出现裂纹。孔洞和裂纹的存在，使细胞外溶剂易于进入细胞内，从而溶解并释放细胞内的产物。

微波具有很强的穿透力，可使试样内外同时加热，它区别于传统的热传导和热对流的外加热，具有加热速度快、受热体系均匀、可控潜力强等特点。

一般微波萃取设备必须具备以下基本条件：①微波发生功率足够，工作状态稳定；②有温控装置；③微波泄漏符合安全要求，用大于 10mW 量程的漏场仪在距离被测处 5cm 处检测，漏场强度应小于 $5mW/cm^2$。微波萃取系统（microwave-asisted extraction process，MAP）的基本流程如图 2-47 所示。

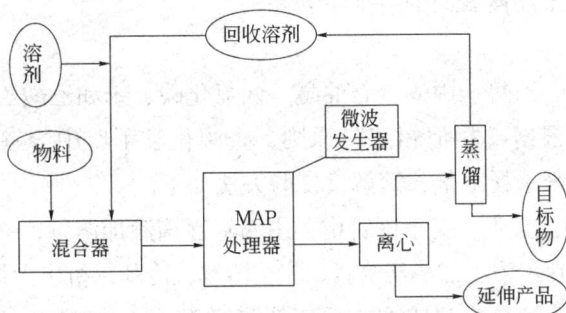

图 2-47　微波萃取系统示意图

目前，已有微波技术用于生物碱、黄酮、多糖、苷类、挥发油等中药有效成分提取的研究报道，但该方法不适用于热敏性物质（如蛋白质、多肽等）的提取。

六、重结晶

重结晶操作是应该掌握的很有用的有机化学实验技巧之一。许多固态有机化合物的精制采用重结晶技术。重结晶提纯法的原理是利用混合物中各组分在某种溶剂中的溶解度不同，而使它们相互分离。

（一）重结晶法的一般过程

1. 选择适宜的溶剂。

2. 将粗产品溶于适宜的热溶剂中制成热饱和溶液。

3. 趁热过滤除去不溶性杂质。如溶液的颜色深，则应先脱色，再进行过滤。

4. 冷却溶液，或蒸发溶剂，使之慢慢析出结晶，杂质则留在母液中，或者杂质析出而欲提纯的化合物则留在溶液中。

5. 过滤分离母液，分出结晶体或杂质。

6. 洗涤结晶，除去附着的母液。

7. 干燥结晶。

（二）溶剂的选择

在重结晶法中选择一适宜的溶剂是非常重要的。否则，达不到纯化的目的。作为适宜的溶剂，要符合以下几个条件。

1. 与被提纯的有机化合物不发生化学反应。

2. 对被提纯的化合物在温度高时溶解度大，而在温度低时溶解度小。

3. 如果杂质在热溶剂中不溶，则趁热过滤除去杂质；若杂质在冷溶剂中易溶，则留在溶液中，待结晶后再分离。

4. 对要提纯的有机化合物能生成比较整齐的晶体。

5. 溶剂的沸点不宜太低，也不宜过高。若过低，溶解度改变不大，难分离，操作较困难；过高，附着于晶体表面的溶剂不易除去。

6. 价廉易得。

常用的溶剂有水、乙醇、丙酮、石油醚、四氯化碳、苯和乙酸乙酯等。

在选择溶剂时应根据"相似相溶"原则，查阅化学手册中溶解度一栏。在实际工作中往往要通过试验来选择溶剂，溶解度试验方法如下。

取 0.1g 结晶的固体置于一支小试管中，用滴管逐滴滴加溶剂，并不断振摇，待加入的溶剂约为 1mL 时，在水浴上加热至沸腾，完全溶解，冷却，析出大量结晶，这种溶剂一般可认为合用；如果样品在冷却或加热后，都能溶于 1mL 溶剂中，表示这种溶剂不合用。若样品不全溶于 1mL 沸腾的溶剂中时，则可逐步添加溶剂，每次约加 0.5mL，并加热至沸腾，若加入的溶剂总量达 3mL 时，样品在加热时仍然不溶解，表示这种溶剂不合用，则必须寻找其他溶剂。若样品能溶于 3mL 以内沸腾的溶剂中，则将它冷却，观察有没有结晶析出，还可以用玻璃棒摩擦试管壁或用盐水浴冷却，以促使结晶析出，若仍未析出结晶，则这种溶剂也不合用。若有结晶析出，则以结晶体析出的多少来选择溶剂。

按照上述方法逐一试验不同的溶剂，如冷却后有结晶体析出，比较结晶体的多少、晶体的形状，选择其中最佳的作为重结晶的溶剂。

如果难于找到一种合用的溶剂，则可采用混合溶剂，混合溶剂一般由两种能以任意比互溶的溶剂组成，其中一种对被提纯物质的溶解度较大，而另一种对被提纯物质的溶解度较小。一般常用的混合溶剂有乙醇与水、乙醇与乙醚、乙醇与丙酮、乙醚与石油醚、苯与石油醚等。

（三）热饱和溶液的制备

使用易燃溶剂时，必须按照安全操作规程进行，不可粗心大意！

有机溶剂往往不是易燃就是具有一定的毒性，也有二者兼具的，操作时要熄灭邻近的一切明火。最好在通风橱内操作。常用三角烧瓶或圆底烧瓶作容器，因为它的瓶口较窄，溶剂不易挥发，又便于摇动促使固体物质溶解。若使用的溶剂是低沸点易燃的，严禁在石棉网上直接加热，必须装上回流冷凝管，并根据溶剂沸点的高低，选用热浴。若固体物质在溶剂中溶解速度较慢，需要较长时间加热，也要装上回流冷凝管，以免溶剂损失。

溶解操作是将待重结晶的粗产物放入窄口容器中，加入比计算量略少的溶剂，加热使之溶解，如果溶剂量不够，可逐渐添加溶剂至溶质恰好溶解，最后再多加 20% ~ 100% 的溶剂将溶液稀释，否则趁热过滤时容易析出结晶。若用量未知，可先加入少量溶剂，煮沸后若仍未全溶，可渐渐添加溶剂至恰好溶解，每次新加入溶剂后均要煮沸后做出判断。在重结晶过程中，为了得到比较纯的产品和比较好的收率，必须注意溶剂的用量。在溶解样品时，要注意判断样品中是否含有不溶或难溶性杂质，以免误加过多溶剂。若难以判断，宁可先进行热过滤，然后将滤渣再以溶剂处理，并将两次滤液分别进行处理。

在溶解的过程中，有时被提纯有机物变成油珠状，这对于物质的纯化很不利，因为杂质会伴随析出，并带有少量溶剂，故应尽量避免这种现象的发生。可从以下几个方面加以考虑：①所选用的溶剂的沸点应低于溶质的熔点；②低熔点物质进行重结晶，如不能选出沸点较低溶剂时，则应在比熔点低的温度下溶解。

用混合溶剂重结晶时，一般先用适量溶解度较大的溶剂，在加热的情况下使样品溶解，溶液若有颜色则先用活性炭脱色，趁热过滤除去不溶物，将滤液加热至接近沸点的情况下，慢慢滴加溶解度较小的溶剂至刚好混浊，加热混浊不消失时，再小心地滴加溶解度较大的溶剂直至溶液变清，放置结晶。若已知两种溶剂的某一种比例适用重结晶，可事先配好混合溶剂，按单一溶剂重结晶的方法进行。

（四）杂质的除去

溶液如有不溶性物质时，应趁热过滤（保温过滤或减压过滤）；如有有色杂质存在，则要脱色，一般是待溶液稍冷却后加入活性炭（粗品质量的 1%~5%），搅拌均匀，加热至沸腾，保持 5 分钟，趁热滤去活性炭即可。

除活性炭脱色外，也可采用色谱柱帮助脱色，如氧化铝吸附色谱等。

（五）晶体的析出

将趁热过滤收集的热滤液静置，让它慢慢冷却，一般在几个小时后才能结晶完全。在某些情况下，可能需要更长的时间。不要对滤液进行急速降温，那样形成的结晶会很细，导致吸附在晶体表面的杂质较多。但也不要使形成的晶体过大，过大的晶体中会夹杂母液和杂质，造成干燥困难，纯度下降。当看到有大的晶体正在形成时，要摇动使之形成较均匀的小晶体。

杂质的存在会影响化合物晶核的生成和晶体的生长，如果溶液冷却后仍不结晶，通常可采取以下措施，帮助其形成晶核，以利晶体的生长：①投入"晶种"，即将少量该溶质的晶体投入此过饱和溶液中，晶体往往会很快析出，这种操作称为"接种"或"种晶"。实验室如无此晶种，也可自行制备，方法是取数滴过饱和溶液于一试管中旋转，使该溶液在试管内壁呈一薄膜，然后将试管放入冷却液中，所析出的晶体作为"晶种"；也可以取一滴过饱和溶液于表面皿上，待溶剂蒸发后而得到晶种。②用玻璃棒摩擦器壁，以形成粗糙面或玻璃碎屑作为晶核，使溶质分子呈定向排列，促进晶体的析出。

如果不析出晶体而得到油状物时，可加热至澄清液后，让其自然冷却至开始有油状物析出时，立即剧烈搅拌，使油状物分散，也可搅拌至油状物消去。

如果结晶不成功，通常必须用其他方法（色谱、离子树脂交换法）提纯。

（六）结晶的收集、洗涤和干燥

将结晶从母液中分离出来，通常用抽滤（或称减压过滤），见图 2-48（a），使用瓷质布氏漏斗配上橡皮塞，装在玻璃质的抽滤瓶上，抽滤瓶的支管上套入一根橡皮管，与抽气装置连接起来。所用的滤纸应比漏斗底部的直径略小，但又必须覆盖布氏漏斗中所有的小孔。过滤前应先用相应的溶剂润湿滤纸，轻轻抽气，务使滤纸紧紧贴在漏斗上，继续抽气，把要过滤的混合物倒入布氏漏斗中，使固体物质均匀地分布在整个滤纸面上，用少量滤液将黏附在容器壁上的结晶洗出，抽气到几乎没有母液滤出时，用玻璃钉将结晶压干，尽量除去母液，滤得的固体，习惯上叫滤饼。为了除去结晶表面的母液，应进行洗涤滤饼的工作。洗涤前将连接抽滤瓶的橡皮管拔开，关闭抽气泵，把少量溶剂均匀地洒在滤饼上，使全部结晶恰好被溶剂盖住为度，重新接上橡皮管，开启抽气泵将溶剂抽去，重复操作两次，就可把滤饼洗净。

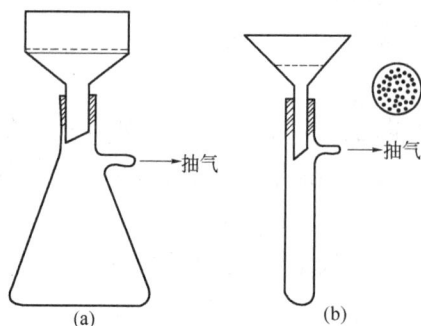

图 2-48　抽滤装置

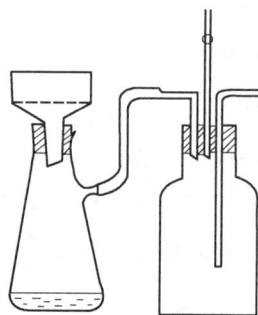

图 2-49　带安全瓶的抽滤装置

用重结晶纯化后的晶体，其表面还吸附有少量溶剂，应根据溶剂及结晶的性质选择适当的方法进行干燥。最常用的方法是将固体放在有不同干燥剂的干燥器内进行干燥；

对于热稳定的固体，可放在烘箱中干燥，凡最后用乙醇、乙醚等易燃溶剂洗涤过的样品，不能在烘箱中烘干，以免爆炸。

实验室中常用红外线灯来进行固体的干燥，使用红外线灯干燥速度快，温度较低，而且固体内部也能达到干燥的目的。

过滤少量的结晶（1~2g 以下），可用玻璃钉漏斗抽气装置，见图 2-48（b）。

（七）常用过滤方法介绍

有机化学实验中常用的过滤方法有常压过滤、保温过滤和减压过滤等。

1. 常压过滤

常压过滤采用普通三角玻璃漏斗和滤纸进行过滤，可用于水溶液或有机液体的过滤。常压过滤的装置简单，但过滤速度较慢。在过滤有机液体时，不应先用水湿润滤纸，以免因不互溶造成过滤困难。根据有机液体黏度较大，过滤速度慢的特点，一般要求将滤纸按图2-50所示进行折叠，以增大过滤面积，加快过滤速度。折叠滤纸时应注意，在圆心处切勿重压，否则过滤时容易破裂。

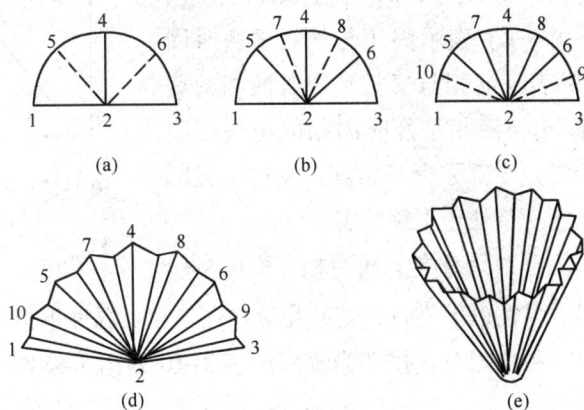

图 2-50　折叠滤纸的方法

2. 保温过滤

保温过滤采用保温漏斗和滤纸进行过滤。保温漏斗是一带有夹套的漏斗，可以在夹套中灌上热水，或在过滤前加热以达到保温效果，但切忌在过滤有机溶剂时用明火加热，以免引发火灾，其装置见图 2-51。保温过滤适用于需要趁热过滤且液体量较多的情况，可避免因过滤过程中温度下降而在漏斗中析出结晶的现象，但其过滤速度仍然较慢。

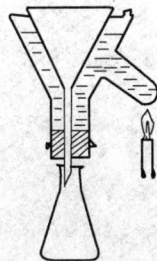

图 2-51　保温过滤装置

3. 抽气过滤

抽气过滤简称抽滤，又称减压过滤。采用布氏漏斗、滤纸和抽滤瓶配合抽气泵过滤，装置见图 2-48、图 2-49。由于在过滤过程中使用抽气泵进行减压，因而过滤速度较快，适用于需要快速过滤的情况。其缺点是悬浮的杂质有时会穿过滤纸，漏斗孔内易析出结晶，造成堵塞，滤下的热溶液由于减压易发生沸腾而被抽走。但由于其过滤速度的优势，在实验室中使用非常广泛。

七、升华

升华是纯化固体有机化合物的又一种手段，与蒸馏不同，它是直接由固体有机物受热汽化为蒸气，然后由蒸气又直接冷凝为固体的过程。

（一）基本原理

某些物质在固态时具有相当高的蒸气压，当加热时，不经过液态而直接汽化，蒸气受到冷却又直接冷凝成固体，这个过程称为升华。图 2-52 是物质的固、液、气三相平衡曲线。图中：ST 表示固相与气相平衡时固相的蒸气压曲线；TW 表示液相与气相平衡时液相的蒸气压曲线；TV 表示固相与液相平衡时固相的蒸气压曲线，三条曲线相交于 T 点，T 称为三相点，在这一温度和压力下，固、液、气三相处于平衡状态。

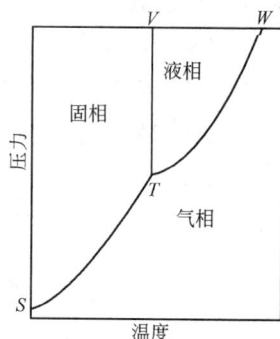

图 2-52　物质的固、液、气三相平衡曲线

在三相点以下，化合物只有气、固两相。所以，一般的升华操作在三相点温度以下进行，若某化合物在三相点温度下蒸气压很高，汽化速度很快，受热后，很容易从固态直接变为蒸气。表 2-10 列出了樟脑和蒽醌的蒸气压和温度的关系。

表 2-10　樟脑、蒽醌的蒸气压和温度关系

樟脑 （熔点 176℃）	温度 （℃）	20	60	80	100	120	160
	蒸气压 （mmHg）	0.15	0.55	9.15	20.05	48.1	218.4
蒽醌 （熔点 285℃）	温度 （℃）	200	220	230	240	250	270
	蒸气压 （mmHg）	1.8	4.4	7.1	12.3	20.0	52.6

1mmHg＝133.3Pa

樟脑的三相点温度为 179℃，压力为 49.3kPa（370mmHg），由上表可见，樟脑在熔点之前，蒸气压已相当高，如160℃时，压力为29.1kPa（218.4mmHg），只要缓慢地加热至低于179℃，它就可以升华。蒸气遇到冷的表面就凝结在上面，这样蒸气压始终维持在49.3kPa，直至升华完毕。假若很快将樟脑加热，蒸气压超过三相点的平衡压力，则开始熔化为液体，所以升华时加热应缓慢。

此法特别适用于纯化易潮解及可在溶剂中发生离解的物质。

升华法只能用于在不太高的温度下具有足够大的蒸气压（在熔点前高于266.6Pa）的固态物质，但操作时间长，损失较大，因此具有一定的局限性。

（二）常压升华

通用的常压升华装置如图2-53（a）、（b）、（c）所示，必须注意冷却面与升华物质的距离应尽可能近些。因为升华发生在物质的表面，所以待升华物质应预先粉碎。

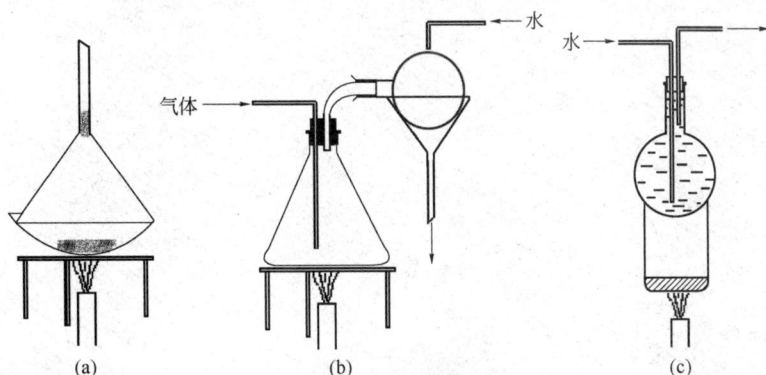

图 2-53　常压升华装置

将待升华物质放入蒸发皿中，铺均匀，上面覆盖一张穿有很多小孔的滤纸（毛刺向上），然后将大小合适的玻璃漏斗倒盖在上面，漏斗颈口塞一点棉花或玻璃毛，以减少蒸气外逸，见图2-53（a）。在石棉网上缓慢加热蒸发皿（最好用砂浴或其他热浴），小心调节火焰，控制浴温低于升华物质的熔点，使其慢慢升华。蒸气通过滤纸孔上升，冷却后凝结在滤纸上或漏斗壁。必要时漏斗外可用湿滤纸或湿布冷却。

通入空气或惰性气体进行升华的装置见图2-53（b），当物质开始升华时，通入空气或惰性气体，以带出升华物质，遇冷（或用自来水冷却）即冷凝于壁上。

（三）减压升华

为了加快升华速度，可在减压条件下进行升华。减压升华法特别适用于常压下其蒸气压不大或受热易分解的物质，图2-54是用于少量物质减压升华的装置。

把待升华的固体物质放入吸滤管中，用装有"冷凝指"的橡皮塞严密地塞住管口，利用水泵或油泵减压，吸滤管浸入水浴或油浴中进行加热。

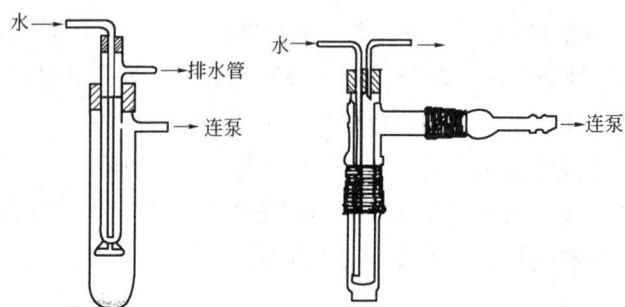

图 2-54　减压升华少量物质的装置

第三部分 基本实验技术训练和有机化合物制备实验 ▷▷▷▷

§3-1 基本实验技术训练实验

实验一 简单玻璃工操作

【实验目的】

1. 掌握塞子钻孔的正确方法。

2. 掌握玻璃管（棒）的简单加工方法。

【实验步骤】

1. 切割玻璃管（棒）

取直径 10mm、长 40~50cm 的薄壁玻璃管 1 根，直径 5mm、长 1m 的玻璃棒 1 根，清洗、干燥后，按实验要求，将玻璃管（棒）切割成适当的长度，并在灯焰上将断口熔光。

2. 拉制熔点测定毛细管

取直径 10mm 的薄壁玻璃管，按要求拉制成长 15cm，内径 1mm 左右，两端封口的毛细管 6 根，装入大试管备用。使用时用小锉刀（或小砂轮）在毛细管中间锉一下折断，即得两根熔点测定毛细管。

3. 制作玻璃搅拌棒与玻璃钉

截取 17~18cm 长的玻璃棒 3 根，一端在灯焰上熔圆，其中 2 根的另一端制成直径 2~3mm 的小玻璃钉，1 根一端制成直径 5mm 的大玻璃钉。

4. 弯玻璃管

制作 120°、双 90°和 75°的玻璃弯管各一根。120°以上的角度，可以一次完成；较小的角度，应分为几次完成。

【思考题】

1. 选用塞子时要注意什么？如果钻孔器不垂直于塞子的平面结果会怎样？怎样才能使钻嘴垂直于塞子的平面？为什么塞子打孔要两面打？

2. 截断玻璃管时要注意哪些问题？在火焰上加热玻璃管时怎样才能防止玻璃管被扭歪？

3. 弯曲玻璃管和拉制毛细管时，软化玻璃温度有什么不同？为什么？如何判断温度已达到要求？

4. 把玻璃管插入塞子孔道时要注意些什么？拔出时要怎样操作才安全？

实验二　熔点的测定及温度计的校正

【实验目的】

1. 了解熔点测定的意义，掌握毛细管法熔点测定的操作。

2. 了解温度计校正的意义，学习温度计校正的方法。

【实验步骤】

1. 熔点管制备

取内径 1mm、长 6~7cm 的毛细管，在酒精灯上将一端熔封，作为熔点管。

2. 样品的装填

取 0.1~0.2g 样品，放在干净的表面皿或玻片上，用玻璃棒或不锈钢刮刀研成粉末，聚成小堆，将毛细管的开口插入样品堆中，使样品挤入管内，把开口一端向上竖立，通过一根长约 40cm 直立于玻璃片或蒸发皿上的玻璃管，自由落下，重复几次，直至样品的高度 2~3mm 为止。操作要迅速，防止样品吸潮，装入样品要结实，受热时才均匀，如果有空隙，不易传热，影响测定结果。

3. 熔点测定

按图 2-14 所示安装 b 型管熔点测定装置[1]，进行样品的熔点测定[2]并正确记录熔点。要求每个样品进行两次以上的平行测定，每一次测定都必须用新的毛细熔点管新装样品，不能重复使用已测定过熔点的样品管。

样品：尿素、肉桂酸、二苯胺、苯甲酸、水杨酸、萘、肉桂酸和尿素的等量混合物，二苯胺和苯甲酸的等量混合物等。

4. 温度计的校正

按顺序测定下述纯化合物的熔点：①二苯胺（分析纯）54~55℃；②萘（分析纯）80.55℃；③苯甲酸（分析纯）122.4℃；④水杨酸（分析纯）159℃；⑤对苯二酚（分析纯）173~174℃；⑥3,5-二硝基苯甲酸（分析纯）205℃。

记录测得的熔点数据，以测定的熔点为纵坐标，以测得熔点与准确熔点之差为横坐标作图，从图中求得校正后的正确温度误差值。同样，每个样品至少测定两次，以两次或多次测量的平均值作为该样品的最终熔点。

【注释】

[1] 传温液的选择：熔点在 80℃ 以下的用蒸馏水；熔点在 200℃ 以下用液体石蜡、浓硫酸或磷酸；熔点在 200~300℃ 之间用 H_2SO_4 和 K_2SO_4（7∶3）的混合液。

[2] 特殊试样的熔点测定：

①易升华的化合物：将样品装入毛细熔点管后，将上端也封闭起来，浸入热浴中。因为压力对于熔点影响不大，所以用封闭的毛细管测定熔点对其影响可忽略不计。

②易吸潮的化合物：装样速度要快，装好后立即将毛细管上端用小火加热封闭，以免在熔点测定过程中，试样吸潮使熔点降低。

③易分解的化合物：有的化合物受热易分解，产生气体、炭化、变色等，由于分解产物的生成，将导致样品熔点下降。分解产物生成的多少与加热时间的长短有关，因此，测定易分解样品，其熔点与加热速度有关。如将酪氨酸缓慢升温，测得熔点为280℃，而快速加热测得的熔点为 314～318℃；硫脲缓慢加热，测得的熔点为157～162℃，快速加热测得的熔点为 180℃。对于易分解的有机化合物的熔点测定，需做较详细的说明，在括号内注明"分解"。

④低熔点（室温以下）的化合物：将装有试样的熔点管与温度计一起冷却，使试样成为固体，再将熔点管与温度计一起移至一个冷却到同样低温的双套管中，撤去冷却浴，容器内温度慢慢上升，观察熔点。

【思考题】

1. 如果没有将样品研磨的很细，对装样有什么影响？对熔点测定数据有无影响？

2. 加热速度的快慢为什么会影响熔点测定的结果？

3. 为什么不能使用第一次测熔点时已经熔化了的有机化合物再作第二次测定？

实验三 液态有机化合物折光率的测定

【实验目的】

1. 了解折光率测定的简单原理。

2. 掌握有机化合物折光率的测定方法。

【实验步骤】

1. 阿贝折光仪的校正

打开棱镜，滴 1～2 滴重蒸馏水于镜面上，关紧棱镜，调节反光镜使目镜内视场明亮，转动棱镜调节旋钮直到镜内观察到有界线或彩色光带。若出现彩色光带，则转动消色散调节器（或称棱镜微调旋钮），使视野中除黑白两色外再无其他颜色，明暗界线清晰，再转动棱镜调节旋钮使明暗分界线恰好通过"十"字的交叉点，然后记录读数和温度，重复两次测定重蒸馏水的平均折光率，与标准值（$n_D^{20} = 1.33299$，$n_D^{25} = 1.3325$）比较，求得折光仪的校正值。

图 3-1 Abbe 折光仪
在临界角时目镜视野图

若校正值较大，整个仪器必须重新调校。首先转动左边的刻度盘，使读数镜内的标尺数据等于重蒸馏水的折光率（$n_D^{20} = 1.33299$，$n_D^{25} = 1.3325$），调节反射镜，使入射光进入棱镜组，从测量望远镜中观察，使视场最亮，调节测量镜，使视场最清晰。转动消色散调节器，消除色散，再用特制的小螺丝刀旋动右面镜筒下的调节螺丝，使明暗交界面和"十"字交叉重合，校正工作完成。

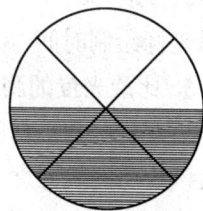

2. 松节油和乙酰乙酸乙酯折光率的测定

准备工作做好后，打开棱镜，用滴管把待测液体 2~3 滴均匀地滴在磨砂镜面上，要求液体无气泡并充满视场，关紧棱镜。转动反射镜使视场最亮。

轻轻转动左面的刻度盘，并在右镜筒内找到明暗分界或彩色光带，再转动消色散调节器，直至看到一个清晰的明暗分界线。转动左面的刻度盘，使分界线对准"十"字交叉线中心，读出折光率。重复 2~3 次。

【思考题】

1. 测定中要注意哪些注意事项？怎样保护棱镜镜面？

2. 测定折光率时有哪些因素会影响测定结果？

实验四　旋光度的测定

【实验目的】

1. 了解旋光仪的构造及工作原理。

2. 掌握使用旋光仪测定有机物旋光度的方法。

3. 了解旋光度测定的意义。

【实验步骤】

1. 旋光仪零点的校正

开启钠光灯，待其发光稳定。将样品管洗净，装入蒸馏水，使液面凸出管口，将玻璃盖沿管口边缘轻轻平推盖好，旋上螺丝帽盖。擦干，放入旋光仪内，罩上盖子，将标尺盘调在零点左右，旋转粗调、微调手轮，使视场内的亮度均一，记下读数。重复操作至少五次，取平均值作为零点。

2. 变旋现象的观察

在 100mL 容量瓶中新鲜配制浓度准确的 10% 葡萄糖溶液，装入样品管，分别于 0、5、10、20、30、60 分钟测定旋光度并记录读数。以测定时间为横坐标，测得的旋光度为纵坐标绘制时间–旋光度变化曲线，了解还原糖的变旋现象。

3. 比旋光度的测定

对变旋已达平衡的 10% 葡萄糖溶液进行旋光度测定，所得的读数与零点之间的差值即为该物质的旋光度。记下样品管的长度及溶液的温度，然后计算其比旋光度。

4. 糖溶液浓度的测定

取浓度未知的果糖溶液，装入样品管，测定旋光度并计算其浓度。

实验完毕，洗净样品管，再用蒸馏水洗净，晾干存放。

实验五　常压蒸馏和沸点的测定

【实验目的】

1. 掌握利用常压蒸馏分离纯化液态有机化合物的操作技术。

2. 掌握常量法（蒸馏法）及微量法测定沸点的原理和方法。

3. 了解沸点测定的意义。

【实验步骤】

1. 常量法沸点测定

在干燥的 50mL 圆底烧瓶内加入 15~20mL 乙酸乙酯或乙醇、二粒沸石，装好常压蒸馏装置，通入冷凝水，水浴加热进行蒸馏，调整浴温，使蒸馏速度以每秒钟自接液管滴下1~2 滴馏出液为宜。在蒸馏过程中，应使温度计水银泡常被冷凝的液滴润湿，记录馏出液的沸点。

2. 微量法测定沸点

取一根内径 5mm、长 8~9cm 的毛细管，用小火封闭一端，作为沸点管的外管，放入欲测定沸点的苯样品 4~5 滴，在此管中放入一支内径 1mm、长 5~6cm 的上端封闭的毛细管，将开口处浸入样品中。把微量沸点管像熔点测定那样紧贴于温度计水银泡旁，并浸入热浴中，加热，由于气体膨胀，内管中有小气泡断断续续冒出来，达到样品的沸点时，将出现一连串的小气泡，此时应停止加热，使热浴的温度下降，气泡逸出的速度渐渐减慢，仔细观察，最后一个气泡出现而刚欲缩回内管的瞬间即表示毛细管内液体的蒸气压与大气压平衡时的温度，亦就是此液体的沸点。

【思考题】

1. 蒸馏时，放入助沸剂为什么能防止暴沸？如果加热后才发觉未加入助沸剂时，应该怎样处理才安全？

2. 当加热后有馏出液出来时，才发现冷凝管未通水，能否马上通水？应该如何处理？

3. 如果加热过猛，测定出来的沸点会不会偏高？为什么？

实验六　减压蒸馏

【实验目的】

1. 了解减压蒸馏的原理与应用范围。

2. 熟悉减压蒸馏装置的安装要求。

3. 初步掌握减压蒸馏的实验操作技术。

【实验步骤】

在不加入被蒸馏物的情况下按要求安装好减压蒸馏装置，连接油泵，关闭毛细管，减压至压力稳定后，夹住连接油泵的橡皮管，观察压力计水银柱有无变化，无变化说明不漏气，有变化即表示漏气（漏气时应仔细检查判断漏气部位，并进行相应的处理）。为使系统具有良好的密封性，磨口仪器的所有接口部分都必须用真空油脂润涂好。检查仪器不漏气后，按要求停止减压，小心平衡蒸馏装置内外的压力，待系统内压强与大气压强相等时，拆开仪器加入待蒸馏的液体（加入量不要超过蒸馏瓶的一半），再次装好装置，关好安全瓶上的活塞，开动油泵，调节毛细管导入的空气量，以能冒出一连串小气泡为宜。当系统压力稳定后，开始加热。液体沸腾后，注意控制温度，并观察沸点变化情况。待沸点稳定时，转动多股尾接管接受馏分，记录蒸馏时的压强和温度。蒸馏速度以 0.5~1 滴/秒为宜。蒸馏完毕，除去热源，慢慢旋开夹在毛细管上的橡皮管螺旋夹，待蒸馏瓶稍冷后再慢慢开启安全瓶上的活塞，平衡内外压力（若开得太快，水银柱很快上升，有冲破测压计的可能），然后再关闭抽气泵。

实验用样品：苯甲醛、水杨酸甲酯、庚酸乙酯等。

【思考题】

1. 具有何种性质的化合物需要用减压蒸馏进行提纯？

2. 使用油泵减压时，需安装哪些吸收和保护装置？各装置的作用是什么？

3. 若使用水泵进行减压蒸馏，应采取什么预防措施？

4. 当减压蒸馏出所要的化合物后，应如何停止减压蒸馏？为什么？

实验七　萃　取

【实验目的】

1. 掌握利用萃取分离纯化有机化合物的原理与操作技术。

2. 掌握分液漏斗的正确使用方法。

【实验步骤】

在分液漏斗中放入 10mL 苯酚水溶液，再加入 10mL 乙酸乙酯，塞上漏斗顶部的塞子。按照分液漏斗的正确握法将其倒置，打开活塞放气一次。关闭活塞，轻轻振摇后再打开活塞放气。重复操作（一般 3~4 次）直至漏斗中不再有大量气体产生时可加大力度振摇，最后一次振摇放气后将分液漏斗置铁圈上静置使分层清晰。

在分液漏斗下放一烧杯，小心打开活塞慢慢放出下层液体，待上层液体接近活塞时关闭活塞，轻轻旋摇分液漏斗后再静置一会儿，继续打开活塞放出全部下层液体。

将上层液体从分液漏斗上口倒入另一烧杯中，取一滴下层液体置点滴板中，加入一滴 $FeCl_3$ 溶液，观察记录现象。

若水层中已无苯酚剩余，可结束萃取操作；若水层中仍有苯酚存在，则需继续加入 10mL 乙酸乙酯再次进行萃取。

【思考题】

1. 分液漏斗在使用之前应如何处理及检查？

2. 进行萃取操作时分液漏斗的正确握法是怎样的？

3. 萃取振摇时应从什么地方放气？放气的目的是什么？不放气会导致怎样的后果？

4. 本实验中的上层液体是什么？下层液体又是什么？

5. 下层液体与 $FeCl_3$ 溶液显色说明什么？不显色又说明什么？

实验八　单一溶剂重结晶

【实验目的】

1. 了解利用重结晶技术纯化固体有机化合物的原理。

2. 掌握重结晶的一般操作程序。

3. 掌握减压过滤的正确操作方法。

【实验步骤】

称取 3g 工业乙酰苯胺粗品，置 250mL 烧杯中，加水约 60mL，将烧杯加热并用玻璃棒搅拌杯内溶液，观察溶解情况。若水温超过 85℃仍有油珠状液体未溶，可分批补加适量的水直至油珠完全溶解，每次补加水后应继续搅拌加热，维持水温不低于 85℃。当乙酰苯胺全溶后，再加水 15~20mL，总用水量约 90mL。与此同时将布氏漏斗置另一烧杯中加水煮沸预热。

暂停对溶液加热，稍冷后在搅拌下向烧杯中加入半匙活性炭，重新加热至溶液沸腾并维持 2 分钟。取出预热的布氏漏斗，立即放入大小合适的滤纸，用数滴沸水湿润滤纸，迅速安装好减压过滤装置，开动抽气泵抽气使滤纸紧贴漏斗底部。维持抽气，将煮沸的溶液倒入漏斗中。每次倒入的溶液不要太满，也不要太少，亦不要等溶液全部抽干再加溶液。在整个抽滤过程中，应保持溶液温度不要下降。待所有溶液滤完后，继续用少量沸水洗涤烧杯并将洗涤液倒入漏斗中抽滤。将滤液倒入干净的烧杯中，在室温下放置冷却结晶。若抽滤过程中结晶已在抽滤瓶中析出，可将滤液和晶体一起转入烧杯后继续加热，使晶体全溶后再冷却结晶。

待结晶完全后，再次进行抽滤，并用玻璃棒挤压晶体以充分除去母液，用 1~2mL 冷水淋在晶体上对结晶进行洗涤，重新抽干后再次重复此操作 1~2 次。将抽干的晶体用适当方式干燥后称重，计算回收率。

本实验需 2~3 小时。

【思考题】

1. 固体有机物的重结晶纯化一般分为几步，每一步分别应注意哪些问题？

2. 重结晶时所用溶剂应如何选择，溶剂的理论用量应如何确定？

3. 当被纯化物的溶解度未知时如何制备热饱和溶液？

4. 本实验中使用活性炭的目的是什么，抽滤时应如何操作才能避免活性炭漏入滤液中？活性炭不慎漏入滤液中时应如何补救？

5. 对热饱和溶液进行趁热抽滤时为何要将布氏漏斗预热？不预热会导致什么后果？

实验九　无水乙醇的制备

【实验目的】

1. 掌握实验室中制备无水乙醇的原理和方法。

2. 学习回流、常压蒸馏的操作，了解无水操作的要求。

【原理】

由于乙醇和水能形成共沸物，故含量为 95.5%的工业乙醇尚含有 4.5%的水。若要得到含量较高的无水乙醇，须将此乙醇与氧化钙（生石灰）作用，使乙醇中的水与氧化钙反应，生成不挥发性的氢氧化钙，再通过蒸馏，这样可得到纯度为 99.5%的乙醇。

$$CaO+H_2O \longrightarrow Ca(OH)_2 \downarrow$$

用氧化钙处理所得的乙醇，如果再进一步用金属镁去掉最后微量的水分，可使乙醇含量达到 99.95%~99.99%。

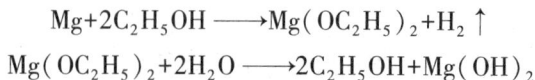

$$Mg+2C_2H_5OH \longrightarrow Mg(OC_2H_5)_2+H_2\uparrow$$
$$Mg(OC_2H_5)_2+2H_2O \longrightarrow 2C_2H_5OH+Mg(OH)_2$$

【实验步骤】

1. 无水乙醇的制备

在 100mL 圆底烧瓶[1]中，加入工业乙醇 30mL 和 8.6g 氧化钙[2]。装上回流冷凝管，其上端接一氯化钙干燥管，水浴加热回流 40 分钟，稍冷后取下冷凝管，加装蒸馏头改为常压蒸馏装置[3]，并在接收管的支管上接一氯化钙干燥管，使与大气相通。加热蒸馏直至无乙醇蒸出为止。蒸馏时速度不宜过快[4]，以 1~2 滴/秒的速度为宜。称量无水乙醇的重量或量其体积，计算回收率。

本实验需要 3~4 小时。

2. 绝对乙醇的制备

装好回流反应装置，在 250mL 圆底烧瓶中放置 0.6g 干燥的、除去氧化层的镁条（或镁屑）和 10mL 99.5%乙醇[5]。在水浴上微热后，移去热源，立即投入几小粒碘粒[6]（注意此时不要振摇），不久碘粒周围即发生反应，慢慢扩大，最后可达比较激烈的程度。当全部镁条反应完毕后，加入 100mL 99.5%乙醇和几粒沸石，加热回流 1 小时。然后加入 4g 邻苯二甲酸二乙酯，再回流 10 分钟，稍冷后，取下冷凝管，改装成蒸馏装置进行蒸馏，收集全部馏分。

本实验需要 3~4 小时。

【注释】

［1］实验中所用仪器均需彻底干燥。由于无水乙醇具有很强的吸水性，故操作过程中和保存时必须注意防止水分侵入。

［2］氧化钙的块径不宜过大或过碎，过大不能充分反应，过碎则易发生暴沸。

［3］一般用干燥剂干燥有机溶剂时，在蒸馏前应先过滤除去。但氧化钙与乙醇中的水反应生成的氢氧化钙在加热时不分解，故可留在瓶中一起蒸馏。

［4］馏速过快会使氢氧化钙浆冲出，使产物浑浊。

［5］所用乙醇的含水量不能超过 0.5%，否则反应相当困难。

［6］碘粒可加速反应进行，若加碘粒后仍未开始反应，可适当加热，促使反应进行。

【思考题】

1. 制备无水试剂时应注意什么事项？为什么在加热回流和蒸馏时冷凝管的顶端和接收器支管上要装干燥管？

2. 回流在有机制备中有何优点？为什么在回流装置中要用球形冷凝管？

3. 用 200mL 工业乙醇（95%）制备无水乙醇时，理论上需要氧化钙多少克？

实验十　立体化学模型实验

【实验目的】

1. 了解化合物的对映体、非对映体、内消旋体的立体形象。

2. 掌握 R/S 构型的表示方法、分子的对称因素、费歇尔式的投影方法及费歇尔投影式的使用方法。

3. 掌握纽曼式、锯架式的投影方法。

4. 掌握环己烷及其衍生物的构象。

【实验步骤】

1. 制作环己烷的构象模型

（1）制作环己烷的椅式构象：

①观察 6 个碳原子的位置，它们在一个平面上吗？

②沿任一碳碳键观察，相邻碳原子之间的构象是交叉式还是重叠式？

③观察环己烷有哪些主要对称因素？

④观察 a 键和 e 键的指向，然后转环使其成为另一种椅式构象，原来的 a 键和 e 键发生了什么变化？若在环的下方有一取代基（彩色球表示），转环后取代基在空间的相对位置是否发生变化？

⑤观察并画出椅式构象的纽曼投影式。

（2）将椅式构象扭转为船式构象：

①沿 C_2—C_3、C_5—C_6 键观察，它们之间的构象是交叉式还是重叠式？沿 C_1—C_2、C_1—C_6、C_3—C_4、C_4—C_5 键观察，它们之间的构象是交叉式还是重叠式？

②观察 C_1 和 C_4 上的氢原子的位置。

③观察并画出船式构象的纽曼投影式。

（3）环己烷的船式构象和椅式构象哪一种更稳定？为什么？

2. 制作 1,3-二甲基环己烷的构象模型

（1）制作顺-1,3-二甲基环己烷（顺 ee）的椅式构象（甲基用彩色球表示）。

①观察模型是否有对称因素，有无对映体？

②分子中有无手性碳原子，是否有旋光性，为什么？

③将模型转环，转环前后哪种构象更稳定？

（2）制作反-1,3-二甲基环己烷的椅式构象。

①观察模型是否有对称因素，有无对映体？若有对映体请制作对映体的模型。

②将两个对映体模型分别转环，转环前后是否相同？

3. 制作酒石酸的旋光异构体模型

（1）画出酒石酸所有旋光异构体的费歇尔投影式，并制作相应的模型。

（2）观察上述模型中手性碳原子的 R、S 构型。

（3）观察上述模型的纽曼式和锯架式。

（4）找出内消旋体，并从模型上观察其对称因素，有几种对称因素？

4. 制作下列化合物的模型，观察它们是否有对称因素并判断有无旋光性

（1）1,3-二氯丙二烯。

（2）6,6′-二硝基联苯-2,2′-二甲酸。

5. 制作 CHClFBr 化合物的对映体模型

（1）用这两种模型怎样投影可得如下投影式：

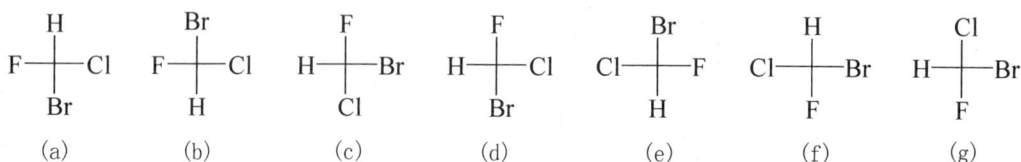

（a）　　　（b）　　　（c）　　　（d）　　　（e）　　　（f）　　　（g）

（2）先确定 a 的 R/S 构型，然后由 a→g，通过基团交换或在纸平面上旋转，逐个确定b→g的构型。

（3）按照基团的优先顺序再确定由 b→g 的构型，并和上述判断比较是否一致？

（4）由 b→g 与 a 各是什么关系？

6. 制作模型

（1）首先确定下列各费歇尔投影式的 R/S 构型，然后制作下列各费歇尔投影式的模型，并从模型上观察 R/S 构型。

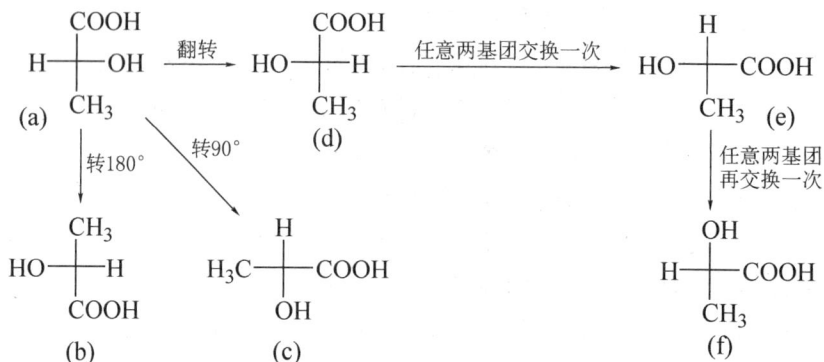

（2）说明（b）（c）（d）与（a）的关系以及（e）（f）与（d）的关系。

【注意事项】

1. 黑色球代表碳原子，5 孔为 sp^2 杂化碳原子，4 孔为 sp^3 杂化碳原子。

2. 彩色球可用来代表其他原子或基团。

3. 爱护模型。

§3-2　有机化合物制备实验

实验一　环 己 烯

【实验目的】

1. 了解通过醇的酸催化脱水制备烯烃的原理及方法。

2. 掌握分馏柱的使用方法。

【原理】

实验室制备烯烃除了采用醇在氧化铝等催化剂作用下进行高温催化脱水外，还常常使用用醇的酸催化脱水反应，以及卤代烃脱卤化氢反应。在醇的酸催化脱水反应中，催化剂除了硫酸外，还可用磷酸、五氧化二磷等。无论是醇还是卤代烃发生消除反应生成烯烃，其产物都主要遵循查依采夫规则。

本实验采用环己醇为原料，使其在浓硫酸的催化下加热脱水来制备环己烯。

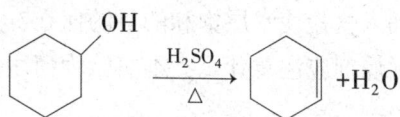

$$\text{环己醇} \xrightarrow[\triangle]{H_2SO_4} \text{环己烯} + H_2O$$

【实验步骤】

在干燥的 50mL 圆底烧瓶中，加入 20g（约 21mL，0.2mol）环己醇，0.5~1mL 浓硫酸及几粒沸石，充分振摇使之混匀[1]。烧瓶上装一刺形分馏柱，支管连接直形冷凝管，用 50mL 锥形瓶作接收器，锥形瓶外用冰水浴冷却。将烧瓶置石棉网上，用小火慢慢加热。控制加热速度，使环己烯及水缓慢蒸出，注意控制分馏柱上端的温度不要超过 90℃[2]。当烧瓶中只剩下少量残渣并出现阵阵白雾时，可停止蒸馏。全部蒸馏时间约 1 小时。

将馏出液用固体 NaCl 饱和，加入 5% 碳酸钠溶液 3~4mL 以中和微量的酸。将溶液倒入分液漏斗，振摇后静置分层。分去下层水后[3]，将上层粗品倒入干燥锥形瓶中，加入 2~3g 无水氯化钙干燥，瓶口加塞，放置约半小时（时加振摇），至溶液澄清。将溶液过滤至干燥的烧瓶中进行蒸馏[4]。收集 80~85℃ 馏分[5]，得澄清透明液体。产量 10~12g（产率 61%~73%）。

纯环己烯为无色透明液体，沸点 83℃，密度 0.8102，折光率 1.4465。

本实验需要 6~7 小时。

微型实验方案：在 10mL 干燥的圆底烧瓶中，加入 3g 环己醇，0.2mL 浓硫酸及 2 小粒沸石，充分振摇使之混匀。烧瓶上装一短刺形分馏柱，支管连接直形冷凝管，用 10mL 锥形瓶作接收器，锥形瓶外用冰水浴冷却。将烧瓶置石棉网上，用小火慢慢加热。控制加热速度，使环己烯及水缓慢蒸出，注意控制分馏柱上端的温度不要超过 90℃[2]。当烧瓶中只剩下少量残渣并出现阵阵白雾时，可停止蒸馏。全部蒸馏时间约 30 分钟。

馏出液用食盐饱和后，加入 1mL 5% 碳酸钠溶液，搅拌。将液体转移至分液漏斗中，振摇后静置分层，分取有机层至干燥锥形瓶中，加入 0.5g 无水氯化钙干燥半小时，将溶液过滤至干燥圆底烧瓶中，水浴加热进行蒸馏，收集 80~85℃ 馏分，产量约 1g。

【注释】

[1] 环己醇在常温下是黏稠液体，取样时应注意避免损失。环己醇与浓硫酸应充分混匀，否则在加热过程中可能会局部炭化。

[2] 由于反应中环己烯与水形成共沸物（沸点 70.8℃，含水 10%），环己醇与环己烯形成共沸物（沸点 64.9℃，含环己醇 30.5%），环己醇与水形成共沸物（沸点 97.8℃，含水 80%），因此在加热时温度不可过高，蒸馏速度不宜过快，以减少环己醇

的蒸出。

[3] 水层应尽量分离完全。这样可避免使用较多的干燥剂，以减少产品的损失。

[4] 蒸馏用仪器应充分干燥。

[5] 若在80℃以下有大量液体馏出或馏出液混浊，均系干燥不完全所致，应重新干燥后再蒸馏。

【思考题】

1. 在粗制的环己烯中加入食盐使水层饱和的目的何在？

2. 使用无水氯化钙作干燥剂应注意什么？本实验为何用无水氯化钙作干燥剂？

实验二　溴乙烷

【实验目的】

1. 学习以乙醇为原料，通过其和氢卤酸作用制备溴乙烷的原理和方法。

2. 掌握低沸点液体蒸馏的基本操作和分液漏斗的使用方法。

【原理】

卤代烃的制备方法有三种：一是不饱和烃与卤素或卤化氢加成；二是烷烃和卤素在光照或高温加热条件下进行取代；三是羟基被卤素取代。实验室中常采用第三种方法，即以醇为原料通过其和氢卤酸的作用来制备卤烃。

主反应：

$$NaBr+H_2SO_4 \longrightarrow HBr+NaHSO_4$$

$$CH_3CH_2OH+HBr \rightleftharpoons CH_3CH_2Br+H_2O$$

副反应：

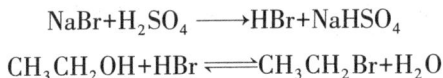

$$CH_3CH_2OH \xrightarrow[\triangle]{H_2SO_4} CH_2 = CH_2+H_2O$$

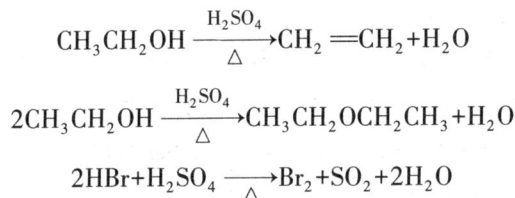

$$2CH_3CH_2OH \xrightarrow[\triangle]{H_2SO_4} CH_3CH_2OCH_2CH_3+H_2O$$

$$2HBr+H_2SO_4 \xrightarrow{\triangle} Br_2+SO_2+2H_2O$$

溴乙烷制备反应的特点：一是反应可逆；二是反应为非均相［溴化钠（固体）、溴化氢（气体）、乙醇（液体）、硫酸（液体）］；三是副产物多。根据这些特点应选择适当的反应条件：一是破坏平衡使反应向正方向进行；二是适当振荡，使反应物充分接触；三是控制好反应温度，以减少副产物的生成。

【实验步骤】

方法一：在250mL蒸馏瓶中加入20mL（0.33mol）95%乙醇和18mL水[1]，在不断振摇和冷水冷却下，慢慢加入37.5mL浓硫酸，冷却至室温，在振摇下加入25g（0.25mol）研细的溴化钠[2]及几粒沸石。装上冷凝管和温度计[3]，安装成蒸馏装置。接收器内放入少量冷水并浸在冷水浴中，接液管的末端刚好浸没在接收器的冷水中[4]。

将蒸馏瓶放在电热套内加热，使反应平稳地发生，注意控制反应温度不能超过

45℃，直到接收器内无油状物馏出为止[5]（0.5~1小时）。

用分液漏斗将水和溴乙烷分开，将溴乙烷（下层）置于100mL干燥的锥形瓶里。将锥形瓶浸于冰水浴中，在振摇下用滴管逐滴滴加约5mL浓硫酸，以除去乙醚、水、乙醇等杂质，此时有少量热发生，为了防止产品受热挥发，故需在冷却下进行。再用干燥的分液漏斗分去硫酸层。

将经硫酸处理后的溴乙烷倒入60mL蒸馏瓶中，加入几粒沸石，用水浴加热进行蒸馏。用已称重的干燥锥形瓶作接收器，其外围用冰水浴冷却。收集36~40℃馏分，产量约22g，产率约69%。

方法二：在100mL圆底烧瓶中加入13g研细的溴化钠和9mL水，振荡使之混匀，再加入10mL 95%乙醇，在不断振摇和冷水冷却下，慢慢加入19mL浓硫酸，冷却至室温后，加入几粒沸石，装好常压蒸馏装置进行蒸馏，在冷凝管下端连接接引管，接收瓶内放入少量冷水并将其浸入冰水浴中，使接引管的末端刚好与冷水接触为宜。

开始用小火加热蒸馏，约30分钟后慢慢提高加热温度，直至无油状物馏出为止。

将馏出液倒入分液漏斗中，将下层的粗制溴乙烷分至干燥的锥形瓶里。将锥形瓶浸于冰水浴中，在振摇下逐滴加入浓硫酸约5mL，用干燥的分液漏斗仔细地分去下面的硫酸层，将溴乙烷层从漏斗的上口倒入30mL蒸馏烧瓶中。

安装好蒸馏装置后，加入1~2粒沸石，用水浴加热进行蒸馏，用已称重的干燥的锥形瓶作接收器，并浸入冰水浴中冷却。收集36~40℃的馏分。

产量约11g，产率约69%。

本实验约需4小时。

微型实验方案：在25mL圆底烧瓶中放入2mL无水乙醇及1.8mL水，在不断振荡和冷却下（冰水浴）缓缓分批加入3.8mL浓硫酸，冷至室温后，加入3g研细的溴化钠及1~2粒沸石，装上蒸馏头、冷凝管和温度计作蒸馏装置，接收器内放入少量冷水并浸入冰水浴中，接液管末端浸没在接收器的冷水中。

在电热套上用小火加热，约10分钟后慢慢加大火力，直至无油状物馏出为止。

将馏出物倒入分液漏斗中，静置后将有机层分至10mL干燥的锥形瓶中。将锥形瓶浸于冰水浴里，在旋摇下用滴管慢慢滴加约1mL浓硫酸。用干燥的分液漏斗分去硫酸液，将溴乙烷倒入5mL蒸馏瓶中，加两小粒沸石，用水浴加热进行蒸馏。将已称重量的干燥锥形瓶作接收器，并浸入冰水浴中冷却。收集36~40℃馏分，产率约50%。

【注释】

［1］加少量水可防止反应进行时发生大量泡沫，减少副产物乙醚的生成并避免氢溴酸的挥发。

［2］溴化钠应预先研细，并在搅拌下加入，以防止结块而影响溴化氢的产生。亦可用含结晶水的溴化钠（$NaBr \cdot 2H_2O$），其用量应进行换算，并相应减少加入水的量。

［3］蒸馏瓶上口的塞子应选用软木塞，因橡皮塞易被溴乙烷溶解而使粗产品颜色变成黄红色。由于溴乙烷的沸点较低，为使冷凝充分，必须选用效果较好的冷凝管，装

置的各接头处要求严密不漏气。

［4］溴乙烷在水中的溶解度甚小（1∶100），在低温时又不与水作用。为了减少其挥发，常在接收器内预盛冷水，并使接液管的末端稍微浸入水中。

［5］馏出液由浑浊变成澄清时，表示已经蒸完。拆除热源前，应先将接收器和接引管离开，以防倒吸。稍冷后，应趁热将瓶内物倒出，以免硫酸氢钠等冷后结块，不易倒出。

【思考题】

1. 在制备溴乙烷时，反应混合物中如果不加水，会有什么结果？

2. 粗产物中可能有哪些杂质？如何把杂质除去？

3. 为了减少溴乙烷的挥发损失，本实验采取了哪些措施？

4. 若本次实验产量不高，其主要原因是什么？

实验三　正溴丁烷

【实验目的】

1. 学习以溴化钠、浓硫酸和正丁醇制备正溴丁烷的原理和方法。

2. 掌握带有气体吸收装置的回流加热操作、蒸馏操作及分液漏斗的使用等。

【原理】

卤代烃是一类重要的有机合成中间体和重要的有机溶剂。合成卤代烃通常采用醇和氢卤酸、氯化亚砜、卤化磷等进行的取代反应，或以烯烃与卤化氢、卤素等发生加成反应。

本实验中正溴丁烷的制备采用的是正丁醇和溴化氢的亲核取代反应，反应中溴化氢由溴化钠和浓硫酸反应生成。

主反应：

$$NaBr+H_2SO_4 \Longrightarrow HBr+NaHSO_4$$

$$n-C_4H_9OH+HBr \underset{}{\overset{H_2SO_4}{\rightleftharpoons}} n-C_4H_9Br+H_2O$$

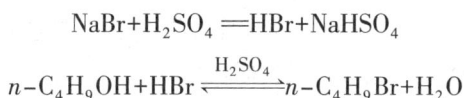

可能的副反应：

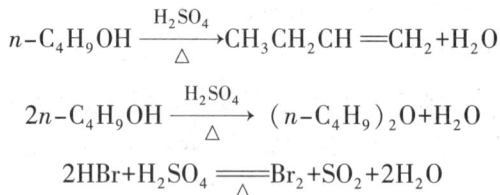

$$n-C_4H_9OH \xrightarrow[\triangle]{H_2SO_4} CH_3CH_2CH = CH_2+H_2O$$

$$2n-C_4H_9OH \xrightarrow[\triangle]{H_2SO_4} (n-C_4H_9)_2O+H_2O$$

$$2HBr+H_2SO_4 \underset{\triangle}{\Longrightarrow} Br_2+SO_2+2H_2O$$

醇羟基的卤代是可逆反应，为使反应平衡向右移动，在本实验中采取了增加溴化钠的用量和加入过量的硫酸等方法。

【实验步骤】

在 100mL 圆底烧瓶中，放入 9.2mL（0.05mol）正丁醇，13g 研细的溴化钠[1]和 2~3 粒沸石，烧瓶口上装一个回流冷凝管。在一个小锥形瓶内放入 10mL 水，同时用冷水浴冷却此锥形瓶，一边摇动，一边慢慢地加入 14mL 浓硫酸，使其充分混匀。将稀释后的硫酸分 4 次从冷凝管上口加入烧瓶，每加入一次，都要充分振摇烧瓶，使反应物混合均匀。加完硫酸后在冷凝管的上口加装一气体吸收装置。气体吸收装置的小漏斗倒置在盛水的烧杯中，其边缘应接近水面但不能全部浸入水面以下。

将烧瓶放在石棉网上，用小火加热至沸腾，当冷凝液开始从冷凝管下端回流时开始计时，保持回流 30 分钟，间歇地振摇烧瓶。反应结束，待反应物冷却约 5 分钟后，取下回流冷凝管，向烧瓶中补加 2~3 粒沸石，改成蒸馏装置进行蒸馏[2]，直至无油滴蒸出为止[3]。

将馏出物倒入分液漏斗中，静置使分层，将油层从分液漏斗下口放入一干燥的小锥形瓶中，然后将等体积的浓硫酸分多次加入瓶中，每加一次，都需要充分振摇锥形瓶。如果混合物发热，可用冷水浴冷却。将混合物慢慢地倒入分液漏斗中，静置使分层，放出下层的浓硫酸。有机层依次用 6mL 水、6mL 饱和碳酸钠溶液和 6mL 水洗涤。将下层的粗产物放入一干燥的小锥形瓶中，加入 2g 块状无水氯化钙，塞紧，干燥至透明或过夜。

将干燥后的粗产品滤至干燥的蒸馏烧瓶中，投入沸石，加热蒸馏，收集 99~103℃ 馏分。

纯正溴丁烷为无色透明液体，沸点 101.6℃，密度 1.2758，折光率 1.4401。

本实验需 6~8 小时。

微型实验方案：在 10mL 圆底烧瓶中加入 2mL 水，在冷水浴冷却下一边摇动一边分次加入 2.8mL 浓硫酸，冷至室温后再依次加入 1.84mL 正丁醇和 2.6g 研细的溴化钠，振摇使混合均匀，加入 2 粒沸石，装上冷凝管，冷凝管口接上气体吸收装置，小火加热回流 20 分钟，回流过程中应经常振摇烧瓶以促使反应完成。回流完毕，待反应液冷却后改装成蒸馏装置，蒸出正溴丁烷粗品（约 2mL）。

将馏出液移至分液漏斗中，加入等体积水洗涤，分出有机层至另一干燥分液漏斗中，用等体积浓硫酸洗涤。分去硫酸层，有机层再依次以等体积水、饱和碳酸氢钠溶液和水洗涤，将有机层转入干燥的小锥形瓶中，加入 0.5g 无水氯化钙，经常振摇至液体清亮为止。将干燥好的产品过滤后进行蒸馏，收集 99~103℃ 的馏分。

本实验需 3~4 小时。

【注释】

[1] 本实验如用含结晶水的溴化钠，可按摩尔数换算，并相应减少加入的水量。

[2] 制备反应结束后的馏出液分为两层，通常下层为正溴丁烷粗品（油层），上层为水。但若未反应的丁醇较多或蒸馏过久，可能蒸出部分氢溴酸恒沸液，这时由于密度的变化，油层可能悬浮或变化为上层。如遇这种现象，可加清水稀释，使油层下沉。

[3] 判断有无油滴蒸出可用如下方法：用盛清水的试管收集馏出液，看有无油滴悬浮。

【思考题】

1. 本实验可能发生哪些副反应？应如何减少副反应的发生？

2. 加热回流时，反应物呈红棕色，是什么原因？

3. 为什么制得的粗正溴丁烷需用冷的浓硫酸洗涤？

4. 最后用碳酸钠溶液和水洗涤的目的是什么？

实验四　乙　醚

【实验目的】

1. 了解实验室制备乙醚的原理和方法。
2. 掌握滴液漏斗的使用方法及低沸点易燃液体的操作方法。

【原理】

制备乙醚的方法通常有两种,一种是乙醇的分子间脱水;另一种是用醇钠与卤代烃作用。实验室常用的方法是将乙醇和浓硫酸一起加热到140℃,使乙醇发生分子间脱水而制得。

主反应:

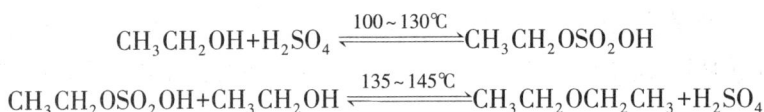

$$CH_3CH_2OH + H_2SO_4 \xrightleftharpoons{100\sim130℃} CH_3CH_2OSO_2OH$$

$$CH_3CH_2OSO_2OH + CH_3CH_2OH \xrightleftharpoons{135\sim145℃} CH_3CH_2OCH_2CH_3 + H_2SO_4$$

副反应:

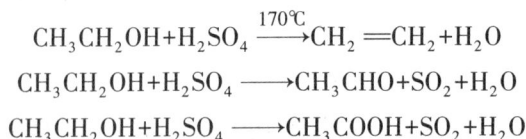

$$CH_3CH_2OH + H_2SO_4 \xrightarrow{170℃} CH_2 \!=\!\! CH_2 + H_2O$$

$$CH_3CH_2OH + H_2SO_4 \longrightarrow CH_3CHO + SO_2 + H_2O$$

$$CH_3CH_2OH + H_2SO_4 \longrightarrow CH_3COOH + SO_2 + H_2O$$

【实验步骤】

方法一:在250mL三颈瓶[1]中加入25mL 95%乙醇,在冷水浴冷却下,边振荡便缓

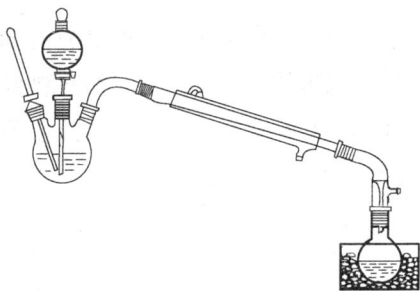

图3-2　乙醚制备装置

缓加入25mL浓硫酸,使其混合均匀,并加入1~2粒沸石。三颈瓶的左口安装温度计,中口安装滴液漏斗,温度计水银球及滴液漏斗末端应浸入液面以下,距瓶底0.5~1cm。右口安装蒸馏弯管(75°),并依次连接冷凝管、真空尾接管及100mL圆底烧瓶。圆底烧瓶外用冰盐浴冷却,真空尾接管支管连接橡皮管通入下水道[2]。

在滴液漏斗中加入50mL 95%乙醇,将三颈瓶放在250mL电热套中加热,当反应温度较快地升至140℃时,开始由滴液漏斗慢慢加入95%乙醇。控制滴入速度和流出速度大致相等[3](约每秒1滴)并维持反应温度在135~145℃之间。当乙醇加完(1~1.5小时)后,继续加热10分钟,直到温度升到160℃时为止,停止加热。

把接收器中的馏出物倒入250mL分液漏斗中,加入15mL 5%氢氧化钠溶液,洗涤除去酸性杂质,分去下层水溶液,再加入15mL饱和氯化钠溶液洗涤[4],最后再用饱和氯化钙溶液洗涤两次,分去下层水溶液,将乙醚层从分液漏斗上口倒入干燥的锥形瓶中,加入2~3g无水氯化钙,放置数小时。将干燥后的产物滤入干燥的60mL蒸馏瓶中,加入 1~2 粒沸石，安装好蒸馏装置，用水浴（50~60℃）加热进行蒸馏。收集 33~36℃ 的馏分，产量 17~21g（产率 37%~46%）。

本实验需要 6~7 小时。

方法二：在干燥的三颈瓶中加入 13mL 95% 乙醇，将烧瓶浸在冷水中，缓缓加入 13mL 浓硫酸，使其混合均匀，并加入 1~2 粒沸石。三颈瓶的左口安装温度计，中口安装滴液漏斗，滴液漏斗中加入 26mL 95% 乙醇，温度计水银球及滴液漏斗末端必须浸入液面以下，距瓶底 0.5~1cm 处。接收瓶浸入冰盐浴中冷却，其支管连接橡皮管通入下水道或室外。将三颈瓶放在电热套中加热，当反应温度较快地升至 140℃ 时，开始由滴液漏斗慢慢加入 95% 乙醇。控制滴入速度和流出速度大致相等（约每秒 1 滴）并维持反应温度在 135~145℃ 之间。当乙醇加完（约 30 分钟）后，继续加热 10 分钟，直到温度升到 160℃ 时为止，去掉热源，停止反应。

把接收器中的馏出液倒入分液漏斗中，依此用 10mL 5% 氢氧化钠溶液、10mL 饱和氯化钠溶液、10mL 饱和氯化钙溶液洗涤，将乙醚层从分液漏斗上口倒入干燥的锥形瓶中，加入 1~2g 无水氯化钙，放置数小时。将干燥后的产物过滤后以水浴（50~60℃）加热方式进行蒸馏，收集 33~36℃ 的馏分，称重，计算产率。

本实验需要 5~6 小时。

微型实验方案：在干燥的 25mL 三颈圆底烧瓶中，加入 2.5mL 95% 乙醇。在冷水浴冷却下，边摇动边慢慢滴加 2.5mL 浓硫酸，加完后充分振摇使其混合均匀，加入 1~2 粒沸石。在三颈烧瓶的一个侧口安装直形接引管和多功能梨形漏斗，另一侧口安装 200℃ 温度计。直形接引管末端及温度计汞球均应浸入液面以下，距瓶底 0.5~1cm 处。三颈瓶的中口装上 H 形分馏头，将其上口加塞封住，另一口装上球形冷凝管，用一锥形瓶接收液体，锥形瓶用冷水冷却，H 形分馏头的支管接橡皮管，将尾气导入下水槽。

在多功能梨形漏斗中，放入 5mL 95% 乙醇，用电热套加热三颈瓶，使反应温度较快地升至 140℃，这时，开始从漏斗中慢慢滴入 95% 乙醇，控制滴入速度与馏出速度大致相等（每秒 1~2 滴），并控制液温在 135~150℃ 之间。待 95% 乙醇加完后，继续加热 10 分钟，当温度上升到 160℃ 时，撤去热源，停止反应。

将锥形瓶中的馏出液转移到分液漏斗中，依次用 2mL 5% 氢氧化钠溶液、2mL 饱和氯化钠溶液洗涤，然后每次用 1.5mL 饱和氯化钙溶液洗涤 2 次。分去水层，将乙醚层倒入干燥锥形瓶中，用少许无水氯化钙干燥。

将干燥后的粗产品滤入 10mL 圆底烧瓶中，加入沸石，常压蒸馏，收集 33~38℃ 馏分。产量 1.7~1.8g，产率为 35%~37%。

【注释】

［1］无三颈瓶时，可用 250mL 蒸馏瓶代替，其装置是在瓶口配一双孔胶塞，分别插入温度计和滴液漏斗。

［2］因乙醚的蒸气比空气重 2.5 倍，容易聚集在室内低洼处，当空气中含有 1.85%~36.5% 的乙醚蒸气时，遇火即发生燃烧爆炸，为了不让乙醚蒸气散发到空气中，所以用

胶皮管将接收器中未完全冷却的乙醚蒸气引入下水道。

　　[3] 加热到140℃时已有乙醚不断流出，此时再滴入的乙醇就继续与硫酸氢酯作用生成乙醚，所以滴入的速度应与乙醚流出的速度相等，若滴加过快，滴入的乙醇未来得及作用就被蒸出，并使反应温度骤降，减少了乙醚的生成。若滴加速度过慢，使生成的硫酸氢酯不能及时和乙醇反应生成乙醚。

　　[4] 若乙醚溶液碱性过强，直接用氯化钙洗涤时，将有氢氧化钙沉淀析出，结果减少了除去乙醇的机会，并给分离造成困难。

【思考题】

1. 为什么温度计的水银球和滴液漏斗的末端均应插入液体中？
2. 反应温度过高或过低对反应有什么影响？
3. 粗乙醚中有哪些杂质？各步洗涤的目的是什么？
4. 为什么要用无水氯化钙作干燥剂？
5. 实验中一旦发生着火事故，应采取什么措施？

实验五　正丁醚

【实验目的】

1. 了解以醇为原料制备醚的原理与方法。
2. 掌握分水器的正确使用方法。

【原理】

低级简单的醚可以采用醇在酸的催化下发生的分子间脱水反应来制备：

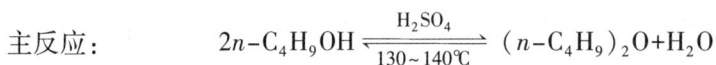

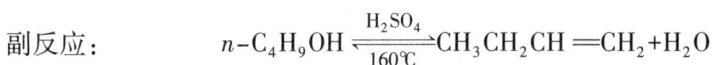

主反应：
$$2n\text{-}C_4H_9OH \underset{130\sim140℃}{\overset{H_2SO_4}{\rightleftharpoons}} (n\text{-}C_4H_9)_2O + H_2O$$

副反应：
$$n\text{-}C_4H_9OH \underset{160℃}{\overset{H_2SO_4}{\rightleftharpoons}} CH_3CH_2CH{=\!\!=}CH_2 + H_2O$$

【实验步骤】

　　在50mL三颈瓶中，加入20.0g（25.0mL，0.27mol）正丁醇，将3.5mL浓硫酸分数批加入，摇匀后[1]加几粒沸石，按分水装置图安装仪器。三颈瓶一侧口装上温度计，温度计水银球应浸入液面以下（不能接触瓶底），中间口装分水器，另一侧口用塞子塞紧。

　　将三颈瓶固定在铁架台上，沿分水器支管口对侧内壁小心加水（注意勿使水流入烧瓶内），待水面上升至恰与支管口下沿平齐时为止。小心开启分水器活塞，放出2.3mL水[2]。将三颈瓶隔石棉网小火加热，保持反应物微沸，回流分水。随着反应进行，回流液经冷凝管收集于分水器内，分液后水层下沉，有机层浮于水层之上。当有机层上升超过支管口时即流回三颈瓶中[3]。当三颈瓶内反应物温度上升至140℃[4][5]，分水器内的水面升至与支管口下沿平齐时即可停止加热，整个过程大约需要1.5小时。若继续加热，则反应液会变黑，并有较多副产物丁烯生成。

　　待反应物冷至室温后，将其倒入盛有35mL水的分液漏斗中，充分振摇，静置分层

后弃去下层液体。将上层粗产物依次用 15mL 水、10mL 5%
氢氧化钠溶液[6]、10mL 水和 10mL 饱和氯化钙溶液洗
涤[7]，分出有机层至干燥锥形瓶中，用适量（1~2g）无水
氯化钙干燥。干燥后的液体滤入 25mL 圆底烧瓶中，安装普
通蒸馏装置进行蒸馏，收集 140~144℃馏分，称重并计算
产率，正常情况下产量 4.5~5.5g。

纯正丁醚：b. p. 142.4℃，n_D^{20} 1.3922。

本实验需要 6~7 小时。

【注释】

[1] 投料时，正丁醇应与浓硫酸充分混匀，否则会造
成硫酸局部浓度过大，加热时易使溶液炭化变黑，影响
产率。

[2] 本实验理论失水体积为 2.0mL，实际分水体积略
大于计算量，因为反应中还可能有单分子脱水的副产物生
成，故分水器满水前先分掉 2.3mL 水。

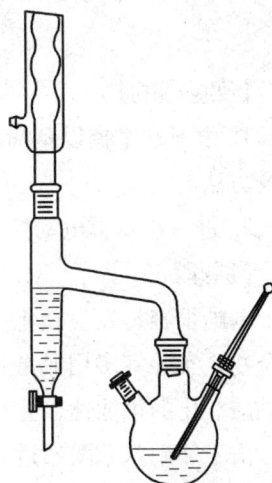

图 3-3　分水装置图

[3] 本实验利用恒沸混合物蒸馏方法。利用分水器中不断上升的水面，将浮于其
上的有机层顶回到三颈瓶中，从而可将生成的水除去。

[4] 制备正丁醚较适宜的温度是 130~140℃，但这一温度在开始回流时很难达到，
因为在实验条件下会形成下列共沸物：正丁醚-水共沸物（b. p. 94.1℃，含水 33.4%）、
正丁醇-水共沸物（b. p. 93.0℃，含水 44.5%）、正丁醇-水-正丁醚三元共沸物
（b. p. 90.6℃，含水 29.9%，正丁醇 34.6%），所以反应开始阶段的温度控制在 90~
100℃较为合适，而实际反应温度在 100~115℃。这些恒沸物冷凝后会在分水器中分层，
上层主要是正丁醇，下层主要是水。

[5] 反应开始回流时，因有恒沸物存在，温度不可能立即达到 135℃。但随着水被
不断蒸出，温度逐渐升高，当反应温度达到 140℃时，应停止加热。如果温度升得太
高，反应时间过长，反应液会炭化变黑。

[6] 碱洗时，不要太剧烈地摇动分液漏斗，否则会严重乳化，造成分离困难。

[7] 上层粗产物的洗涤也可采用以下方法：先每次用冷的 15mL 50%硫酸洗涤 2
次，再每次用 15mL 水洗涤 2 次。因 50%硫酸可洗去粗产物中的正丁醇，但正丁醚也能
微溶，故产率略有降低。

【思考题】

1. 计算理论上分出的水量。若实验中分出的水量超过理论数值，试分析其原因。

2. 怎样判断反应已趋于完全？

3. 各步洗涤的目的是什么？

4. 制备正丁醚是否可以使用制备乙酸乙酯的反应装置？说明理由。

5. 能否用本实验方法，由两种不同的醇直接脱水来制备混合醚？为什么？

实验六　邻硝基苯酚和对硝基苯酚

【实验目的】

1. 学习并掌握以苯酚为原料通过硝化反应制备邻硝基苯酚和对硝基苯酚的反应原理及方法。

2. 进一步掌握电动搅拌器的使用及水蒸气蒸馏等基本操作。

【原理】

苯酚很容易发生硝化反应，与冷的稀硝酸作用，即生成邻硝基苯酚和对硝基苯酚的混合物。实验室多用硝酸钠（或硝酸钾）与稀硫酸的混合物代替稀硝酸，以减少苯酚被硝酸氧化的可能性，并有利于增加对硝基苯酚的产量。

由于邻硝基苯酚通过分子内氢键能形成六元螯合环，而对硝基苯酚只能通过分子间氢键形成缔合体。因此，邻硝基苯酚沸点较对位的低，不溶于水，可以随水蒸气蒸出，从而可与对位异构体分离。

反应式：

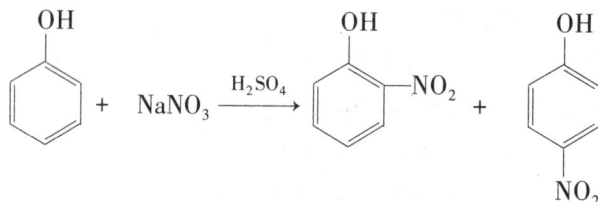

【实验步骤】

方法一：在 500mL 长颈圆底烧瓶中，放入 60mL 水，慢慢加入 21mL 浓硫酸（38g，0.34mol）及 23g 硝酸钠（0.27mol）[1]，将烧瓶置于冰水浴中冷却。在小烧杯中称取 14.1g 苯酚[2]（0.15mol），并加入 4mL 水，温热搅拌使溶解，冷却后倒入滴液漏斗中。在振摇下自滴液漏斗往烧瓶中逐滴加入苯酚水溶液，保持反应温度在 15~20℃[3] 之间。滴加完后，放置半小时，并时加振摇，促使反应完全。此时得黑色焦油状物质，用冰水冷却，使油状物成固体。小心倾去酸液，油层再用水以倾泻方式洗涤数次[4]，尽量洗去剩余的酸液。将油层进行水蒸气蒸馏，直到冷凝管内无黄色油滴馏出为止[5]。馏液冷却后粗邻硝基苯酚迅速凝成黄色固体，抽滤收集、干燥、称量并测其熔点。再用乙醇-水混合溶剂[6]重结晶，可得亮黄色针状晶体 4~4.5g，产率 19%~22%，熔点 45℃。

在水蒸气蒸馏后的残液中，加水至总体积约为 150mL，再加 10mL 浓盐酸和 1g 活性炭，加热煮沸 10 分钟，趁热过滤。滤液再用活性炭脱色一次。脱色后的溶液转入烧杯中，以冰水浴冷却，粗对硝基苯酚立即析出[7]。抽滤收集，干燥，粗品可用 2% 的稀盐酸重结晶，产量 3.5~4g，产率 17%~19%，熔点 114℃。

本实验约需 14 小时。

方法二：在 125mL 三颈瓶中加入 4.5g 苯酚、0.5mL 水和 15mL 苯，按图 3-4 在三颈瓶的三个口分别安装温度计、电动搅拌器和小滴液漏斗，滴液漏斗中放置 4mL 浓硝酸。将三颈瓶置于冰水浴中冷却，在充分搅拌下，待瓶内混合物温度降至 10℃ 以下时，开始逐滴滴加浓硝酸，立即发生剧烈的放热反应，控制滴加速度，使反应温度维持在 5~10℃ 之间，滴加完毕，在冰水浴中继续搅拌 5 分钟，在室温搅拌 1 小时，使反应完全。然后将三颈瓶置于冰水浴中冷却，析出对硝基苯酚晶体。抽滤，晶体用 10mL 苯洗涤（滤液和苯洗液中含邻硝基苯酚、少量的对硝基苯酚和 2,4-二硝基苯酚，切勿弃去）。粗对硝基苯酚可用苯或 2% 盐酸重结晶。

将滤液和苯洗涤液一起置于分液漏斗中，分去含酸的水层，苯层转入克氏蒸馏瓶中，加入 15mL 水，按图 3-5 所示，进行水蒸气蒸馏。当苯全部蒸出后[8]，更换接收器，继续水蒸气蒸馏，蒸出邻硝基苯酚。冷却馏出液，抽滤收集邻硝基苯酚。干燥后测熔点。若熔点较低，可用乙醇-水混合溶剂重结晶。

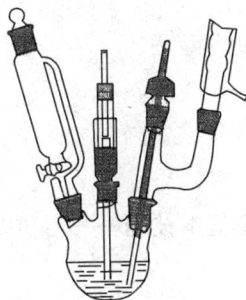

图 3-4　反应装置图

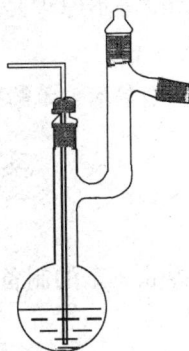

图 3-5　用克氏蒸馏瓶进行水蒸气蒸馏

克氏蒸馏瓶残液中主要含 2,4-二硝基苯酚，因其毒性很大，且能渗入皮肤被人体吸收，故应加入 10mL 1% 氢氧化钠溶液作用后倒入废物缸中。

本实验约需 8 小时。

【注释】

［1］硝化剂除用硝酸钠（钾）与硫酸的混合物外，也可用稀硝酸（相对密度 1.11，84mL），前者可减少苯酚被氧化的可能性，增加收率。

［2］苯酚室温时为固体（熔点 41℃），可用温水浴温热熔化，加水可降低苯酚的熔点，使呈液态，有利于反应。苯酚对皮肤有较强的腐蚀性，如不慎弄到皮肤上，应立即用肥皂水和水冲洗，最后用少许乙醇擦洗至不再有苯酚味。

［3］由于苯酚与酸不互溶，故须不断振荡使其充分接触，达到反应完全，同时可防止局部过热现象。反应温度超过 20℃ 时，硝基酚可继续硝化或被氧化，使产量降低。若温度过低，则对硝基苯酚所占比例有所增加。

［4］最好将反应瓶放入冰水浴中冷却，则油状物凝成黑色固体，并有黄色针状晶体析出，这样洗涤较方便。若有残余酸液存在时，则在水蒸气蒸馏过程中，由于温度升高，而使硝基苯酚进一步硝化或氧化。

［5］水蒸气蒸馏时，往往由于邻硝基苯酚的晶体析出而堵塞冷凝管。此时可适当

调小冷凝水，让热的蒸汽通过使其熔化，然后再慢慢开大水流，以免热的蒸汽使邻硝基苯酚伴随蒸出。

［6］先将粗邻硝基苯酚溶于热的乙醇（40~45℃）中，过滤后，滴入温水至出现混浊。然后温水浴（40~45℃）温热或滴入少量乙醇至澄清，冷却后即析出亮黄色针状晶体——邻硝基苯酚。

［7］因苯的冰点为 5.5℃，故冷却温度不宜太低，以免苯一起析出。

［8］苯和水形成共沸混合物，沸点 69.4℃ 可先被蒸出。当冷凝管中一出现黄色时即苯已蒸完，应立即调换接收器。蒸出的苯应回收。

【思考题】

1. 本实验有哪些可能的副反应？如何减少这些副反应的发生？

2. 水蒸气蒸馏的基本原理是什么？被提纯的物质应具备哪些条件才能采用此法来加以纯化？

3. 试比较苯、硝基苯、苯酚硝化的难易性，并解释其原因。

实验七　2-硝基雷锁辛

【实验目的】

1. 通过 2-硝基雷锁辛的制备，学习有机合成中的一些基本技巧——占位基、导向基和保护基的使用。

2. 了解一锅煮合成法的意义；进一步熟悉水蒸气蒸馏的基本原理和操作方法。

【原理】

2-硝基雷锁辛的系统名称为 2-硝基苯-1,3-二酚，化学结构式如下：

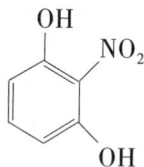

2-硝基雷锁辛为橘红色棱晶状物质（从乙醇-水中重结晶），熔点 85℃，能随水蒸气一同挥发。

2-硝基雷锁辛的合成方法为：以间苯二酚（雷锁辛）为原料，首先将其磺化，让磺酸基进入两个较易被取代的位置，如此设计，不仅降低了苯环上的电子密度，提高了苯环的化学稳定性，而且，保护了较易反应的化学部位。第二步进行硝化，由于磺酸基的存在，硝基只能进入指定的较不易反应的位置（2-位）。第三步利用磺化反应的可逆性，用稀酸进行水解，脱去磺酸基，得到目标产物。由于邻位羟基能与硝基形成分子内氢键，所以 2-硝基雷锁辛具有较好的挥发性，可随水蒸气一起蒸出来。本合成路线需经过三步反应，若采用一锅煮法，则不必分离中间体。

反应式：

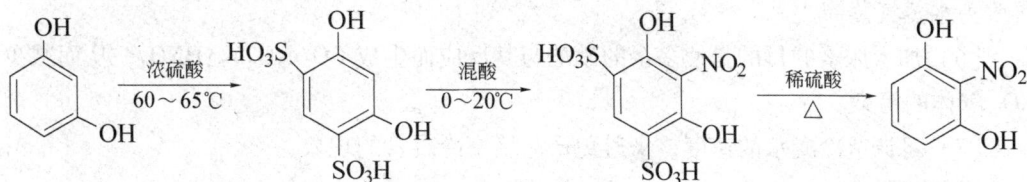

【实验步骤】

方法一：

（1）磺化占位：在 150mL 三颈瓶中放入 2.6g（0.023mol）间苯二酚，搅拌下缓缓加入 9.3mL（17g）浓硫酸，检查反应液温度的变化。用温水浴加热烧瓶使反应液温度达 60~65℃ 后，移去热浴。室温下搅拌 15 分钟，反应液温度自然下降，磺化反应即告完成。

（2）硝化：将 2.1mL 浓硫酸和 1.5mL 浓硝酸混配[1]，置冰浴中冷却待用。将反应瓶置冰盐浴中冷却，使反应液降温至 10℃ 以下。在搅拌下，通过滴液漏斗（或用滴管）将冷却后的混酸慢慢滴加到磺化混合液中。控制加入速度，使反应温度不超过 20℃。加完后，在室温下搅拌 15 分钟，慢慢加入 10g 碎冰，硝化反应结束。

（3）水解：安装水蒸气蒸馏装置[2]，进行水蒸气蒸馏[3]，调节冷凝水流速以防冷凝管堵塞。馏出液用冰水冷却后，抽滤，得粗产品，称重。

（4）重结晶：粗产品用乙醇-水重结晶，必要时可加适量活性炭脱色。

本实验需 8~9 小时。

方法二：将 2.8g（0.025mol）粉状间苯二酚[4]放入 100mL 烧杯中，在充分搅拌下小心加入 13mL（0.24mol，98%）浓硫酸，此时反应放热，立即生成白色磺化物，然后使反应物在 60~65℃ 反应 15 分钟。将烧杯放入冷水浴中冷却至室温。用滴管滴加预先用 2.8mL（0.052mol，98%）浓硫酸和 2mL（0.032mol，65%~68%）硝酸配成并冷却好的混酸。边滴加边搅拌，控制温度在 30℃±5℃。反应过程中混合物黏度变小，并呈黄色。在此温度下继续搅拌 15 分钟。

将反应物移入圆底烧瓶中，小心加入 7mL 水稀释之[5]，温度控制在 50℃ 以下，再加入约 0.1g 尿素[6]，进行水蒸气蒸馏，在冷凝管壁上和馏出液中立即有橘红色固体出现[7]。当无油状物蒸出时，即可停止蒸馏，馏出液经水浴冷却后，过滤得粗产品。然后用少量乙醇-水（约需 5mL 50%乙醇）混合溶剂重结晶，得橘红色晶体产量约 0.5g（产率约 13%）。

【注释】

[1] 在配制混酸时，应将浓硫酸缓缓滴加到浓硝酸中，且须在冰浴中冷却。

[2] 在分离 2-硝基雷锁辛时，采用水蒸气蒸馏法亦可。

[3] 在进行水蒸气蒸馏时，磺酸基即可被水解掉。

[4] 间苯二酚用研钵研成粉状，否则磺化不完全，注意不要接触皮肤。

[5] 稀释水不可过量，否则致使长时间的水蒸气蒸馏得不到产品。如发现上述情

况，可将水蒸气蒸馏改为蒸馏装置，先蒸去一部分水。当冷凝管中出现红色油状物时，再改为水蒸气蒸馏。

[6] 加入尿素的目的是使多余的硝酸与其反应而生成 $CO(NH_2)_2 \cdot HNO_3$，从而减少 NO_2 气体的污染。

[7] 可调节冷凝水的速度，来避免产品堵塞冷凝管的现象。

【思考题】

1. 在本实验中硝酸用量过多有何影响？

2. 本合成实验为什么可采用一锅煮法？

3. 举例说明保护基在有机合成中的应用。

4. 本实验能否直接用硝化法一步完成？为什么？

5. 硝化反应为什么要控制在 $30℃ \pm 5℃$ 进行？如温度偏高或偏低时有什么不好？

6. 进行水蒸气蒸馏前为什么先要用冷水稀释？

实验八　环己酮

【实验目的】

1. 了解以铬酸氧化法制备环己酮的原理和方法。

2. 掌握蒸馏、萃取、液体的干燥及空气冷凝管的使用等操作技能。

【原理】

反应式：

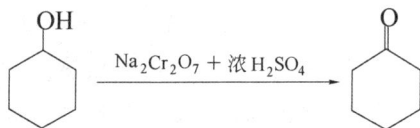

【实验步骤】

方法一（常量法）：在烧杯中加入 60mL 水和 10.5g 重铬酸钠，搅拌使其全部溶解，然后分批加入 8.5mL 浓硫酸，不断地搅拌冷却至室温，得到橙红色的铬酸溶液[1]备用。

在 250mL 的圆底烧瓶中加入 10.5mL（0.1mol）环己醇，再将上述铬酸溶液分批加入，每次加入铬酸后充分振摇使其混合均匀，控制反应温度在 55~60℃，可用水浴冷却降温，待前一批重铬酸钠的橙红色消失后，可以继续加入下一批铬酸，继续振摇反应直至温度开始下降，大约 20 分钟加完铬酸。然后，在室温下继续振摇反应 30 分钟，反应液呈褐绿色[2]。加入少量草酸，可以分解过量的铬酸。

往反应瓶中加入 50mL 水和少许沸石，可用 75° 弯管代替蒸馏头组装简易常压蒸馏装置，反应液加热至沸腾进行水蒸气蒸馏，将环己酮和水一起蒸馏出来[3]，直至馏出液不再浑浊时再多蒸一会，收集 40~50mL 馏出液[4]。在锥形瓶中往蒸馏液加入 15~20g 氯化钠至饱和[5]，将上层清液倾入分液漏斗中，静置后分出有机层，水层用 12mL 乙醚萃取一次，萃取液并入有机层，加入 1~2g 无水硫酸镁，干燥至少 30 分钟以上。将干燥后的液体过滤到 50mL 的圆底烧瓶中，水浴加热回收乙醚[6]，再改用空气冷凝管继续蒸馏，收集 151~156℃ 的馏分，环己酮的产量在 6~7g（产率 62%~67%）。

环己酮的沸点为 155.65℃，折光率为 1.4507（20℃）。

方法二：（微型法）：在 25mL 烧杯中加入 7.5mL 水和 1.3g 重铬酸钠，搅拌使溶解，继续在搅拌下加入 1.1mL 浓硫酸，冷至室温备用。

在 25mL 圆底烧瓶内放入 2.5g 环己醇，加入上述铬酸溶液，振摇，观察温度变化，当瓶内温度达到 55℃ 时，可用冷水浴适当冷却，控制反应温度在 55~60℃ 之间。约 30 分钟后温度开始下降，继续放置 15 分钟使反应完全，经常振摇，反应液应呈墨绿色。若烧瓶内仍有黄色的铬酸残留，应加少量草酸使之还原。

往烧瓶中加入 7.5mL 水，安装蒸馏装置进行蒸馏，收集 6~8mL 馏出液，用氯化钠饱和后，分出有机层，水层用 8mL 乙醚分二次萃取，乙醚液并入有机层，加少量无水硫酸钠干燥，将干燥后的液体滤入干燥的 20mL 圆底烧瓶中，水浴回收乙醚后，改用空气冷凝管继续蒸馏，收集 150~156℃ 的馏分，环己酮产量 0.8~1.0g。

【注释】

[1] 此铬酸溶液的组成与琼斯试剂接近。琼斯试剂是选择性氧化试剂，能氧化仲醇成相应的酮。琼斯试剂是由三氧化铬、硫酸与水配成的水溶液，将 26.72g 三氧化铬（0.2672mol）溶于 23mL 浓硫酸（0.4223mol）中，加水稀释至 100mL 得到。

[2] 铬酸中的 Cr^{6+} 是橙红色，反应后生成硫酸铬中的 Cr^{3+} 是深绿色，可通过颜色变化判断反应的终点。

[3] 环己酮和水形成共沸物，沸点为 95℃。

[4] 20℃ 时，环己酮在水中溶解度为 2.3g，水在环己酮中溶解度为 8.0g。水蒸气蒸馏的馏液不宜过多，否则环己酮在水中溶解导致损失较多。

[5] 盐析法降低环己酮在水中的溶解度，提高水层的密度便于分离。注意不要把氯化钠倒入分液漏斗，以免堵住分液漏斗。

[6] 环己酮以有机溶剂乙醚等萃取可提高收率。注意蒸馏乙醚时应用水浴加热，要绝对避免明火加热。学生实验不宜用乙醚，可省略此处的萃取操作。

【思考题】

1. 制备环己酮时，当反应结束后，为什么要加入草酸，如果不加入草酸有什么不好？用反应式说明。

2. 用高锰酸钾的水溶液氧化环己酮，应得到什么产物？

实验九　苯乙酮

【实验目的】

1. 学习利用 Friedel-Crafts 酰基化反应制备芳酮的原理。

2. 掌握 Friedel-Crafts 酰基化反应的实验操作方法。

【原理】

Friedel-Crafts 酰基化反应是制备芳酮的常用方法，可用 $FeCl_3$、$AlCl_3$ 等 Lewis 酸作催化剂，效果最佳的是无水 $AlCl_3$ 和无水 $AlBr_3$。Friedel-Crafts 酰基化反应试剂是酰卤或酸酐，但常用的是酸酐，这是因为酰卤副反应多，而酸酐原料易得，纯度高，操作方便，无明显的副反应或有害气体放出，反应平稳且产率高，生成的芳酮容易提纯。

反应式：

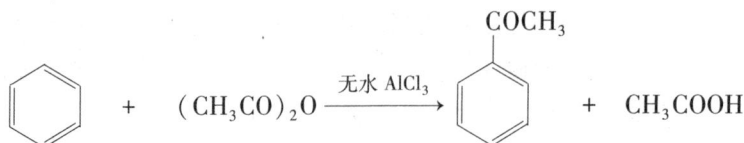

酰基化反应常用过量的液体芳烃、二硫化碳、硝基苯、二氯甲烷等作为反应的溶剂。

Friedel-Crarts 反应是一个放热反应，通常是将酰基化试剂配成溶液后慢慢滴加到盛有芳香化合物溶液的反应瓶中，并需密切注意反应温度的变化。

由于芳香酮与三氯化铝可形成配合物，与烷基化反应相比，酰基化反应的催化剂用量要大得多。一般需要 3mol 的三氯化铝。

【实验步骤】

方法一：在 200mL 三颈瓶的三个口中，分别装上 50mL 滴液漏斗、电动搅拌装置和回流冷凝管[1]，冷凝管上口连一氯化钙干燥管，氯化钙管的另一端连接气体吸收装置，使反应过程逸出的 HCl 被水吸收。

检查整个系统不漏气后，揭开连接滴液漏斗的塞子，迅速加入 23g 无水三氯化铝碎末[2]和 31mL（约 27g，0.340mol）无水纯苯[3]，立即塞好塞子，将 6mL（约 6.5g，0.064mol）乙酸酐[4]和 10mL 无水苯加入滴液漏斗中。开动搅拌器，逐滴加入乙酸酐和无水苯的混合液，约 20 分钟滴完。电热套加热微沸半小时，注意控制滴入速度勿使瓶内反应物剧烈沸腾。

将三颈瓶冷却，在不断搅拌下，将反应产物滴加到 45mL 浓盐酸[5]和 60g 碎冰的混合物中，当固体完全溶解后，用分液漏斗分出上层（有机层），用苯萃取下层（水层）两次，每次用苯 15mL。萃取液与上层液合并，依次用 5%氢氧化钠溶液、水各 20mL 洗涤，再用 4~5g 无水硫酸镁干燥。

粗产物干燥后，先蒸出苯，当温度升到 140℃左右时，停止加热，稍冷，改换空气冷凝管继续蒸出残留的苯。最后收集 198~202℃馏分，称重并计算产率。

产量 5~6g（产率 65%~79%）。

本实验需 8 小时。

方法二：在 250mL 三颈瓶中，分别装搅拌器、滴液漏斗及冷凝管。在冷凝管上口装一氯化钙干燥管，后者再接一氯化氢气体吸收装置。

迅速称取 32g 经研碎的无水三氯化铝，放入三颈瓶中，再加入 40mL 经金属钠干燥过的苯，启动搅拌器，由滴液漏斗滴加重新蒸馏过的醋酸酐 9.5mL（约 10.2g，0.1mol）和无水苯 10mL 的混合溶液（约 20 分钟滴完），反应立即开始，伴随有反应混合液发热及氯化氢急剧产生。控制滴加速度，勿使反应过于激烈，滴加完后，在水浴上加热半小时，至无氯化氢气体逸出为止（此时三氯化铝溶完）[6]。

将三颈瓶浸于冰水浴中，在搅拌下慢慢滴加 50mL 浓盐酸与 50mL 冰水的混合液[7]。当瓶内固体物质完全溶解后，分出苯层。水层每次用 20mL 苯萃取两次。合并苯层，依次用 5%的氢氧化钠溶液、水各 20mL 洗涤，然后用无水硫酸钠（镁）干燥。

将干燥后的粗产物滤入 100mL 的蒸馏瓶中，以水浴蒸馏回收苯以后，将粗产物转移到 50mL 的蒸馏瓶中，继续在石棉网上蒸馏，用空气冷凝管冷却。收集 198~202℃[8] 的馏分，苯乙酮为无色液体，产量 8~10g（产率 66%~83%）。

本实验需 7 小时。

微型实验操作：在 25mL 干燥三颈瓶中，快速加入 6g 无水三氯化铝和 8mL 无水苯，并立即装上球形冷凝管及滴液漏斗，另一口插上温度计或用磨口塞塞住。在球形冷凝管上口接一氯化钙干燥管，干燥管与氯化氢吸收装置相连接。从滴液漏斗慢慢滴入 2mL（0.042mol）醋酸酐，开始少加几滴，待反应发生后再继续滴加，并不时振摇混合物。切勿使反应过于激烈，滴加速度以三颈瓶稍热为宜（10~15 分钟）。

在水浴上加热回流，至反应体系不再有氯化氢气体产生为止。待反应液冷却后，倒入装有 12.5mL 浓盐酸和 12.5g 碎冰的烧杯中冰解（在通风橱中进行）。当固体完全溶解后，倒入分液漏斗中，分出有机相，水相用 5mL 石油醚分两次萃取，萃取液与有机相合并。依次用 5mL 5%氢氧化钠水溶液和 5mL 水各洗一次至中性。有机层用无水硫酸镁干燥。

干燥后的粗产物在水浴上蒸出石油醚和苯后，改用空气冷凝管蒸馏。收集 198~202℃ 馏分，产量 1~1.2g。

【注释】

[1] 本实验使用的仪器、药品必须干燥、无水（氯化钙吸收装置除外）。

[2] 无水三氯化铝的质量是实验成败的关键之一，所以必须是无水的。研细、称重、投料都应迅速，避免吸收空气中的水分。

[3] 纯苯经无水氯化钙干燥过夜后使用，效果较好。

[4] 所用的乙酸酐必须在临用前重新蒸馏，取 137~140℃ 的馏分使用。

[5] 加酸使苯乙酮释出。

[6] 用湿的 pH 试纸检验。

[7] 先慢滴后快加。

[8] 也可用减压蒸馏苯乙酮，在不同压力下的沸点见下表：

压力（Pa）	533.2	666.5	799.8	33.1	1066.4	1199.7	1333
压力（mmHg）	4	5	6	7	8	9	10
沸点（℃）	60	64	68	71	73	76	78
压力（Pa）	3332.5	3399	5332	6665	7998	13330	19995
压力（mmHg）	25	30	40	50	60	100	150
沸点（℃）	98	102	110	115.5	120	134	146

【思考题】

1. 要使本实验成功，对所使用的药品和仪器有什么特别的要求？为什么？

2. 滴加乙酸酐时，应注意什么问题？为什么？

3. 搅拌棒与反应瓶塞连接处是否应该密封？一般的密封方法有哪几种？各在什么条件下使用？

4. 在傅氏酰基化反应与傅氏烷基化反应中，三氯化铝的用量有何不同？为什么？

5. 反应完成后为什么要加入浓盐酸和碎冰的混合液？

实验十　查耳酮

【实验目的】

1. 了解通过交叉的羟醛缩合反应制备 α,β-不饱和醛酮的原理与方法。

2. 掌握重结晶操作的一般步骤。

【原理】

苯甲醛为无 α-氢的醛，苯乙酮为具有 α-氢的酮，二者在稀碱的催化下可发生交叉的羟醛缩合反应，进一步脱水后生成查耳酮。

反应式：

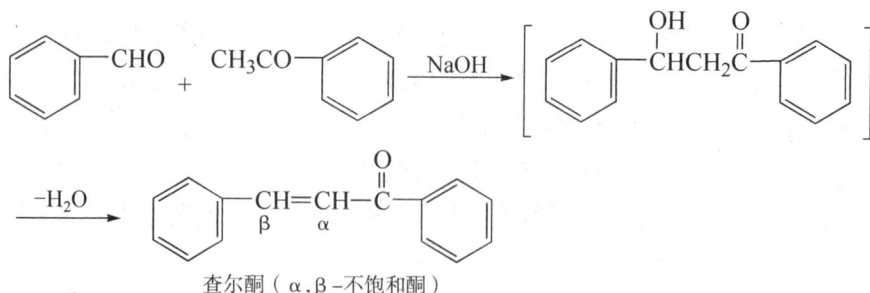

查尔酮（α,β-不饱和酮）

【实验步骤】

在装有搅拌器、温度计和滴液漏斗的 50mL 三颈瓶中放置 12.5mL 10%氢氧化钠溶液，7.5mL 乙醇和 3mL 苯乙酮（3.085g，0.025mol），在搅拌下自滴液漏斗中滴加 2.5mL 苯甲醛（2.625g，0.025mol），控制滴加速度使反应温度维持在 20~30℃[1]，必要时用冷水浴冷却。滴完后维持此温度继续搅拌半小时，再在室温下搅拌 1~1.5 小时，有晶体析出[2]。停止搅拌，用冰浴冷却 10~15 分钟使结晶完全。

抽滤收集产物，用水充分洗涤至洗出液呈中性，然后用约 5mL 冷乙醇洗涤晶体，挤压抽干。粗产物用 95% 乙醇重结晶[3]（每克粗品需 4~5mL 溶剂，若颜色较深可加少量活性炭脱色），得浅黄色片状结晶 3~3.5g，收率 57.7%~67.3%，产品熔点 56~57℃[4]。

【注释】

[1] 反应温度以 25~30℃ 为宜，偏高则副产物较多，过低则产物发黏，不易过滤和洗涤。

[2] 一般室温搅拌 1 小时后即有晶体析出，若无结晶，可加入少许查耳酮成品，以促使结晶较快析出。

[3] 查耳酮熔点较低，溶样回流时会呈熔融油状物，需加溶剂使之真正溶解。本品可能引起某些人皮肤过敏，故操作时慎勿触及皮肤。

[4] 纯粹的查耳酮有几种不同的晶体形态，其熔点分别为：α 体 58~59℃（片状）；β 体 56~57℃（棱状或针状）；γ 体 48℃。

【思考题】

1. 利用交叉的羟醛缩合反应进行 α,β-不饱和醛酮的制备，对反应物的结构有何要求？

2. 本实验中，若所用氢氧化钠溶液的浓度过高对结果有何影响？

实验十一 呋喃甲醇和呋喃甲酸

【实验目的】

1. 了解康尼查罗反应，熟悉呋喃甲醇和呋喃甲酸的制备与方法。

2. 掌握分离、纯化呋喃甲醇和呋喃甲酸的方法。

【原理】

不含 α-活泼氢的醛类与浓的强碱溶液作用，可发生自身氧化还原反应，一分子醛被氧化为酸，另一分子醛被还原为醇，此反应称为康尼查罗（Cannizzaro）反应。

反应式：

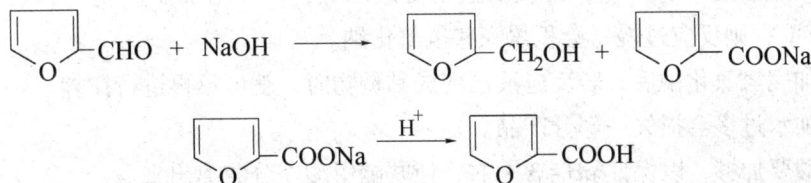

【实验步骤】

（1）制备：在 250mL 的烧杯中，加入 19g（16.4mL，0.2mol）新蒸的呋喃甲醛[1]，将烧杯浸入冰水中冷却至 5℃ 左右，缓缓滴入 16mL 33% 氢氧化钠溶液，边滴边搅拌，控制滴加速度使反应温度保持在 8~12℃[2]，在 20~30 分钟将氢氧化钠溶液滴完，于室温下静置半小时，并经常搅拌[3]，得一黄色浆状物。

（2）分离呋喃甲醇：向反应混合物中加入约 16mL 的水使沉淀溶解[4]，此时溶液为暗褐色。将溶液倒入分液漏斗中，每次用 15mL 乙醚萃取 4 次，合并乙醚萃取液（水层不可弃去！）用无水硫酸镁或无水碳酸钾干燥，过滤后先水浴蒸去乙醚，再蒸馏呋喃甲醇，收集 169~172℃ 的馏分。产量 7~8g。

纯呋喃甲醇为无色或略带淡黄色的透明液体，沸点为 171℃，密度为 1.1296，折光率为 1.4868。

（3）分离呋喃甲酸：搅拌下在乙醚萃取后的水溶液慢慢加入 5~6mL 25% 的盐酸，酸化至刚果红试纸变蓝[5]。冷却使呋喃甲酸全部析出，抽滤，用少量水洗涤。粗产物可用水重结晶[6]，得呋喃甲酸白色针状晶体，熔点 129~130℃[7]，产量约 8g。

纯呋喃甲酸的熔点为 133~134℃。

本实验需要 8 小时。

微型实验方案：在 50mL 的烧杯中，加入 3.8g（3.28mL，0.04mol）新蒸的呋喃甲醛[1]，将烧杯浸入冰水中冷却至 5℃ 左右；另取 1.6g 氢氧化钠溶于 2.4mL 水中，冷却至同样温度。在搅拌下，缓缓将氢氧化钠溶液滴入呋喃甲醛中，控制滴加速度使反应温度保持在 8~12℃[2]，加完后，保持此温度继续搅拌 20 分钟[3]，得一黄色浆状物。

在搅拌下向反应混合物中加入约 3mL 水，使固体恰好完全溶解[4]，此时溶液为暗褐色。将溶液倒入分液漏斗中，每次用 3mL 乙醚萃取 4 次，合并乙醚萃取液（水层不可弃去！），用无水硫酸镁或无水碳酸钾干燥，过滤后先水浴蒸去乙醚，再蒸馏呋喃甲醇，收集 169~172℃ 的馏分。产量 1.2~1.4g。

搅拌下，在乙醚萃取后的水溶液中缓缓滴加浓盐酸，至刚果红试纸变蓝[5]（约 1mL），冷却使结晶，抽滤，用少量水洗涤。粗产物可用水重结晶[6]，得呋喃甲酸白色针状晶体，产量约 1.5g。

【注释】

［1］呋喃甲醛放久会变成棕褐色或黑色，同时也含有一定的水分，因此使用前必须蒸馏提纯，收集 155~162℃ 的馏分。新蒸的呋喃甲醛为无色或浅黄色的液体。

［2］反应温度高于 12℃，则使反应物变成深红色，并增加副产物，影响产量和纯度；低于 8℃，则反应过慢，会积累一些氢氧化钠。

［3］加完氢氧化钠后，若反应液已变成黏稠物时，就可不再进行搅拌。

［4］加水过多会损失一部分产品。

［5］酸要加够，以保证 pH=3 左右，使呋喃甲酸充分游离出来。

［6］重结晶呋喃甲酸粗品时，如长时间加热，部分呋喃甲酸会被分解，出现焦油状物，因此加热时间不宜过久。

［7］实验产品熔点约在 130℃，因为在 125℃ 即开始软化，完全熔融温度约为 132℃。

【思考题】

1. 如何利用康尼查罗反应，将呋喃甲醛全部转化为呋喃甲酸？

2. 本实验中两种产物是根据什么原理分离提纯的？

3. 用浓盐酸将经乙醚萃取后的呋喃甲酸酸化至中性是否适当？为什么？若不用刚果红试纸，怎样知道酸化是否恰当？

实验十二 苯甲酸

【实验目的】

1. 学习由甲苯氧化制备苯甲酸的原理和方法。

2. 进一步掌握回流加热操作和粗产品纯化过程。

【原理】

苯环对氧化剂是稳定的，但苯环上的侧链可被氧化，不管侧链多长，都被氧化成苯甲酸。

反应式：

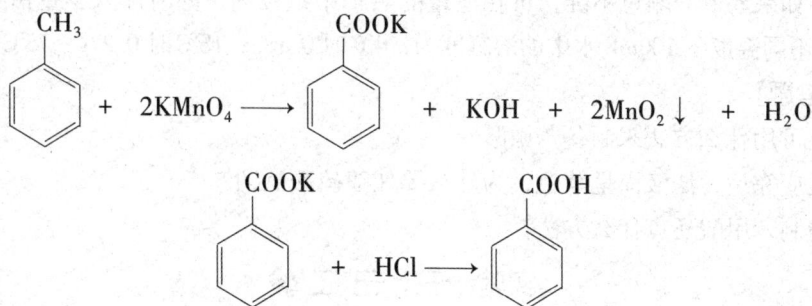

【实验步骤】

方法一：在 500mL 圆底烧瓶中，放入 5.4mL（约 4.6g，0.05mol）甲苯和 250mL 水，装上回流冷凝管，用电热套加热至沸。从冷凝管上口分数次加入 17g（约 0.1mol）高锰酸钾[1]，并用少量水冲洗冷凝管内壁。继续加热并间歇摇动烧瓶，直到甲苯层几乎近于消失、回流液不再出现油珠时为止（需 4~5 小时）。

将反应混合物趁热减压抽滤[2]，并用少量热水洗涤二氧化锰滤渣，合并滤液和洗涤液，放在冰水浴中冷却，然后用浓盐酸酸化，直到苯甲酸全部析出为止。将析出的苯甲酸减压抽滤、挤压去水分，把制得的苯甲酸放在沸水浴上干燥。若产品不够纯净，可用热水重结晶[3]。产量约 3g（产率约 50%）。

本实验需要 7~8 小时。

方法二：在 250mL 圆底烧瓶中放入 2.3g（2.7mL，0.025mol）甲苯和 80mL 水，瓶口装回流冷凝管，在电热套上加热至沸。从冷凝管上口分批加入总量为 8.5g 高锰酸钾[1]，每次加高锰酸钾后应待反应平缓后再加下一批，最后用少量水（25mL）将黏附在冷凝管内壁上的高锰酸钾冲入瓶内，继续回流并间歇摇动烧瓶，直到甲苯层几乎近于消失、回流液不再出现油珠为止（约需 4 小时）。

将反应混合物趁热过滤，并用少量热水洗涤二氧化锰滤渣。合并滤液和洗涤液，在水浴中冷却，然后用浓盐酸酸化至刚果红试纸变蓝（pH=3），放置待晶体析出，抽滤，沉淀用少量冷水洗涤，抽干溶剂，晾干，得粗产品约 1.7g。

微型实验方案：在圆底烧瓶中加入 1mL 甲苯和 20mL 水，装上回流冷凝管，通过电磁加热搅拌器搅拌加热回流后，从冷凝管上口分批加入 3g 高锰酸钾，黏附在冷凝管内壁的高锰酸钾最后用 9mL 水冲洗入瓶内，继续回流反应直到甲苯层几乎消失、回流液不再出现油珠为止（需 3~4 小时）。

将反应混合物趁热减压过滤，用少量热水洗涤二氧化锰滤渣。合并滤液和洗涤液，置冰水浴中冷却，然后用浓盐酸酸化至刚果红试纸变蓝，有晶体析出，抽滤，晶体用少量冷水洗涤后抽干，烘干后得粗产品。粗产品在水中重结晶即得纯品，产量约 0.5g。

【注释】

[1] 每次加料不宜过多，否则反应将过于剧烈。

[2] 滤液如果呈紫色，可加入少量的亚硫酸氢钠使紫色褪去，并重新抽滤。

[3] 如果苯甲酸颜色不纯，可在适量的热水中重结晶，同时加入少量活性炭脱色。苯甲酸在不同温度下 100mL 水中的溶解度为：4℃时 0.18g；18℃时 0.27g；75℃时 2.2g。

【思考题】

1. 还可用什么方法来制备苯甲酸？

2. 反应完后，滤液尚呈紫色，为什么要加亚硫酸氢钠？

3. 精制苯甲酸还有什么方法？

实验十三　己二酸

【实验目的】

1. 学习并掌握以环己醇为原料，通过氧化反应制备己二酸的原理和方法。

2. 进一步掌握固体有机物的精制方法。

【原理】

己二酸是合成尼龙-6 的主要原料之一，可以用硝酸或高锰酸钾氧化环己醇制得。

用硝酸氧化的反应式：

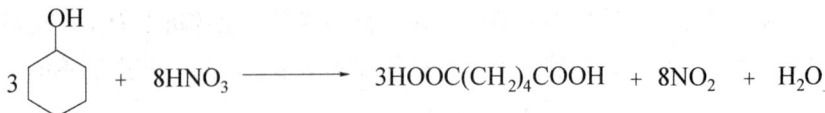

$$3\text{环己醇} + 8HNO_3 \longrightarrow 3HOOC(CH_2)_4COOH + 8NO_2 + H_2O$$

用高锰酸钾氧化反应式：

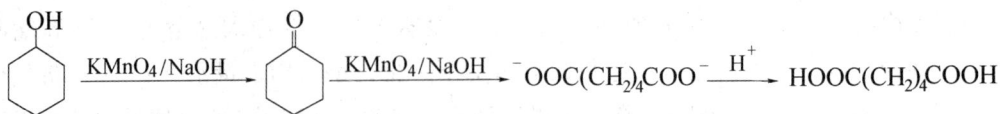

$$\text{环己醇} \xrightarrow{KMnO_4/NaOH} \text{环己酮} \xrightarrow{KMnO_4/NaOH} {}^-OOC(CH_2)_4COO^- \xrightarrow{H^+} HOOC(CH_2)_4COOH$$

【实验步骤】

方法一：在装有回流冷凝管、温度计和滴液漏斗的 250mL 三颈瓶中，放置 32mL

50%硝酸[1]（42g，0.66mol）及少许钒酸铵（约0.02g），并在冷凝管上接一气体吸收装置，用碱液吸收反应过程中产生的氧化氮气体[2]，三颈瓶用水浴预热到50℃左右，移去水浴，自滴液漏斗先滴加12~16滴环己醇[3]，同时加以摇动，至反应开始放出氧化氮气体，然后慢慢加入其余的环己醇，总量10.6mL（约10g，0.1mol）[4]，调节滴加速度，使瓶内温度维持在50~60℃之间（在滴加时经常加以摇动），温度过高时，可用冷水浴冷却，温度过低时，则可用水浴加热，整个滴加过程约需40分钟，加完后再继续振摇，并用80~90℃的热水浴加热20分钟，至几乎无红棕色气体放出为止。然后将此热液倒入烧杯中，冷却后，析出己二酸，抽滤并用40mL冰水洗涤，干燥。粗产物约12g。称重，计算产率。

粗制的己二酸可以用水重结晶，纯己二酸为白色棱状结晶。

本实验需4小时。

方法二：在装有搅拌器、温度计和恒压滴液漏斗的150mL三颈瓶中，加入50mL 1%的氢氧化钠溶液和12g高锰酸钾。开动搅拌器，将4.2mL环己醇从滴液漏斗缓缓滴入，控制反应温度在43~47℃之间。当环己醇滴加完毕而且反应温度降至43℃左右时，在沸水浴中将反应物加热约10分钟[5]使反应完全。

在一张平整的滤纸上点一小滴反应液，以试验反应是否完成。如果紫红色消失，表示反应已经完成。如果还有紫红色，可继续加热数分钟。若紫红色仍不消失，则向反应液中加入少许固体亚硫酸氢钠，以消除过量的高锰酸钾。

趁热抽滤，二氧化锰滤渣每次用10mL热水洗涤两次。每次尽量挤压掉滤渣中的水分，将滤液转移到100mL烧杯中，用4mL浓盐酸酸化。小心地加热蒸发，使溶液的体积减少到20mL左右[6]，冷却析出己二酸。抽滤，用10mL冷水洗涤晶体，干燥，得白色己二酸晶体。产量约4g称重，计算产率。

本实验需要6小时。

微型实验方案：在25mL三口圆底烧瓶中加入0.83mL 50%硝酸及1mg钒酸铵（催化剂），两侧口分别安装滴液漏斗和温度计，滴液漏斗中放入0.26mL环己醇。水浴预热至50℃，移去水浴，滴加2~3滴环己醇，安装回流冷凝管，同时振摇，当烧瓶中出现棕色气体时说明反应开始，继续滴加剩余环己醇，不断振摇，反应过程中保持烧瓶内温度在50~60℃之间，若温度偏高用冷水冷却，反之则用温水浴加热。滴完环己醇后（约15分钟），在80~90℃水浴加热10分钟，直到无棕色气体生成为止，将反应物趁热倒入小烧杯，用冰水冷却析出的己二酸晶体，减压过滤，用3mL水洗涤产品。用水重结晶，烘干，得纯净白色棱状己二酸晶体。称重，计算产率。

【注释】

[1] 环己醇与浓硝酸切不可用同一量筒量取，两者相遇会发生剧烈反应，甚至发生意外。再者硝酸过浓，反应太激烈，50%浓度的硝酸（比重1.31）可用市售的（比重为1.42，浓度为71%）硝酸21mL稀释到32mL即可。

[2] 本实验最好在通风橱中进行，因产生的氧化氮有毒。仪器装置要求严密不漏，

如发生漏气现象，应立即暂停实验，改正后再继续进行。

[3] 此反应为强烈放热反应，滴加速度不宜过快，以避免反应过剧，引起爆炸。

[4] 环己醇熔点为24℃，熔融时为黏稠液体，为减少转移时的损失，可用少量水冲洗量筒，并入滴液漏斗中。在室温较低时，这样做还可以降低其熔点，以免堵住漏斗。

[5] 加热除可加速反应外，还有利于二氧化锰凝聚，便于下一步过滤。

[6] 15℃时100mL水能溶解1.5g己二酸，因此浓缩母液可回收少量产物。

【思考题】

1. 在本实验中是如何控制反应温度和环己醇滴加速度的？为什么？

2. 用高锰酸钾氧化法制备己二酸时，为什么先用热水洗涤残渣，后用冷水洗涤产品？在洗涤过程中用水量过多对实验结果有什么影响？

3. 环己醇用铬酸氧化得到环己酮，用高锰酸钾氧化则得到己二酸，为什么？

4. 从已做过的实验中，你能否总结一下化合物的物理性质（如沸点、熔点、比重、溶解度等）在有机化学实验中有哪些应用？

实验十四　乙酸乙酯

【实验目的】

1. 了解以直接酯化法制备有机酸酯的一般原理及方法。

2. 掌握蒸馏、分液漏斗的操作方法。

【原理】

醇和有机酸在酸的催化下发生酯化反应可生成酯。

反应式：

$$CH_3COOH + CH_3CH_2OH \underset{\triangle}{\overset{H_2SO_4}{\rightleftharpoons}} CH_3COOCH_2CH_3 + H_2O$$

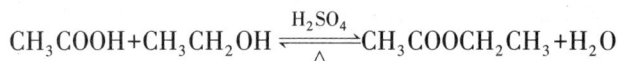

这一反应为可逆反应，为了提高酯的产量，实验中采取加入过量乙醇及不断把反应中生成的酯和水蒸出的方法。在工业生产中，一般采用加入过量的乙酸，以便使乙醇转化完全，避免由于乙醇和水及乙酸乙酯形成二元或三元恒沸物给分离带来困难。

【实验步骤】

方法一：在50mL三颈瓶中加入9mL乙醇，摇动下慢慢加入12mL浓硫酸使混合均匀，并加入几粒沸石。三颈瓶一侧口插入温度计到液面下，另一侧口连接蒸馏装置，中间口安装滴液漏斗，漏斗末端应浸入液面以下，距瓶底0.5~1cm。

仪器装好后，在滴液漏斗内加入由10mL乙醇和10mL冰醋酸组成的混合液，先向瓶内滴入3~4mL，然后将三颈瓶在石棉网上用小火加热到110~120℃，这时蒸馏管口应有液体流出，再自滴液漏斗慢慢滴入其余的混合液，控制滴加速度和馏出速度大致相等，并维持反应液温度在110~120℃之间[1]。滴加完毕后，继续加热15分钟，直至温度升到130~132℃，并不再有馏出液馏出为止。

在振摇下，慢慢向馏出液中加入饱和的碳酸钠溶液[2]（约10mL）至无二氧化碳气体逸出，酯层对 pH 试纸实验呈中性。将混合液移入分液漏斗，充分摇振（注意及时放气！）后静置，分去下层水相。酯层用 10mL 饱和食盐水洗涤后[3]，再每次用 5mL 饱和氯化钙溶液洗涤两次。弃去下层液，酯层自漏斗上口倒入干燥的锥形瓶中，用无水硫酸镁干燥。

将干燥好的粗乙酸乙酯滤入蒸馏瓶中，加入沸石后在水浴上进行蒸馏，收集73~78℃馏分，产量 7~9g。

方法二：在 100mL 圆底烧瓶中加入 15mL 冰醋酸和 23mL 95%乙醇，在振摇和冷却下加入 2g NaHSO$_4$[4]，混合均匀，加入沸石，装上回流冷凝管，水浴加热回流 30 分钟。稍冷，拆去回流装置，加入沸石，改装成蒸馏装置，水浴蒸馏至不再有馏出物为止。往馏出液中加 10mL 饱和碳酸钠溶液，充分振摇，使有机相呈碱性或中性。将混合液移至分液漏斗中，静置后分去水相，有机相加 10mL 饱和食盐水洗涤[3]，再用饱和氯化钙溶液洗涤两次，每次用量 10mL。分出有机相于一干燥的小锥形瓶中，加入 1g 无水硫酸钠，振摇，塞紧瓶塞，干燥。将干燥后的产物滤入干燥的圆底烧瓶中，加入沸石，水浴加热蒸馏，收集 73~78℃的馏分，称重。产量 13.1~15.6g。

微型实验方案：在 20mL 圆底烧瓶中加入 6mL（0.1mol）95%乙醇和 3.8mL（0.066mol）冰醋酸，再加入 0.5mL 浓硫酸，摇匀，放入沸石，装上冷凝管，小火加热，使溶液保持微沸，回流 20 分钟，稍冷后改装蒸馏装置，加热蒸出反应瓶内约 2/3 的液体（蒸到烧瓶内溶液泛黄，馏出速度减慢为止）。向馏出液中慢慢滴加饱和碳酸钠溶液，边加边搅拌，直到没有气体产生为止。将混合液转移至分液漏斗，振摇，静置，分去碱水层。有机层依次分别用饱和氯化钠溶液、饱和氯化钙溶液和水各洗涤 1 次，用量均为 3mL。分去水层后，将有机层倒入干燥的锥形瓶中，加少量无水硫酸钠干燥。将干燥后的有机层直接过滤于圆底烧瓶中，装好蒸馏装置进行蒸馏，收集 74~77℃馏分。产量 1~1.3g。

【注释】

[1] 加热温度不宜过高，否则会增加副产物乙醚的含量。滴加速度太快会使醋酸和乙醇来不及作用而被蒸出，整个滴加时间约 1 小时。

[2] 馏出液中除了酯和水外，还有少量未反应的乙醇和乙酸等杂质，故用碱除去其中的酸，用饱和氯化钙溶液除去其中的醇，否则会影响收率。

[3] 用饱和氯化钙溶液洗涤前必须除去碳酸钠，否则用饱和氯化钙溶液洗涤时，会产生絮状的碳酸钙沉淀，造成分离的困难。为减少酯在水中的溶解度（每 1 份水溶解 1 份乙酸乙酯），这里用饱和食盐水洗涤。

[4] NaHSO$_4$ 相当于固体无机酸，可以催化酯化反应的进行；亦可用 7.5mL 浓硫酸代替 NaHSO$_4$，但在使用浓硫酸时应分次加入，并注意冷却和充分振摇。

【思考题】

1. 酯化反应有什么特点？本实验如何创造条件促使酯化反应尽量向生成物方向进行？

2. 本实验可能有哪些副反应？

3. 如果采用醋酸过量是否可以？为什么？

实验十五　乙酰水杨酸（阿司匹林）

【实验目的】

1. 通过水杨酸的乙酰化反应，掌握酰化反应的原理，了解酰化反应中常用的试剂以及影响反应进行的主要因素。

2. 熟悉乙酰水杨酸的制备方法。

3. 掌握混合试剂重结晶的技术。

【原理】

乙酰水杨酸商品名为阿司匹林，实验室中可由水杨酸与乙酸酐反应制得。由于水杨酸中的羧基与羟基能形成分子内氢键，不利于酰化反应进行，需加热到 150~160℃，若加入少量的浓硫酸、浓磷酸或碳酸钠等来破坏氢键，则反应可降到 70~80℃进行，同时还可减少副产物的生成。

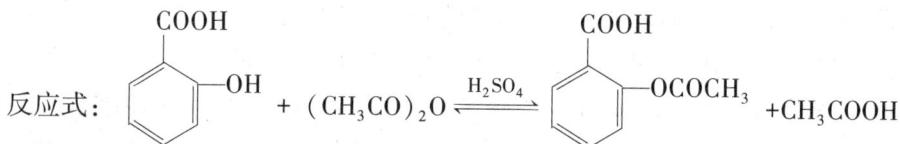

反应式：

$$\text{COOH}\ \text{OH} + (CH_3CO)_2O \underset{}{\overset{H_2SO_4}{\rightleftharpoons}} \text{COOH}\ \text{OCOCH}_3 + CH_3COOH$$

【实验步骤】

1. 制备

方法一：将 2g 干燥的水杨酸和 5mL 醋酐依次放入 100mL 锥形瓶中，加入 10 滴浓硫酸，充分振摇后，将混合物在 70~75℃进行水浴加热[1]并时加振摇，直至固体溶解，振摇下继续在水浴中放置 10 分钟使反应完全，取出让液体冷却（一定缓慢自然冷却）[2]，开始析出结晶（如未见结晶，可摩擦瓶壁促使结晶形成），当反应物呈糊状时，在不断搅拌下加入 50mL 冷水分解过量乙酸酐，使结晶进一步析出（乙酰水杨酸在水中溶解度小），将混合物置冰水浴中冷却，使结晶析出完全。抽滤，将乙酰水杨酸从反应物中分离出来，并用少量冷水洗涤结晶 2 次，尽量抽干水分。

方法二：在 50mL 干燥的锥形瓶中，投入 2g（0.0145mol）水杨酸、0.1g 无水碳酸钠和 1.8mL（1.95g，0.02mol）乙酸酐。将锥形瓶置 80~85℃的水浴中[1]，不断摇动，直至水杨酸全部溶解，继续在此温度下维持 10 分钟，趁热将反应液在不断搅拌下倒入盛有 24mL 冷水和 8 滴 10% 盐酸并混合好的烧杯中。将烧杯置冰水浴中冷却 15 分钟，待结晶完全后，抽滤，用冷水（3×2mL）洗涤并压干，即得到粗产品 1.8~2.4g。

2. 纯化与重结晶

将用方法一或方法二制得的粗产品取出 0.2mg 备用，其余放入烧杯中，边搅拌边慢慢加入饱和 NaHCO_3 水溶液[3]至无 CO_2 产生为止（需 25~30mL），将溶液过滤[4]以除去不溶物，用 5mL 水洗涤滤渣，洗涤液并入滤液。搅拌下在滤液中加入 10mL 3M 的盐酸即有乙酰水杨酸析出[5]，如果沉淀不完全，可再加入 3mL 的 3M HCl 溶液。将混合物放在冰水浴中冷却，使结晶析出完全，抽滤得到阿司匹林结晶，并放在空气中彻底干燥。

产品的进一步纯化可采用乙醇-水混合溶剂重结晶：将产品放入锥形瓶中，加 95%乙醇 5mL，水浴加热至全溶，趁热滴加 50℃的热水至溶液变浑浊，用水 15~20mL。继续加热至溶液澄清，冷却使结晶充分，抽滤，用乙醇-水（1:3）洗涤 2~3 次，干燥。

3. 纯度检查

在 3 支小试管中分别放入大约 0.2mg 粗阿司匹林、重结晶的阿司匹林、纯水杨酸，每个样品中加入 1mL 乙醇，使其溶解，并分别加入 1 滴 1% $FeCl_3$。记录实验现象并解释。

纯乙酰水杨酸为白色针状结晶，熔点 136℃[6]。

本实验需要 5 小时。

微型实验方案：将 0.1g 水杨酸和 0.2mL 乙酸酐依次加入 10mL 小烧杯中，加入 1 滴浓磷酸，立即用保鲜膜将烧杯口封住[7]。将小烧杯置 75℃水浴锅中加热 5min[1]，加热过程中不断振荡，使反应进行完全。取出小烧杯，自然冷却至室温后，逐滴向小烧杯中滴加 10mL 蒸馏水[8]，边滴边用玻璃棒搅拌，得到粗产品。将小烧杯重新放入 65~70℃水浴中加热，用玻璃棒不断搅拌，至粗产品完全溶解。取出小烧杯冷却至结晶析出完全（若冷却后未见结晶，可用玻璃棒摩擦烧杯壁），抽滤，用冷水洗涤 2~3 次，干燥。

在小试管中放入少量重结晶的阿司匹林，加入少量乙醇使其溶解，加入 1 滴 1% $FeCl_3$ 溶液，记录实验现象。

【注释】

［1］反应温度一定不能高，以免副产物增多。反应过程中不宜将锥形瓶移出水浴，以免生成的乙酰水杨酸从溶液中析出，导致无法判断水杨酸是否完全溶解。如果加热半小时后固体仍未全溶，可视水杨酸已完全反应，实验应继续往下进行。水杨酸溶解后不久又有沉淀产生属正常现象。

［2］加热温度过高，或冷却速度太快，容易出现油状物而不是晶体，这是由于溶剂中的其他小分子钻进晶格破坏结晶。

［3］饱和 $NaHCO_3$ 水溶液加入过快会产生大量的二氧化碳泡沫，使液体冲出烧杯。

［4］此时产物成钠盐形式而溶解，副产物不溶可过滤除去。

［5］酸化可使乙酰水杨酸重新游离出来，游离的乙酰水杨酸水溶性较小，可从水中析出。

［6］乙酰水杨酸易受热分解，因此熔点不是很明显，它的分解温度为 128~135℃，熔点为 136℃。在测定熔点时，可先将热载体加热至 120℃左右，然后放入样品测定。

［7］酰化反应时，加入反应物后一定要及时用保鲜膜将烧杯口封住。

［8］往反应液中滴加水时，刚开始一定要逐滴加入，并不断搅拌，否则容易出现

油状物。

【思考题】

1. 计算本实验原料用量的分子比，并解释为什么用过量的乙酸酐，而不用过量的水杨酸？

2. 为什么在本实验中要加入浓硫酸？

3. 本实验中相应的仪器为什么要干燥？水的存在对反应有什么影响？

实验十六　苯甲酸乙酯

【实验目的】

1. 了解酯化反应的原理和以直接酯化法制备苯甲酸乙酯的过程。

2. 掌握回流及液体的干燥方法。

【原理】

主反应：

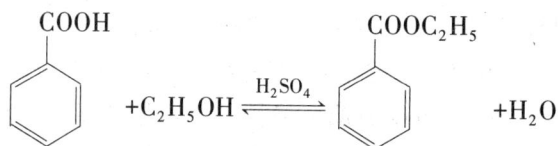

副反应：

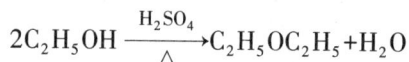

【实验步骤】

在干燥的 250mL 圆底烧瓶中，放入 8.2g 苯甲酸、16mL 95%乙醇、7mL 苯及 1.5mL 浓硫酸，摇匀后加入沸石，装置分水器。分水器上端接一回流冷凝管，由冷凝管上端倒入水至水分离器的支管处，然后放去 6mL[1]。

将烧瓶放在水浴上加热回流，开始时回流速度要慢，随着回流的进行，分水器中出现上、中、下三层液体[2]，且中层越来越多。约 3 小时后，当分水器的中层液体达 5~6mL，即可停止加热，放出中、下层液体并记下体积。继续用水浴加热，使多余的苯和乙醇蒸至分水器中（当充满时可由活塞放出，注意放出时要移去火源）。

将瓶中残液倒入盛有 55mL 冷水的烧杯中，在搅拌下分批加入碳酸钠粉末[3]中和到无二氧化碳气体产生（用 pH 试纸检验至呈中性）。

用分液漏斗分出粗产物[4]，用 17mL 乙醚萃取水层。将乙醚液和粗产物合并，用无水氯化钙干燥。将干燥后的产物滤入烧瓶中，安装蒸馏装置，先用水浴蒸去乙醚，再在石棉网上加热，收集 210~213℃的馏分，产量 8~9g（产率87%~93%）。

纯苯甲酸乙酯的沸点为 213℃，折光率 1.5001。

本实验需 6~8 小时。

微型实验方案：在干燥的 10mL 圆底烧瓶中加入 1.5g 苯甲酸、3.8mL 无水乙醇、2.8mL 苯及 0.5mL 浓硫酸。摇匀后加入两小粒沸石，装上分水器。分水器上端接一回流冷凝管，由冷凝管上端加入水至分水器的支管处，然后放去 1.2mL。

　　水浴加热烧瓶使反应液缓缓回流，分水器中逐渐出现上、中、下三层液体，且随时间延长中层液体越来越多，当中层液体达 1mL 左右时，停止加热，放出中、下层液体并记下体积。继续用水浴加热，蒸出多余的苯和乙醇，当分水器被充满时停止加热，将分水器中液体放出。

　　将瓶中残液倒入盛有 11mL 冷水的烧杯中，在搅拌下分批加入碳酸钠粉末中和至无二氧化碳气体产生（用 pH 试纸检验至呈中性）。将中和后的液体转移至分液漏斗中，以 7.5mL 乙醚萃取，分出乙醚层，用无水氯化钙干燥。将干燥后的乙醚液滤至 10mL 圆底烧瓶中，安装蒸馏装置，先用水浴蒸出乙醚，再在石棉网上加热，收集 210~213℃的馏分，产量约 1.3g。

【注释】

　　[1] 根据理论计算，带出的总水量（包括 95% 乙醇的含水量）约为 2g。因本反应是借共沸蒸馏带走反应中生成的水，根据注释 [2] 计算，共沸物下层的总体积约为 6mL。

　　[2] 分水器的下层为原来加入的水。由反应瓶中蒸发出的馏液为三元共沸物（沸点为 64.6℃，含苯 74.1%、乙醇 18.5%、水 7.4%），它从冷凝管流入分水器后分为两层，上层占 84%（含苯 86.0%、乙醇 12.7%、水 1.3%），下层占 16%（含苯 4.8%、乙醇 52.1%、水 43.1%），此下层即为分水器中的中层。

　　[3] 加碳酸钠是除去硫酸及未作用的苯甲酸，要研细后分批加入，否则会产生大量的泡沫而使液体溢出。

　　[4] 若粗产品中含絮状物难以分层，则可直接用 17mL 乙醚萃取。

【思考题】

　　1. 本实验应用什么原理和措施来提高反应的产率？

　　2. 分水器中的液体为什么是三层？

实验十七　乙酰乙酸乙酯

【实验目的】

1. 了解利用酯缩合反应制备乙酰乙酸乙酯的原理和方法。

2. 掌握无水操作及减压蒸馏等操作技能。

【原理】

反应式：

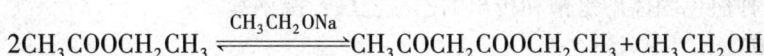

$$2CH_3COOCH_2CH_3 \underset{}{\overset{CH_3CH_2ONa}{\rightleftharpoons}} CH_3COCH_2COOCH_2CH_3 + CH_3CH_2OH$$

【实验步骤】

　　在 100mL 圆底烧瓶中放入 27.5mL 乙酸乙酯[1]和 2.5g 新切成小薄片的金属钠[2]，迅速装上一个带有氯化钙干燥管的球形冷凝管，反应开始，若发现反应太慢，可用小火隔石棉网加热，若反应太激烈，则用水冷却烧瓶，保持反应体系处于微沸状态，至金属钠全部作用完[3]为反应结束。反应液一般为棕红色的透明液体，有时可能有少量黄白色沉淀[4]。

将圆底烧瓶取下，振荡下分批加入 50% 的醋酸，至反应液呈弱酸性为止（约 15mL）。将反应液移入分液漏斗中，加入等体积的饱和食盐水，用力振摇，静置分层，分出酯层，倒入 100mL 三角烧瓶内，用无水硫酸镁干燥，将干燥后的酯层滤入干燥的 100mL 圆底烧瓶中，水浴加热蒸除 95℃ 以下馏分，停止蒸馏后将烧瓶改装成减压蒸馏装置进行减压蒸馏，收集（82~88℃，20~30mmHg）馏分，产品重 6~7g。

纯乙酰乙酸乙酯的沸点为 180.4℃（分解），折光率为 1.4192。

本实验需要 8 小时。

微型实验方案：在 10mL 圆底烧瓶中放入 2.7mL 乙酸乙酯[1]和 0.25g 新切成小薄片的金属钠[2]，迅速装上一个带有氯化钙干燥管的球形冷凝管，反应立即开始，在烧瓶中加入一搅拌磁子，用磁力搅拌器进行搅拌，水浴加热回流至金属钠全部作用完毕，得棕红色透明液体，并可有少量黄白色沉淀。待反应物稍冷后，在搅拌下加入 3mL 50% 的醋酸，至反应液呈弱酸性，此时所有固体全部溶解。将反应液移入分液漏斗中，用等体积的饱和食盐水洗涤，分出有机层，用无水碳酸钾干燥。将有机层滤入 10mL 圆底烧瓶中，装上蒸馏头和冷凝管，水浴加热蒸去 95℃ 以下馏分，停止蒸馏后将烧瓶改装成减压蒸馏装置进行减压蒸馏，收集（82~88℃，20~30mmHg）馏分，产品重 0.3~0.4g。

【注释】

[1] 乙酸乙酯必须精制：在分液漏斗中将普通乙酸乙酯与等体积饱和氯化钙混合并激烈振荡，洗去其中部分乙醇，洗 2~3 次，酯层用高温焙炽过的无水碳酸钾干燥，蒸馏，收集 76~78℃ 的馏分，即可满足要求（含醇 1%~3%）。分析纯的乙酸乙酯可直接使用。

[2] 为提高产率，加快反应速度，可将金属钠制成钠珠，代替小切片。钠珠的制备方法如下：将称好的去掉表皮的金属钠放入一装有回流冷凝管的 100mL 圆底烧瓶（反应器），加入 50mL 用金属钠干燥过的二甲苯，将混合物加热至金属钠全部熔融，停止加热，拆下烧瓶，用塞子塞好后用毛巾包好，用力振荡，使钠分散成细小的颗粒，随着冷却，钠珠固化，待冷却至室温时将二甲苯倒出，加入乙酸乙酯，开始反应。

[3] 少量的金属钠也可以进行下一步反应。

[4] 这种白色固体即是饱和析出的乙酰乙酸乙酯钠盐。

【思考题】

1. 克莱森缩合反应有什么特点？有什么用途？

2. 本实验加入 50% 醋酸溶液有什么作用？

3. 苯甲酸乙酯和丙酸乙酯缩合将得到什么产物？

实验十八　乙酰苯胺

【实验目的】

1. 了解通过胺的酰化制备酰胺的原理及方法。

2. 进一步熟悉巩固重结晶的操作，掌握活性炭脱色的原理及操作方法。

【原理】

乙酰苯胺俗称退热冰，早期曾用作退热药，目前主要用作制药、染料及橡胶工业的原料。芳胺的酰化在有机合成中有着重要作用。作为一种保护措施，一级、二级芳胺在合成中通常被转化为它们的乙酰基衍生物，以降低芳胺对氧化降解的敏感性，使其不被反应试剂破坏；同时，芳胺的氨基经酰化后，可降低其对芳环的活化作用，使其由很强的邻、对位类定位基变为中等强度的邻、对位类定位基，可使反应由多元取代变为有用的一元取代；同时由于乙酰基的空间效应，反应往往能选择性地生成对位取代产物。在某些情况下，酰化可以避免氨基与其他官能团或试剂（如 $RCOCl$、HNO_3 等）之间发生不必要的反应。在合成的最后步骤，氨基很容易通过酰胺在酸碱催化下的水解而游离。

芳胺的酰化可通过其与酰卤、酸酐或冰醋酸的反应进行。

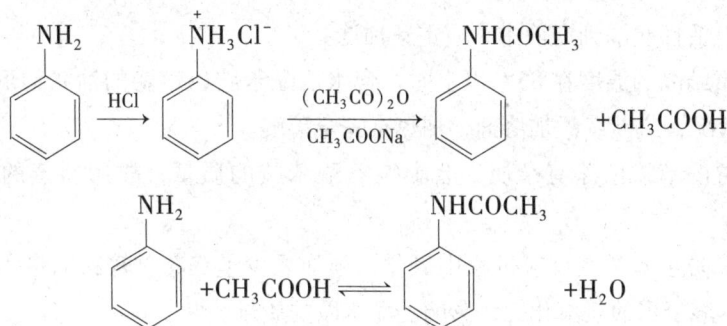

【实验步骤】

方法一：在 250mL 烧杯中，加 90mL 水，4.5mL 浓盐酸，在搅拌下加入 5g（约 5.1mL，0.055mol）苯胺和少量活性炭[1]，搅拌均匀，将溶液煮沸 5 分钟，停止加热，趁热抽滤除去活性炭等[2]。将滤液移至烧杯中，先加 6mL（0.066mol）醋酸酐，再迅速加入 50℃的含有 8g 醋酸钠的水溶液 25mL，搅拌均匀后，用冰浴冷却，析出晶体，抽滤，晶体用少量水洗涤，得粗产品。

粗产品用水进行重结晶[3]，然后干燥，产品重约 5g。

乙酰苯胺为无色片状晶体，熔点 114.3℃。

本实验需要 4~6 小时。

方法二：在 25mL 圆底烧瓶中加入 5.1mL 新蒸的苯胺[4]、5mL 冰醋酸、0.5g 锌粉[5]及沸石，瓶口装一分馏柱，接上冷凝器，柱顶插一支 150℃的温度计，在电热套上小火加热回流 15~20 分钟，然后升温进行分馏，馏出温度保持在 105℃左右[6]，分馏约

20 分钟，反应所生成的水（含少量醋酸）可完全蒸出。当温度计的读数发生上下波动时（有时反应瓶中出现白雾），反应即完成。

在搅拌下，趁热将反应混合物以细流倒入盛有 25mL 冷水的烧杯中[7]，待完全冷却后抽滤，用少量水洗涤，抽干。得乙酰苯胺粗品。

将粗品用沸水加热溶解，边加边搅拌，至固体样品刚好溶解，若有不溶解的油珠，再补加热水，至油珠恰好完全溶解为止，停止加热，再多加 10%～20% 的热水，稍冷，加活性炭约 0.5g，搅拌煮沸数分钟进行脱色，趁热过滤，滤液冷至室温，抽滤，结晶用少量水洗涤两次，抽干，干燥，得精制乙酰苯胺。产量约 5g。

微型实验方案：在 50mL 烧杯中，加 12mL 水，1.0mL 浓盐酸，在搅拌下加入 1.1mL 苯胺和 0.2g 活性炭[1]，搅拌均匀，将溶液煮沸 5 分钟，停止加热，趁热抽滤除去活性炭等[2]。将滤液移至 50mL 烧杯中，加入 1.5mL 醋酸酐，再加入 1.8g 醋酸钠溶于 4mL 水的混合物，搅拌均匀，将反应物置冰水浴中充分冷却，使结晶完全。抽滤，晶体用少量水洗涤，干燥后称重，产量 0.8～1.2g。

【注释】

[1] 此步骤为脱色处理，加入活性炭的量，应视苯胺的颜色深浅而定，若苯胺为新蒸过的，也可省略此步骤。

[2] 若有活性炭漏到滤液中，应重新抽滤。

[3] 当重结晶的温度在 83℃ 以上时，含水乙酰苯胺以熔融的油状物形式出现。如果出现这种情况，应断续添加溶剂，加热至完全溶解。

[4] 久置的苯胺色深有杂质，会影响乙酰苯胺的质量，故用新蒸的无色或黄色苯胺。

[5] 为了防止苯胺在反应过程中氧化，须加入少量锌粉。锌粉的量不可太多，否则，会产生不溶于水的氢氧化锌，影响乙酰苯胺的质量。

[6] 反应温度控制在 105℃ 左右，以防止冰醋酸过多的馏出，影响产量。

[7] 在不同温度下，乙酰苯胺在 100mL 水中的溶解度为（g/℃）：0.46/20，0.84/50，3.45/80，5.5/100。

【思考题】

1. 本实验中，为什么要使用活性炭？

2. 方法一中，使用盐酸的目的是什么？

3. 方法二中，为什么要用分馏装置？

实验十九　甲 基 橙

【实验目的】

1. 掌握由重氮化、偶联反应制备甲基橙的原理和方法。

2. 熟练掌握重结晶的操作。

【原理】

甲基橙（methylorange）是一种酸碱指示剂，属于偶氮化合物。它是以对氨基苯磺酸为原料，经重氮化、偶联反应制得的，其制备过程为：

先经重氮化反应制得对氨基苯磺酸重氮盐；再利用偶联反应得到甲基橙。

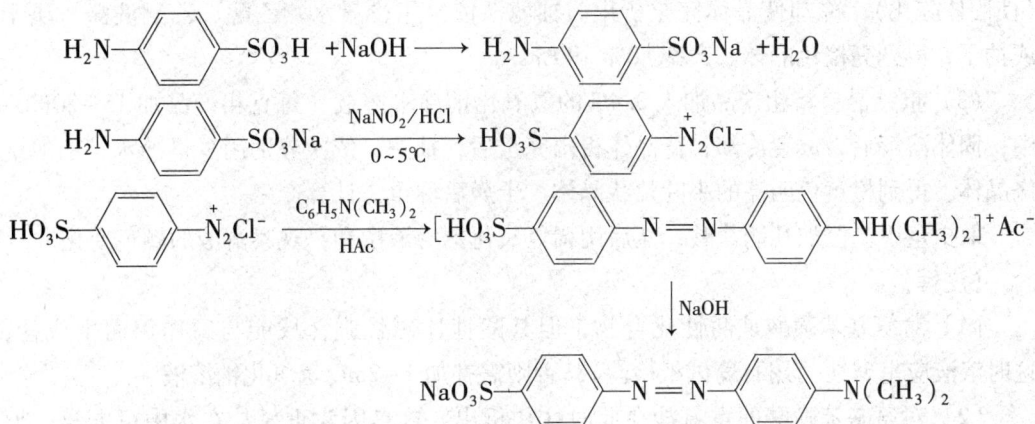

$$H_2N-\!\!\bigcirc\!\!-SO_3H + NaOH \longrightarrow H_2N-\!\!\bigcirc\!\!-SO_3Na + H_2O$$

$$H_2N-\!\!\bigcirc\!\!-SO_3Na \xrightarrow[0\sim5℃]{NaNO_2/HCl} HO_3S-\!\!\bigcirc\!\!-\overset{+}{N_2}Cl^-$$

$$HO_3S-\!\!\bigcirc\!\!-\overset{+}{N_2}Cl^- \xrightarrow[HAc]{C_6H_5N(CH_3)_2} [HO_3S-\!\!\bigcirc\!\!-N=\!\!=N-\!\!\bigcirc\!\!-NH(CH_3)_2]^+Ac^-$$

$$\Big\downarrow NaOH$$

$$NaO_3S-\!\!\bigcirc\!\!-N=\!\!=N-\!\!\bigcirc\!\!-N(CH_3)_2$$

【实验步骤】

方法一（常规法）：

（1）对氨基苯磺酸重氮盐的制备：在一支试管中加入 5mL 5%的氢氧化钠溶液、1g（5.77mmol）无水对氨基苯磺酸，水浴温热使对氨基苯磺酸溶解[1]，冷至室温。另取 0.4g（5.8mmol）亚硝酸钠溶于 3mL 水中，加入上述溶液中。在冰盐浴冷却并搅拌下，将该混合液慢慢滴加到盛有 5mL 水和 1.5mL 浓盐酸的 50mL 烧杯中，保持反应温度始终在 5℃以下，反应液由橙黄变为乳黄色，并有白色沉淀产生[2]。滴加完毕继续在冰水浴中反应 5~7 分钟。

（2）利用偶联反应制备甲基橙：在试管中将 0.7mL（5.1mmol）N,N-二甲基苯胺[3]和 0.5mL 冰乙酸混合均匀。在搅拌下将该溶液慢慢滴加至冷却的重氮盐溶液中，加完后继续搅拌 10 分钟，此时溶液为深红色。继续在搅拌下慢慢加入 12.5mL 5%的氢氧化钠溶液，此时有固体析出，反应物成为橙黄色浆状物，搅拌均匀[4]。在沸水浴上加热 5 分钟（使固体陈化），冷却使晶体完全析出。抽滤，依次分别用少量水、乙醇、乙醚洗涤[5]，压干或抽干，得到亮橙色晶体。产率 40%~50%。

（3）重结晶：将粗产品加入 0.4%的氢氧化钠沸水溶液（每克粗产品需 15~20mL）中[6]，固体溶解后，放置冷却，待晶体析出完全后，抽滤，用少量冷水洗涤晶体。得到橙黄色明亮的小叶片状晶体。称重，计算产率。

取少量甲基橙溶解于水中，加几滴盐酸，然后用稀氢氧化钠溶液中和，观察溶液的颜色变化。

方法二（改良法）：

（1）对氨基苯磺酸重氮盐的制备：在 50mL 烧杯中加入 1.5g（8.66mmol）无水对氨基苯磺酸、0.6g（8.7mmol）亚硝酸钠和 15mL 水，搅拌 10 分钟，使其溶解，溶液由黄色转变成橙红色，此即对氨基苯磺酸重氮盐溶液。

（2）利用偶联反应制备甲基橙：在重氮盐溶液中，加入新蒸过的 N,N-二甲基苯胺 1.1mL（8.7mmol）。剧烈搅拌 15 分钟，此时溶液呈深红色黏稠状，继续振摇搅拌 5 分钟，反应液黏度下降并有亮橙色晶体析出。在搅拌下，慢慢加入 4.5mL 10% 的氢氧化钠溶液，此时有固体析出，反应物成为橙黄色浆状物，搅拌均匀。在沸水浴上加热 5 分钟（使固体陈化），冷却使晶体完全析出。抽滤，依次用少量水、乙醇、乙醚洗涤，压干或抽干，得到亮橙色晶体。产率 80%～90%。

（3）重结晶：将粗产品加入 0.4% 的氢氧化钠沸水溶液（每克粗产品加 15～20mL）中，固体溶解后，放置冷却，待晶体析出完全后，抽滤，依次分别用少量冷水、乙醇洗涤晶体。得到橙黄色明亮的小叶片状晶体。干燥后称重，计算产率。

取少量甲基橙加几滴盐酸，然后用稀氢氧化钠溶液中和，观察溶液的颜色变化。

【注释】

[1] 对氨基苯磺酸是两性化合物，但其酸性比碱性强，故能与碱作用而生成盐，这时溶液应呈碱性（用石蕊试纸检验），否则需补加 1～2mL 氢氧化钠溶液。

[2] 对氨基苯磺酸的重氮盐在此时往往析出，这是因为重氮盐在水中可电离，形成内盐，在低温下难溶于水而形成细小的晶体析出。

[3] N,N-二甲基苯胺久置易被氧化，因此需要重新蒸馏后再使用。该有机物有毒，蒸馏时应在通风橱中进行。

[4] 一定要使反应物全部变成橙黄色，否则应酌情补加少量氢氧化钠溶液。

[5] 用乙醇、乙醚洗涤产品的目的是使产品迅速干燥。

[6] 甲基橙在水中溶解度较大，重结晶时加水不宜过多且操作要迅速，因为产物呈碱性，温度高时易变质，使颜色加深，此时可先将氢氧化钠煮沸，再加入粗产品，以缩短产品的受热时间。

【思考题】

1. 什么叫偶联反应？结合本实验讨论一下偶联反应的条件。

2. 在本实验中制备重氮盐时，为什么要把对氨基苯磺酸变成钠盐？如果直接与盐酸混合，是否可以？

3. 解释甲基橙在酸性介质中变色的原因，用反应式表示。

4. 与常规合成法比较，改良合成法省却了哪些实验步骤和试剂，改良合成法中，对氨基苯磺酸是如何溶解的？亚硝酸和重氮盐是如何形成的？试用适当的反应式表示。

实验二十　脲醛树脂与泡沫塑料

【实验目的】

1. 学习高聚物的合成，了解脲醛树脂的制备原理和方法。

2. 学习并掌握电动搅拌器的正确使用。

【原理】

脲醛树脂是氨基树脂中的一种，由甲醛和尿素在一定条件下聚合而成。其聚合类型属于逐步聚合，反应的第一步是尿素的氨基与甲醛的羰基发生亲核加成，生成羟甲基脲和二羟甲基脲的混合物。

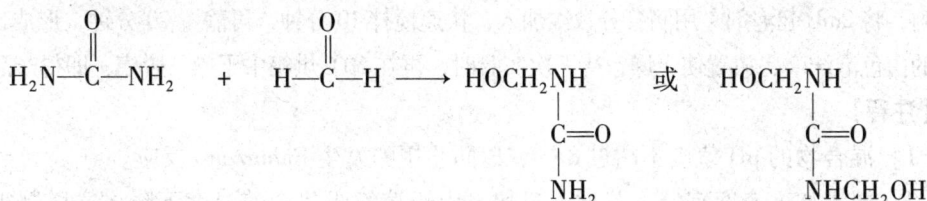

$$H_2N-\underset{\underset{}{\overset{\overset{O}{\|}}{}}{C}}{}-NH_2 \quad + \quad H-\underset{\overset{O}{\|}}{C}-H \longrightarrow HOCH_2NH \qquad 或 \qquad HOCH_2NH$$

第二步是脱水缩合反应，可以发生在亚氨基与羟甲基之间，也可以发生在两个羟甲基之间。

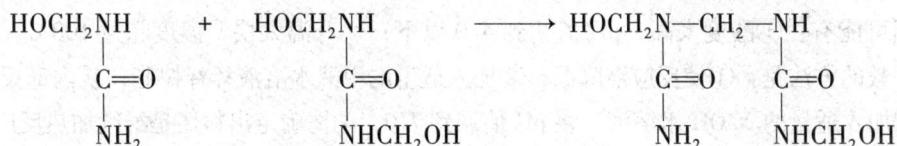

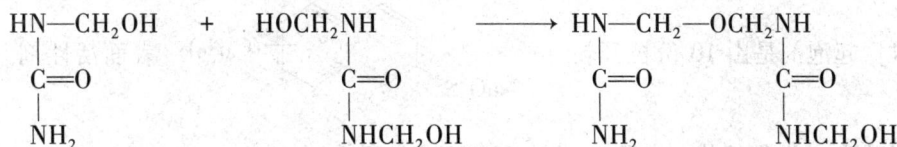

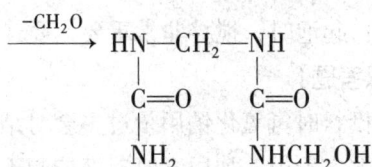

此外甲醛与亚氨基之间亦可以缩合成键。

这样聚合所得的是线型的或低交联度的分子，其结构尚未完全确定。一般认为其分子主链上具有如下结构：

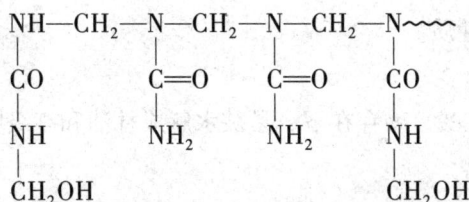

线性脲醛树脂发泡可以加工成泡沫塑料，由于泡沫塑料内有许多微孔，结构稳定，具有重量轻、隔音、绝缘、绝热、价廉等特点，可作为保温、隔音、绝缘及弹性材料等，但其机械性能较低，一般不用作结构材料。

【实验步骤】

在 50mL 三颈瓶中，加入 0.7g 甘油、7.6mL 36%甲醛水溶液，摇匀后测 pH 值，用 1~2 滴 10% NaOH 中和 pH 值到 7.0[1]，再慢慢加入 3.6g 尿素[2]。在三颈瓶上分别装上球形冷凝管、温度计、电动搅拌器，水浴加热。慢慢升温至 90℃，在 90℃下反应 1.5

小时[3]，停止加热后继续搅拌到冷却至室温。

将制好的脲醛树脂倒入 250mL 烧杯中，加入等体积的水，在电动搅拌器的搅拌下，1~2分钟内，将 2mL 起泡剂[4]用滴管分数次加入，快速搅拌 10 分钟，再静置 20 分钟，形成比较稳定的白色泡沫[5]，放置使干燥，待下次实验时，再在 50℃烘箱中干燥、脱模，即得产品。

【注释】

[1] 混合物的 pH 值应不超过 8~9，以防止甲醛发生 Cannizzaro 反应。

[2] 尿素加入速度宜慢，若加入过快，由于溶解吸热会使温度下降，这样制得的树脂浆状物会混浊且黏度增高。

[3] 在此期间如发现黏度骤增，出现冻胶，应立即采取措施补救。出现这种现象的原因可能有：①酸度太高，pH 值达到 4.0 以下；②升温太快，温度超过 100℃。

补救的方法是：①使反应液降温；②加入适量的甲醛水溶液稀释树脂，从内部反应降温；③加入适量的 NaOH 水溶液，将 pH 值调到 7.0，酌情确定出料还是继续加热反应。

[4] 起泡剂是由 10 份拉开粉 [NaO$_3$S——（萘环）——(C$_4$H$_9$)$_2$ 表面活性剂]、15份 85%磷酸、10 份间苯二酚及 65 份水配制而成，要摇匀。

[5] 起泡时，搅拌非常重要，要连续，转速要快。

【思考题】

1. 投料时氢氧化钠用量过多会对结果造成什么影响？

2. 本实验中，加尿素时速度控制不好会导致什么结果？

实验二十一 肥皂的制备及性质

【实验目的】

1. 学习通过皂化反应制备肥皂的原理和方法。

2. 了解油脂的一般性质。

【原理与性质】

油脂受酶的作用或在酸、碱存在下，易被水解成甘油和高级脂肪酸，高级脂肪酸的钠盐即为通常所用的肥皂。

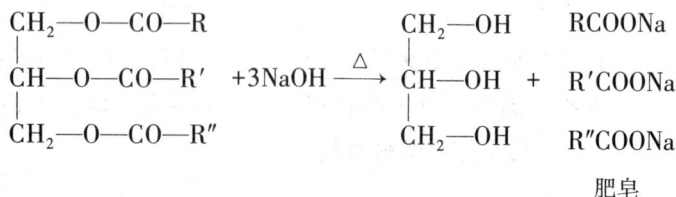

$$\begin{array}{l} CH_2\text{—O—CO—R} \\ CH\text{—O—CO—R}' \\ CH_2\text{—O—CO—R}'' \end{array} +3NaOH \xrightarrow{\triangle} \begin{array}{l} CH_2\text{—OH} \\ CH\text{—OH} \\ CH_2\text{—OH} \end{array} + \begin{array}{l} RCOONa \\ R'COONa \\ R''COONa \end{array}$$

肥皂

当加入饱和食盐水后，由于肥皂不溶于盐水而被盐析，甘油则溶于盐水，据此可将甘油和肥皂分开。

生成的甘油可用硫酸铜的氢氧化钠溶液检验，得蓝色溶液，肥皂与无机酸作用则游离出难溶于水的高级脂肪酸。

$$RCOONa + HCl \longrightarrow RCOOH + NaCl$$

由于高级脂肪酸的钙盐、镁盐不溶于水，故常用的肥皂溶液遇钙、镁离子后就生成钙盐、镁盐沉淀而失效。因此，用硬度高的水洗衣服时，肥皂消耗多且不易洗净。

【实验步骤】

1. 肥皂的制备——油脂的皂化

（1）皂化：取 15mL 菜油[1]于 100mL 圆底烧瓶中，再加 18mL 95%乙醇[2]和 30mL 30％NaOH 溶液，投入几粒沸石，装上球形冷凝管，加热回流 60 分钟（最后检查皂化反应是否进行完全[3]），即得菜油皂化的肥皂——乙醇溶液，留作以下试验用。

（2）盐析：皂化完全后，将肥皂液倒入一盛有 90mL 饱和食盐水的烧杯中，边倒边搅拌，这时会有一层肥皂浮于溶液表面，冷却后，进行减压过滤，将滤渣转移至指定容器放置干燥即为肥皂。滤液留作检验甘油试验。

2. 油脂中甘油的检查

取两支试管，一支加入 1mL 上述滤液，另一支加入 1mL 蒸馏水作空白试验。然后在两支试管中各加入 5 滴 5% NaOH 溶液及 3 滴 5%CuSO$_4$ 溶液，比较两者颜色有何区别？说明原因。

3. 肥皂的性质

取少量所制肥皂于小烧杯中，加入 20mL 蒸馏水，稍稍加热，并不断搅拌，使其溶解为均匀的肥皂水溶液。

（1）取一支试管，加入 1~3mL 肥皂水溶液，在不断搅拌下徐徐滴加 5~10 滴 10% HCl 溶液，观察现象，并说明原因。

（2）取两支试管，各加入 1~3mL 肥皂水溶液，再分别加入 5~10 滴 10% CaCl$_2$ 溶液和 10% MgSO$_4$ 溶液，有何现象产生？说明原因。

【注释】

［1］也可用其他动植物油制备肥皂。

［2］由于油脂不溶于碱水溶液，故皂化反应进行得很慢，加入乙醇可增加油脂的溶解度，使油脂与碱形成均匀的溶液，从而加速皂化反应的进行。

［3］检查皂化反应是否完全的方法为：取出几滴皂化液置试管中，加入 5~6mL 蒸馏水，加热振荡，如无油滴分出，表示已皂化完全。

【思考题】

1. 肥皂的制备原理是什么？写出反应式。

2. 皂化过程为什么加乙醇？乙醇的作用是什么？

3. 如何检验油脂的皂化作用是否完全？

4. 检测甘油的原理是什么？写出化学反应方程式。

§3-3   有机化学实验设计

一、有机合成简介

什么是有机合成？简单地说就是利用化学方法将单质、简单有机物或无机物制成结构比较复杂的有机物的过程。其任务是：

1. 合成自然界存在或不存在的有机物。

2. 证明分子的结构。

基本有机合成工业主要生产化工原料，精细有机合成工业则制备药物、染料、香料、食品、农药等。

1828 年，当德国青年魏勒（F. Wöhler）偶然在实验室合成出尿素时，并未得到化学界的认同。但是 1845 年，柯尔伯（H. Kolbe）合成了醋酸，1854 年柏赛罗（M. Berthelot）合成了油脂，至此，合成有机化合物已被化学界普遍认可。19 世纪中叶，人类进入了轰轰烈烈的合成时代，成千上万的香精、染料等有机化合物被合成出来。科学家们在天然有机化合物的"原始森林"旁又合成了一个人造的，而且更大的"原始森林"。

然而，早期的合成只是用类比方法合成结构简单的有机化合物。例如，乙醛可以被氧化，生成乙酸，那么采用类似的方法，丙醛、苯甲醛也可以被氧化成相应的羧酸——丙酸和苯甲酸。

随着有机结构理论的发展、现代物理方法的产生及应用，对有机反应历程的研究日益深入，科学家们已能合成存在于自然界的、结构较复杂的天然产物。如：已知 Wittig 反应可在醛、酮的羰基碳上引入烯键。

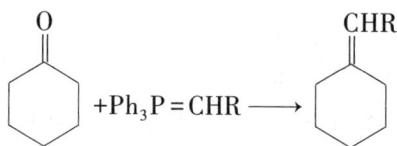

此类反应具有条件温和，产率高，与 α,β-不饱和羰基化合物不发生 1,4-加成，立体选择性好等特点。应用此法，人们合成了维生素 A。

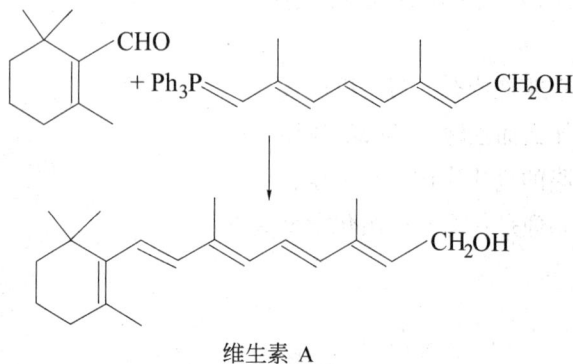

维生素 A

不仅如此，科学家们还合成了大量自然界中不存在的有机化合物。在制药领域取得的成就尤其辉煌，不仅能从结构上修饰一些天然药物，达到减毒增疗效的目的，如扑热息痛等，更重要的是，填补了许多医药领域的空白，如磺胺类药物为 20 世纪 30 年代发现的能有效防治全身性细菌性感染的第一类化学治疗药物，德国化学家格哈德·杜马克（Domagk），因发明磺胺药于 1939 年被授予诺贝尔生理学与医学奖。这是一类人工合成的氨苯磺胺衍生物，其品种繁多，已成为一个庞大的"家族"：

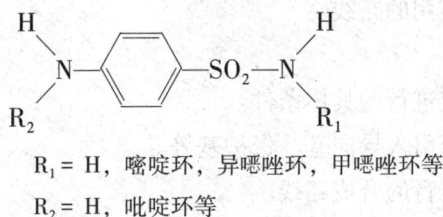

$$H-N(R_2)-\text{（苯环）}-SO_2-N(H)(R_1)$$

R₁ = H，嘧啶环，异噁唑环，甲噁唑环等

R₂ = H，吡啶环等

最早的磺胺只是一种染料，在磺胺问世之前，西医对于炎症，尤其是对流行性脑膜炎、肺炎、败血症等，都因无特效药而感到非常棘手。目前磺胺药是现代医学中常用的一类抗菌消炎药，虽然在临床上已大部分被抗生素及喹诺酮类药取代，但由于磺胺药具有对某些感染性疾病（如流脑、鼠疫）疗效良好、使用方便、性质稳定、价格低廉等优点，故在抗感染的药物中仍占有一定地位。

由此可见，有机合成在制药领域是非常重要的。

二、有机化学合成实验设计的一般方法

利用化学方法合成有机化合物，需要熟练掌握大量有机化合物的化学反应，但仅仅如此是不够的，尤其是合成分子结构较复杂的化合物，还必须有一个正确的构思和合理的方法，目前一般采用切断法与反向合成法来制定合成路线。

在合成中，通常将需要合成的化合物分子称作目标分子或靶分子（target molecule，简称 TM）。所谓切断法，简单地说，是将 TM 切割成若干个碎片，这碎片称为合成子，通常是一些正负离子，然后找到这些碎片的等价物（也称等效剂），即实际的分子。这些等价物应该结构简单并且易得，否则将继续逆向切割，直至得到较简单的起始原料为止。

在由 TM 逆向切割成碎片时，可能有几种方式，如何选择更合理切实可行的合成路线，主要遵循下列原则：①生产方便，成本低廉；②途径简捷；③原料易得；④产率高、稳定。

有的合成每一步反应的产率都很高，但是步骤多了，总产率仍然很低，所以减少反应步骤是提高产率的有效措施之一，见下表：

产率/步（%）	步骤（步）	总产率（%）
80	10	10.7
40	2	16

具体合成工作步骤归纳如下：

第一步　分析 TM 的结构

（1）逆向切割找到合适的起始原料。

（2）决定实际使用的路线。

第二步　合成

（1）要考虑反应进行的具体条件。

（2）要考虑是否引入导向基、保护基等。

（3）制定切实可行的合成路线。

第三步　书写合成路线

（1）只写合成方法的示意式。

（2）试剂、催化剂、反应条件（常温、常压除外）写在箭号上面或下面。

（3）无机物及常用有机物不必写出制法。

（4）如得异构体，应写出将其分离的步骤。

例如：$A \xrightarrow{\text{条件1}} B \xrightarrow{\text{条件2}} C$

实验室制备与工业生产在工艺上一般还有很大的差别，有的化学反应在实验室收率很高，而工业化生产并不一定理想，甚至可能失败，为了缩小实验室与工业生产之间的差距，通常要经过中试，达到发现、解决问题，避免更大损失的目的。另外，设计一条合理可行的合成路线还应从实际出发，因地制宜，不能完全照搬异地经验。

三、实例分析

实例 1　用反向合成法分析化合物 $C_6H_5COCHCOOC_2H_5$ 的合成路线。
$$\overset{\mid}{CH_2CH_2COOC_2H_5}$$

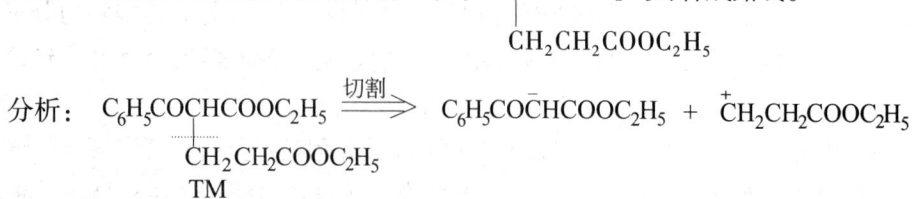

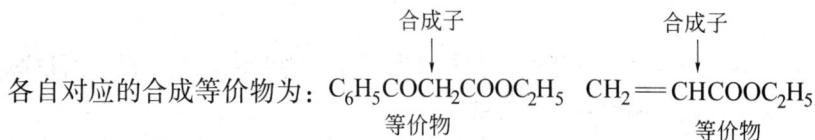

分析：$C_6H_5COCHCOOC_2H_5 \xrightarrow{\text{切割}} C_6H_5CO\overset{-}{C}HCOOC_2H_5 + \overset{+}{C}H_2CH_2COOC_2H_5$
$$\underset{\underset{TM}{CH_2CH_2COOC_2H_5}}{\mid}$$

各自对应的合成等价物为：$C_6H_5COCH_2COOC_2H_5 \quad CH_2\!=\!CHCOOC_2H_5$

合成子　　　　　合成子

等价物　　　　　等价物

继续切割：$C_6H_5COCH_2COOC_2H_5 \Longrightarrow C_6H_5COCH_2\overset{+}{C}O$ + $\overset{-}{O}C_2H_5$

　　　　　　　　　　　　　　　　　　合成子　　　　　　合成子

　　　　　　　　　　　　　　　　$C_6H_5COCH_2COOH$　　　C_2H_5OH
　　　　　　　　　　　　　　　　　　等价物　　　　　　等价物

$CH_2{=}CHCOOC_2H_5 \Longrightarrow CH_2{=}CH\overset{+}{C}O$ + $\overset{-}{O}C_2H_5$

　　　　　　　　　　　　　　　　合成子　　　　　　合成子

各自对应的合成等价物为：　　　　$CH_2{=}CHCOOH$　　　C_2H_5OH
　　　　　　　　　　　　　　　　　等价物　　　　　等价物

将以上逆向分析倒过来写，加上反应条件即是合成路线：

$$C_6H_5COCH_2COOH + C_2H_5OH \xrightarrow[\triangle]{H^+} C_6H_5COCH_2COOC_2H_5$$

$$CH_2{=}CHCOOH + C_2H_5OH \xrightarrow[\triangle]{H^+} CH_2{=}CHOOC_2H_5$$

$$C_6H_5COCH_2COOC_2H_5 + CH_2{=}CHCOOC_2H_5 \xrightarrow{C_2H_5ONa} TM$$

实例2 反向合成法分析止痛药度冷丁 $CH_3{-}N$ ⟨环⟩ $\overset{C_6H_5}{\underset{COOC_2H_5}{}}$ ·HCl 的合成路线。

分析：

$$\begin{array}{c} C_6H_5 \\ | \\ CH_2 \\ | \\ COOH \end{array} \Longrightarrow \begin{array}{c} C_6H_5 \\ | \\ CH_2 \\ | \\ CN \end{array}$$

$$CH_3-N\begin{array}{c}Cl\\Cl\end{array} \Longrightarrow CH_3-\overset{2-}{N} + 2\overset{+}{C}H_2\diagdown Cl$$

$$CH_3-NH_2 \qquad \qquad \begin{array}{c} Cl\diagdown\diagup Cl \end{array}$$

等价物 等价物

$$Cl\diagup\diagdown Cl \Longrightarrow \overset{+}{C}H_2-\overset{+}{C}H_2$$

$$CH_2{=}CH_2$$

等价物

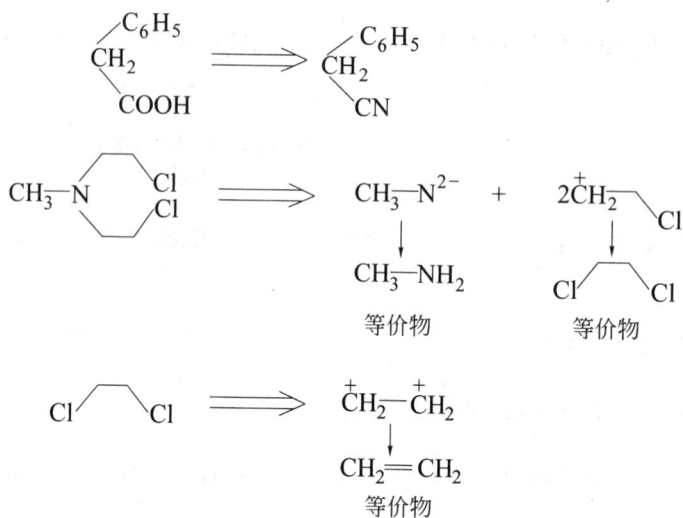

度冷丁的合成路线：

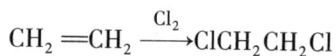

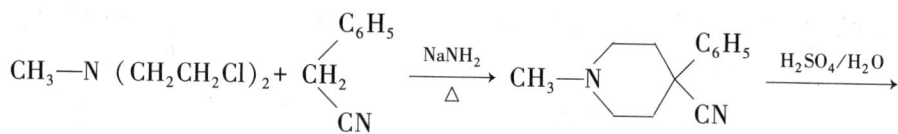

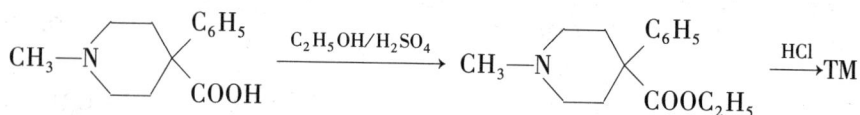

$$CH_2{=}CH_2 \xrightarrow{Cl_2} ClCH_2CH_2Cl$$

$$CH_3-NH_2 + 2ClCH_2CH_2Cl \longrightarrow CH_3-N(CH_2CH_2Cl)_2$$

$$CH_3-N(CH_2CH_2Cl)_2 + \begin{array}{c}C_6H_5\\|\\CH_2\\|\\CN\end{array} \xrightarrow[\triangle]{NaNH_2} CH_3-N\underset{CN}{\overset{C_6H_5}{\bigcirc}} \xrightarrow{H_2SO_4/H_2O}$$

$$CH_3-N\underset{COOH}{\overset{C_6H_5}{\bigcirc}} \xrightarrow{C_2H_5OH/H_2SO_4} CH_3-N\underset{COOC_2H_5}{\overset{C_6H_5}{\bigcirc}} \xrightarrow{HCl} TM$$

以上所举的例子仍是比较简单的合成，实际上许多有机合成是相当复杂的，很多药物分子中含有手性碳，合成起来更困难，比如维生素 B_{12} 含有 9 个手性碳，512 个异构体，其合成难度可想而知。

第四部分　天然有机化合物提取实验　▷▷▷▷

实验一　丹皮酚的提取、分离与鉴定

【实验目的】

1. 学习中药中易挥发成分的提取和分离方法。

2. 掌握水蒸气蒸馏的原理、装置和基本操作。

【性质与原理】

牡丹皮是植物牡丹的根皮，性微寒，味苦，具有清热凉血、活血散瘀之功效。本品的主要药用成分为丹皮酚、丹皮酚苷等，后者在贮存过程中易分解出丹皮酚。除牡丹皮外，中药徐长卿的根中也含有较多的丹皮酚。丹皮酚为具有芳香气味的白色针状结晶，熔点50℃，具有镇痛、镇静、抗菌作用，临床上用于治疗风湿病、牙痛、胃痛、皮肤病及慢性支气管炎、哮喘等。

丹皮酚的化学名称为2-羟基-4-甲氧基苯乙酮，结构式如下：

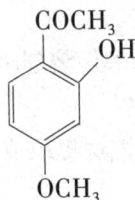

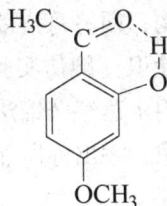

丹皮酚羰基邻位的羟基可与羰基形成分子内氢键，具有挥发性，能随水蒸气蒸馏。丹皮酚难溶于水，易溶于乙醇、乙醚、氯仿、苯等有机溶剂。

利用丹皮酚具有挥发性，能随水蒸气蒸出的性质进行提取，再利用其难溶于水易溶于有机溶剂的性质进行纯化。

【实验步骤】

1. 提取、分离与纯化

在250mL三颈瓶中，加入已粉碎的牡丹皮或徐长卿根30g[1]，食盐1g及适量热水（以能使药材粉末湿润为度），安装水蒸气蒸馏装置[2]，用250mL烧杯作接收容器，烧杯内加入食盐5g，烧杯外用冰水浴冷却。向烧瓶中通入水蒸气进行蒸馏，当馏出液比较清亮、无乳浊现象时，停止蒸馏[3]。将馏出液继续置冰水浴中冷却使固化完全。

馏出液充分放置后，抽滤得到丹皮酚粗品。将结晶用少量95%乙醇（不超过5mL）

溶解，再加入大量蒸馏水（乙醇：水约为 1∶9），溶液先呈乳白色，静置后有大量白色针状结晶析出，抽滤得结晶，自然干燥，得丹皮酚纯品。

2. 鉴别

（1）碘仿实验：制备丹皮酚甲醇溶液，碘仿实验应有米黄色沉淀出现。

（2）三氯化铁实验：制备丹皮酚乙醇或甲醇溶液，三氯化铁检验应显紫红色。

（3）熔点测定：m. p. 50℃。

本实验水蒸气蒸馏操作与重结晶部分需 6~7 小时，鉴别部分需 2~3 小时。

【注释】

［1］本实验原料只要选用较优质的牡丹皮或徐长卿根，一般都能得到可观的丹皮酚结晶。若在提取过程中得不到白色结晶，只有油珠状物质沉于馏出液下，此时可在馏出液中加入少量丹皮酚结晶，或摩擦瓶壁，即会有大量的白色针状结晶析出。也可用乙醚振摇萃取三次（30、20、15mL），合并乙醚提取液，用无水硫酸钠脱水，回收乙醚至少量。放置一夜，即有白色结晶析出。

［2］装置图见 61 页图 2-42。

［3］在进行水蒸气蒸馏时，理论上需蒸至馏出液用三氯化铁检验无色，即无丹皮酚阳性反应。但如此做，可能要花费较长的时间，效率太低。故常蒸馏至馏出液透亮无色为宜。

【思考题】

1. 进行水蒸气蒸馏时，蒸气导管的末端为什么要尽可能接近容器的底部？

2. 什么样情况下可选择水蒸气蒸馏？水蒸气蒸馏必须满足什么条件？

3. 结合化学结构，回答丹皮酚为什么具有挥发性？

4. 在进行化学检识（碘仿实验）时，丹皮酚可用乙醇做溶剂吗？为什么？

5. 水杨酸也可用水蒸气蒸馏法提取分离吗？为什么？

6. 根据所学知识，举出你所熟悉的可采用水蒸气蒸馏法提取或分离的实例。

实验二　咖啡因的提取、分离与鉴定

【实验目的】

1. 了解从茶叶中提取咖啡因的原理和方法。

2. 熟悉索氏提取器的使用方法；掌握升华操作技术。

3. 了解咖啡因的鉴别方法。

【性质与原理】

咖啡因又称咖啡碱，是一种对中枢神经有兴奋作用的生物碱，常作为中枢神经的兴奋药，也是复方阿司匹林等药物的组分。

茶叶中含有多种生物碱，其中咖啡因占 1%~5%。茶叶中还含有单宁酸、茶多酚、色素以及纤维素、蛋白质等成分。咖啡因易溶于氯仿（12.5%），乙醇（2%）等溶剂，在水中的溶解度为 1%，热水中为 5%。

咖啡因是嘌呤的衍生物，化学名称为 1,3,7-三甲基-2,6-二氧亚基嘌呤，结构式如下：

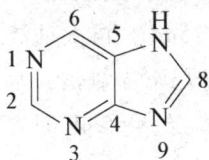

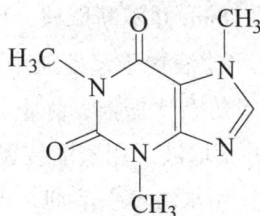

嘌呤　　　　　　　　　　　咖啡因

含结晶水的咖啡因为白色针状结晶，味苦。在 100℃时即失去结晶水，并开始升华，随温度升高升华加快，120℃时升华显著，178℃时升华很快。无水咖啡因的熔点为 234~237℃。

从茶叶中提取咖啡因时，往往选用适当的溶剂（氯仿、乙醇等）在索氏提取器中连续抽提，然后蒸去溶剂，得到粗咖啡因；再通过升华进行纯化，得咖啡因纯品。也可以用热水浸泡茶叶，再选用适当的有机溶剂将咖啡因从浸泡液中萃取出来。前一种方法称为升华法，后一种方法称萃取法。

咖啡因除可通过熔点测定、生物碱特有反应和光谱法进行鉴别或鉴定外，还可以通过制备咖啡因水杨酸盐衍生物或电荷迁移络合物进一步确认。咖啡因水杨酸衍生物的熔点为 137℃。

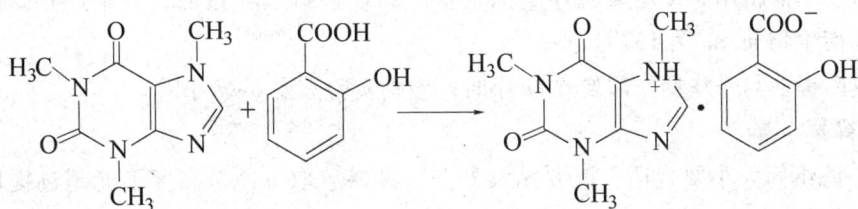

【实验步骤】

1. 提取、分离与纯化

方法一（升华法）：称取茶叶末 10g，放入卷好的滤纸筒中[1]，并将滤纸筒放入索氏提取器内。在圆底烧瓶中加入 100mL 95%乙醇和 1~2 粒沸石，置水浴中加热回流提取 1~2 小时[2]。当最后一次的冷凝液刚刚虹吸下去时，立即停止加热，改为蒸馏装置，回收提取液中大部分乙醇。将浓缩液（10~20mL）转入蒸发皿中，置水浴上蒸发至糊状；拌入 3~4g 生石灰[3]，再次放于蒸汽浴上，在玻璃棒不断搅拌下蒸干溶剂。将蒸发皿移至石棉网上用小火焙炒片刻，除去水分。

将一张多孔滤纸盖在蒸发皿上，取一个合适的玻璃漏斗罩在滤纸上。将该蒸发皿置于可控制温度的热源上，小心加热使其升华[4]。当滤纸上出现白色针状结晶时，要控制温度，缓慢升华。当大量白色结晶出现时，暂停加热，用刀片将滤纸上的结晶刮下。残渣经拌和后，再次升华。

合并两次收集的咖啡因。

方法二（萃取法）：将 5g 茶叶及 150mL 水放入 500mL 烧杯中，加热煮沸约 15 分钟。在煮沸过程中，若水蒸发过多，可补加热水至原体积，趁热过滤。在滤液中慢慢加入10%醋酸铅溶液约18mL并不断搅拌，使溶液中鞣质等酸性物质沉淀下来。用布氏漏斗抽滤，除去沉淀。将滤液置于蒸发皿中浓缩至约15mL，再次抽滤。将滤液转入分液漏斗中，加入15mL氯仿[5]，振摇，静止分层[6]，分出下层氯仿；水层再用氯仿萃取两次，每次10mL；合并萃取液。用蒸馏装置回收氯仿，约剩5mL时停止加热；将残留液移至50mL小烧杯中，用水浴蒸去溶剂，得咖啡因。

2. 鉴别

（1）与碘化铋钾反应：取1mL咖啡因的乙醇溶液，加入1~2滴碘化铋钾试剂，应有淡黄色或红棕色沉淀出现。

（2）与硅钨酸试剂反应：取1mL咖啡因的乙醇溶液，加入1~2滴硅钨酸试剂，应有淡黄色或灰白色沉淀出现。

（3）薄层色谱：用硅胶G板点样，用苯：乙酸乙酯（1∶1）作展开剂，用20%磷钼酸的醋酸–丙酮溶液（1∶1）显色。若为一个斑点，说明纯度较高，否则相反。

（4）熔点测定：m. p. 234~237℃。

（5）咖啡因水杨酸衍生物制备：在试管中加入50mg咖啡因、37mg水杨酸和4mL甲苯。在水浴上加热振摇使其溶解，然后加入1mL石油醚（60~90℃），在冰浴中冷却结晶。若无结晶析出，可用玻璃棒摩擦管壁。用玻璃钉漏斗过滤，收集产物。测定熔点，纯的衍生物 m. p. 为137℃。

本实验提取与升华操作需要6~7小时，鉴别实验需要6~7小时。

【注释】

［1］滤纸筒大小要合适，既要贴紧器壁，又要放取方便，高度不能超过提取器的虹吸管。纸套上面折成凹形，以保证回流时可均匀浸润被萃取物。

［2］理论上应尽可能提取完全，直到回流液无色或颜色变浅。实际上回流虹吸5~6次即可，因为色素提尽与否，并不代表咖啡因的提取率。

［3］生石灰起吸水和中和作用，分解咖啡因单宁酸盐和咖啡因茶多酚盐，使咖啡因游离而具有挥发性。

［4］本实验成功与否取决于升华操作。样品到冷却面之间的距离应尽可能近。在升华过程中始终用小火间接加热，温度不可过高（最好维持在120~178℃），否则易使滤纸炭化变黑，并把一些有色物质烘出来，影响收率和纯度。

［5］咖啡因易溶于氯仿，而茶碱和可可碱难溶于氯仿，故可用氯仿作萃取剂，除去后两种物质。

［6］若萃取时出现乳化现象，分层困难时，可加入5%HCl使溶液呈中性，有助于分层。

【思考题】

1. 分离咖啡因粗品时，为什么要加入氧化钙？

2. 从茶叶中提取的咖啡因有绿色光泽，为什么？

3. 咖啡碱、茶碱与可可碱在结构上有什么区别？有何种用途？对人体有何利弊？

4. 本实验中，从回流提取、烘烤茶砂到升华操作，应如何减少产品损失？

5. 《中国药典》规定，测定咖啡因的含量时，要用极性较强的氯仿作提取剂，为什么？

实验三　番茄红素及 β-胡萝卜素的提取与分离

【实验目的】

1. 学习从植物材料中提取分离番茄红素及 β-胡萝卜素的方法。

2. 熟悉柱色谱和薄层色谱的操作技术。

【性质与原理】

许多植物的叶、茎、果实中都含有丰富的胡萝卜素，它是维生素 A 的前体，具有类似维生素 A 的活性。新鲜的番茄肉中含有较多的番茄红素和 β-胡萝卜素，这两者都属于类胡萝卜素，结构式分别为：

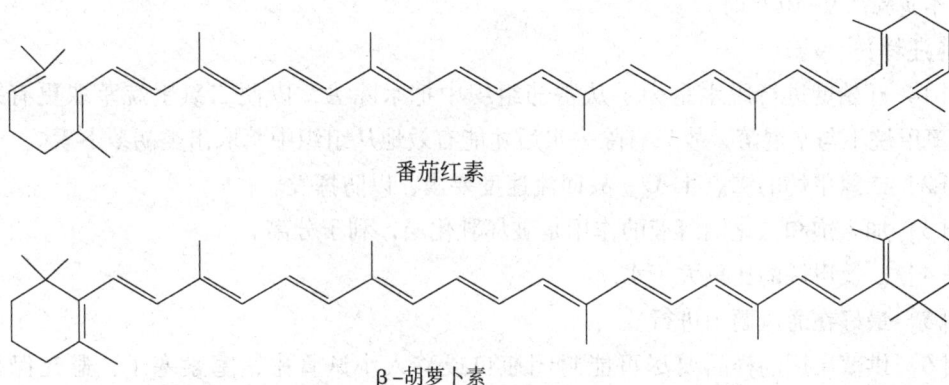

番茄红素

β-胡萝卜素

本实验用新鲜番茄为原料，提取和分离番茄红素及 β-胡萝卜素。首先用乙醇对番茄汁液进行脱水，接着用二氯甲烷进行萃取（二氯甲烷是萃取类脂化合物的有效溶剂），之后用柱色谱进行分离。

【实验步骤】

1. 样品处理

称取 40g 去皮、去籽的新鲜番茄肉，在研钵中研碎，放入三角瓶中，加入 95% 的乙醇[1] 50mL，在水浴上加热 5 分钟，使其保持微沸，为减少溶剂的损失，可在三角瓶口装上一个插有一根长玻璃管的塞子。将混合物用赫氏漏斗过滤，将滤渣转移至原三角瓶中加入 50mL 二氯甲烷，缓慢回流[2] 5 分钟。再次将混合物用赫氏漏斗过滤，合并两次滤液，将滤液倒入分液漏斗中，加入数毫升饱和氯化钠溶液[3]，振荡、分层，分出下层有色溶液[4]，加入少量无水硫酸钠，除去水分。再将溶液浓缩[5]，准备用柱色谱分离。

2. 柱色谱

装柱：选用 1.5cm×15cm 的色谱柱，在柱底铺上一层棉花并加入少量干净的砂子，使在柱底形成约 3mm 厚的砂层。称取 10g 酸性氧化铝置于锥形瓶中，加入 15mL 石油醚（60~90℃），剧烈振摇混合物使成浆，然后将其从柱顶迅速注入柱内，并打开活塞，让液体流入锥形瓶中。轻叩柱子，放出过剩的溶剂使其刚到达氧化铝顶部，注意不要让柱沥干。拧紧下部螺旋夹。

将类胡萝卜素浓缩液的大部分用滴管移至柱上，留下少许供薄层色谱使用[6]。

洗脱：打开螺旋夹，让样品下移。当刚漏出氧化铝表面时，用大量的石油醚进行洗脱。黄色的β-胡萝卜素移动速度较快，红色的番茄红素移动较慢。分段收集无色洗脱液、黄色洗脱液和红色洗脱液。

将收集到的黄色和红色洗脱液在蒸汽浴上蒸发（注意通风）。将浓缩后的样品用尽可能少的二氯甲烷溶解，用吸管移入小试管中，塞紧管口，贴上标签，避光保存。

3. 薄层鉴别

用硅胶 G 板进行薄层色谱分离，以环己烷或苯-环己烷（1∶9）作展开剂，鉴定和比较分离效果。将上柱前的滤液及红色、黄色洗脱液分别点样，比较纯度，计算 R_f 值[7]。

本实验需 9~10 小时[8]。

【注释】

[1] 开始就进行脱水是为了从番茄组织中把水除去，以便二氯甲烷萃取更有效。因二氯甲烷不与水混溶，故只有除去水后才能有效地从组织中萃取出类胡萝卜素。

[2] 二氯甲烷的沸点 41℃，故回流速度要慢，以防挥发。

[3] 加入饱和氯化钠溶液的作用是破坏乳化层，利于分离。

[4] 二氯甲烷的比重大于水。

[5] 最好在通风橱中进行。

[6] 供薄层用的样品要尽可能封闭瓶口或移入小试管中，塞紧塞子，避光保存，以免氧化褪色。

[7] 薄层板取出后，立即用铅笔圈出斑点，否则斑点可能会迅速消失。

[8] 样品处理和柱色谱分离需 7~8 小时。若将本实验分两次完成时，一定要把样品封口置密闭阴凉处保存。

【思考题】

1. 在柱色谱分离时，番茄红素为什么比 β-胡萝卜素的移动速度慢？薄层色谱中番茄红素的 R_f 值为什么比较小？

2. 根据结构回答：为什么番茄红素为红色，而 β-胡萝卜素却为黄色？

3. 解释用环己烷作展开剂或用苯-环己烷混合溶剂作展开剂，番茄红素和 β-胡萝卜素的 R_f 值有无差异，为什么？

4. 本实验中分离后的有色样品为什么要密闭保存？

实验四　丁香挥发油的提取

【实验目的】

1. 学习中药挥发油的提取方法。

2. 掌握水蒸气蒸馏的基本原理和操作（或挥发油提取器的使用）。

3. 熟悉萃取操作；熟悉折光仪的使用。

【性质与原理】

丁香为桃金娘科植物丁香的花蕾。味辛苦，性温。具有温中降逆、温肾助阳之作用，主治呕吐呃逆、胃痛腹泻。丁香油是丁香花蕾所含的挥发油，具有止痛、消炎、抗菌作用，可用于治疗牙痛，是临床上常用的急性止痛药。

丁香花蕾中挥发油的含量达 16% ~ 19%，主要成分为丁香酚，约占 8% 以上。丁香油比重大于水，具有香味和挥发性，易溶于二氯甲烷、氯仿、乙醇等有机溶剂，难溶于水，可随水蒸气蒸出。丁香酚具有酸性，可溶于氢氧化钠溶液中，加酸酸化后又游离出来，利用此性质可将丁香油中的丁香酚分离。丁香酚的结构式为：

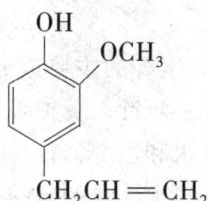

【实验步骤】

方法一（外部水蒸气蒸馏法）：

（1）提取：称取 15g 丁香粗粉，放入 500mL 圆底烧瓶中，加水 150mL，用水蒸气蒸馏法进行提取，收集馏出液约 150mL。将馏出液冷至室温，转入 250mL 分液漏斗中，用氯仿萃取 3 次，每次 15mL。合并萃取液，改蒸馏装置，蒸出氯仿，待剩下 10mL 时停止蒸馏。将浓缩液转入 50mL 小烧杯中，在水浴上将氯仿蒸发掉，得到无色或浅黄色油状物，即丁香油。称重，换算成样品的百分含量。

（2）分离：在丁香油中加 10% 氢氧化钠溶液至 pH 9 ~ 10，使丁香酚呈钠盐而溶于水，再加入 1 ~ 2 倍量热水稀释，用分液漏斗将油层与水层分离，分出的水层加盐酸酸化，丁香酚即游离出来，除去水层，即得丁香酚，用折光仪测折光率。

纯丁香酚为液体，d_4^{20} 1.055，n_D^{20} 1.528 ~ 1.532。

方法二（挥发油提取器提取法）：

（1）提取：取 15g 丁香粗粉，小心放入 500mL 烧瓶内，加入 300mL 蒸馏水，数粒沸石，振摇后，连接支管在上的挥发油测定器，连接冷凝管，检查各接口处是否紧密。用合适的热源进行加热，使蒸馏保持在每秒 2 ~ 3 滴，至测定管中油量不再增加，停止加热。放置约 1 小时后，读取挥发油测定器中挥发油的量，然后换算成样品中的百分含量。

（2）分离：在所得挥发油中加 10% 氢氧化钠溶液，使丁香酚呈钠盐而溶于水，再加入 1 ~ 2 倍量热水稀释，用分液漏斗将油层与水层分离，分出的水层加盐酸酸化，丁香酚即游离出来，除去水层，即得丁香酚，用折光仪测折光率。或在所得挥发油中加入 10% 氢氧化钾乙醇溶液，用乙醚提取除去非酚性成分。将乙醚提取过的碱性溶液，用盐酸中和，再用乙醚提取酚性成分，挥去乙醚得丁香酚，用折光仪测折光率。也可用硅胶板制备薄层纯化，用己烷-乙酸乙酯（85∶15）为展开剂，得纯净的丁香酚。

本实验需 6~7 小时（不包括制备薄层纯化）。

【思考题】

1. 为什么丁香酚可用水蒸气蒸馏法提取？

2. 从丁香油中分离出丁香酚的依据是什么？请写出分离丁香酚的示意图。

3. 在进行水蒸气蒸馏时，用什么简便的方法可以证明丁香油已完全被蒸出？

实验五　黄连素的提取与分离

【实验目的】

1. 学习从中药中提取生物碱的原理和方法。

2. 学习薄层色谱的基本操作。

【性质与原理】

黄连素（俗称小檗碱）是中药黄连等的主要成分，抗菌能力很强，在临床上有广泛应用。含有黄连素的植物很多，如三颗针、黄柏等，均可作为提取小檗碱的原料。

黄连素为黄色针状结晶，微溶于水和乙醇，较易溶于热水和热乙醇中，几乎不溶于乙醚。它的盐酸盐难溶于水，易溶于热水。它的硫酸盐易溶于水。本实验就是利用这些性质来提取黄连素的。

黄连素有三种存在形式：

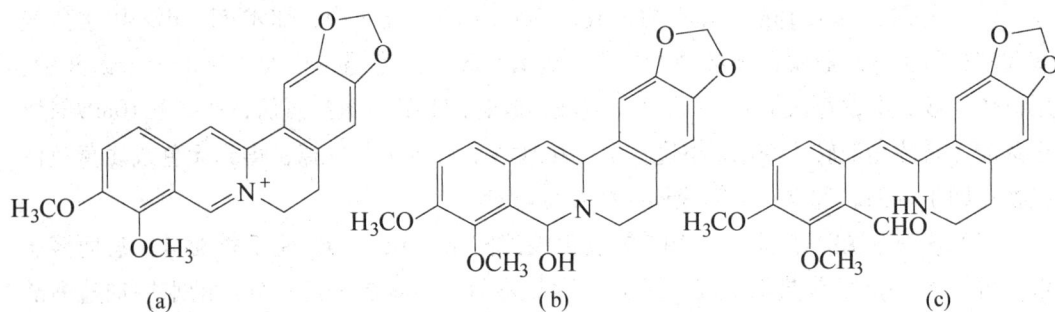

$$(a) \qquad\qquad (b) \qquad\qquad (c)$$

其中，季铵碱式（a）最稳定，多以此形式存在，小檗碱可离子化，亲水性强，易溶于水，难溶于有机溶剂。醇式（b）和醛式（c）具有生物碱的一般性质，难溶于水，易溶于有机溶剂，不甚稳定，在游离小檗碱中含量较少。当游离小檗碱遇酸时，促使部分醇式体和醛式体转变为季铵碱式。

【实验步骤】

1. 提取

称取 5g 中药黄连粉末，放入盛有 100mL 2%（体积比）硫酸的溶液中，加热煮沸约 5 分钟后，静置浸渍 20 小时，抽滤。提取液加食盐饱和，用 1∶1 的盐酸调至 pH1~2。放置 5 小时，即析出盐酸黄连素粗品，抽滤，往粗品中加入热水使固体刚好溶解，加热至沸腾，冷却，抽滤，得黄连素结晶，在 50~60℃ 的烘箱中慢慢烘干，留作薄层色谱使用。

2. 薄层鉴别

制备氧化铝薄层板，取少量黄连素结晶溶于 2mL 的乙醇中（必要时，可在水浴上加热片刻）。在离薄层板一端约 2cm 处用铅笔轻轻划一直线，取管口平整的毛细管插入样品溶液中取样，并在铅笔划线处轻轻点样[1]。

将点好样品的薄层板小心放入展开槽内，以氯仿-甲醇（9∶1）为展开剂进行展开[2]。待溶剂前沿上到距薄层板上端约 1cm 处，取出薄层板，用铅笔在前沿划一记号，晾干。计算黄连素的 R_f 值。

本实验需 6~7 小时。

【注释】

［1］点样时，毛细管液面刚好接触薄层即可，切勿点样过重而破坏薄层。

［2］展开剂液面一定要在点样线下，不能超过点样线。

【思考题】

1. 提取黄连素过程中，为什么要加食盐饱和？

2. 展开剂的高度若超过了点样线，对薄层色谱是否会产生影响？

实验六　卵磷脂的提取与鉴定

【实验目的】

1. 熟悉卵磷脂的提取原理。

2. 了解卵磷脂组成成分的鉴定方法。

【性质与原理】

卵磷脂也叫磷脂酰胆碱，是最典型的甘油酯类，由甘油与脂肪酸和磷酰胆碱结合而成。化学结构式如下：

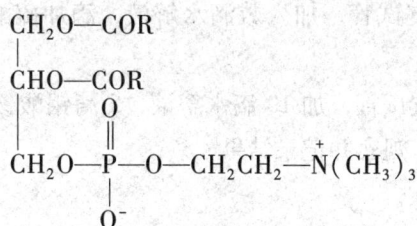

$$
\begin{array}{l}
CH_2O-COR \\
\mid \\
CHO-COR \\
\quad\quad\ \ O \\
\quad\quad\ \ \parallel \\
CH_2O-P-O-CH_2CH_2-\overset{+}{N}(CH_3)_3 \\
\quad\quad\ \ \mid \\
\quad\quad\ \ O^-
\end{array}
$$

卵磷脂广泛分布于动物、植物、酵母、霉菌类之中，蛋黄中含量较高。卵磷脂是构成脑和神经组织、细胞膜及其他生物膜的重要成分，对于酶的活性起重要作用，也是胆碱的重要供给源。卵磷脂分子中磷酸部分是亲水性的，易于同水分子结合，而其脂肪酸部分则是亲脂性的，因此具有形成稳定的水油乳液的性质。正是凭借这种乳化作用，血液中的胆固醇被运至肝脏，从而避免了胆固醇沉积到血管壁上。

卵磷脂不溶于水和丙酮，易溶于乙醇、乙醚及氯仿等溶剂。利用此性质可将卵磷脂从蛋黄中提取分离出来：

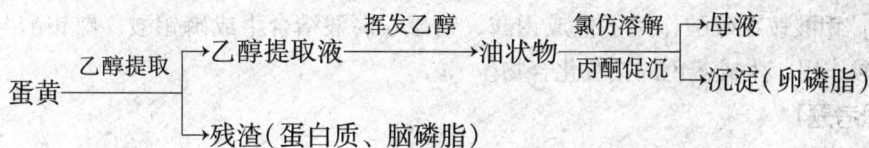

$$
蛋黄
\begin{cases}
乙醇提取 \longrightarrow 乙醇提取液 \xrightarrow{挥发乙醇} 油状物 \begin{cases} \xrightarrow{氯仿溶解} 母液 \\ \xrightarrow{丙酮促沉} 沉淀（卵磷脂） \end{cases} \\
\longrightarrow 残渣（蛋白质、脑磷脂）
\end{cases}
$$

卵磷脂在碱性溶液中可发生水解，水解后得到甘油、脂肪酸、磷酸及胆碱。采用适当的方法可分别鉴定出这些组分。

【实验步骤】

1. 卵磷脂提取

取熟鸡蛋黄一个，于研钵中研碎。加入 10mL 95%乙醇研磨，再加入 10mL 95%乙醇充分研磨，用布氏漏斗减压抽滤。收集滤液，残渣移入研钵中，再加入 10mL 95%乙醇继续研磨，再次抽滤。合并两次滤液[1]，置蒸发皿中，在水浴上蒸去乙醇，得黄色油状物。冷却，加入 5mL 氯仿，用玻璃棒搅拌至油状物全部溶解。之后，在搅拌下加入 15mL 丙酮，即有卵磷脂析出。

2. 卵磷脂水解及组成鉴定

（1）水解：取一支大试管，加入适量卵磷脂提取物，加入数毫升 20%的氢氧化钠溶液，放入沸水浴中加热 10 分钟[2]，并用玻璃棒不断搅拌，使水解完全，冷却。在玻璃漏斗中用棉花[3]过滤水解物，滤液和固体物留下待用。

（2）组成检查：

①脂肪酸的检查：取一支试管，加入棉花上的固体物少许，加 1 滴 20%氢氧化钠溶液和 5mL 水，用玻璃棒搅拌使其溶解，在玻璃漏斗中用棉花过滤得澄清溶液，以硝酸酸化后加入 10%醋酸铅 2 滴[4]，观察并记录溶液的变化。

②甘油的检查：取一支试管，加入 1mL 1%的硫酸铜溶液，2 滴 20%氢氧化钠溶液，振摇，有氢氧化铜沉淀生成，加入 1mL 水解液，观察并记录现象[5]。

③胆碱的检查：取一支试管，加入数滴水解液，滴加硫酸酸化，加入碘化铋钾溶液，观察并记录现象[6]。

④磷酸的检查：取一支试管，加 10 滴水解液，5 滴钼酸铵溶液，20 滴氨基萘酚磺酸溶液，振摇，水浴加热，观察并记录结果[7]。

本实验需 5~6 小时。

【注释】

[1] 若滤液不够澄清，需再过滤一次。

[2] 加热时，胆碱会发生分解产生二甲胺臭味。

[3] 不能用滤纸过滤，因在碱液中滤纸会溶胀影响过滤效果。

[4] 加硝酸时脂肪酸析出，溶液变浑浊，加醋酸铅，有脂肪酸铅盐生成，混浊程度增加。

[5] 甘油与氢氧化铜反应生成甘油酮，沉淀溶解呈深蓝色溶液。

[6] 碘化铋钾与含氮碱性化合物生成砖红色沉淀。

[7] 钼酸铵在硫酸作用下生成钼酸，钼酸与磷酸结合生成磷钼酸，磷钼酸与氨基萘酚磺酸作用，生成蓝色的钼氧化合物。

【思考题】

1. 从蛋黄中分离卵磷脂的原理是什么？

2. 本试验中检验甘油的原理是什么？

3. 检验胆碱的原理是什么?

实验七　从槐米中提取分离芦丁

【实验目的】

通过从槐米中提取芦丁的实验，掌握用酸碱调节法提取分离中药中弱酸性或弱碱性成分的方法，或从合成母液中分离弱酸性或弱碱性成分的方法。

【性质与原理】

槐米也称槐花米，是中药槐花的花蕾。性凉、味苦，功能凉血、止血，主治肠风、痔血、便血等。槐花米的主要活性成分为芦丁，芦丁具有增强毛细血管韧性、提高毛细血管通透性的作用，适用于毛细血管脆弱患者的治疗。

芦丁又名芸香苷，存在于槐花米（含量可达 10%～20%）、荞麦叶等植物组织中。结构式如下：

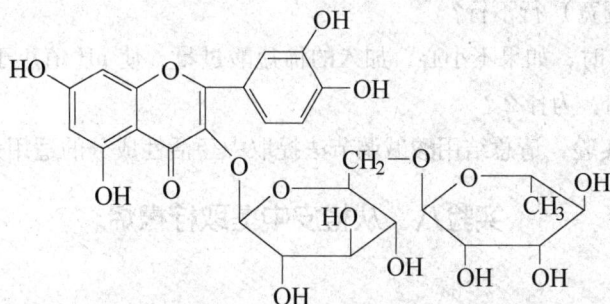

芦丁是黄酮与糖（葡萄糖和鼠李糖）形成的苷，因具有黄酮类的结构母核而呈黄色。芦丁的黄酮部分连有许多酚—OH，易溶于碱液，酸化时又可析出，因此可采用酸碱调节法提取和分离芦丁。

纯芦丁为淡黄色针状结晶，不溶于乙醇和氯仿等有机溶剂，熔点为 188℃，带三个结晶水的芦丁熔点为 174～178℃。

【实验步骤】

称取 15g 槐花米，用研钵（或粉碎机）研成粉状。置于 250mL 烧杯中，加入 150mL 饱和石灰水[1]，于石棉网上加热至沸，并不断搅拌，煮沸 15 分钟后，抽滤[2]。滤渣再用 100mL 饱和石灰水煮沸 10 分钟，抽滤。

合并两次滤液，用 5%盐酸调节至 pH3～4[3]。放置 1～2 小时，使沉淀完全，抽滤，并用水洗涤 2～3 次，即得芦丁粗品。

将粗品置于 250mL 的烧杯中，加水 150mL，在石棉网上加热至沸，不断搅拌，并慢慢加入约 50mL 饱和石灰水，调节溶液 pH 值为 8～9，待沉淀溶解后，趁热过滤。滤液置于 250mL 的烧杯中，用 5%盐酸调节至 pH 4～5，静置 30 分钟。芦丁即以浅黄色结晶析出，抽滤，并用水洗涤 1～2 次，烘干，称重[4]，测熔点。

本实验需要 6 小时。

【注释】

［1］加入饱和石灰水既可达到用碱液提取芦丁的目的，同时，还可除去槐花米中的多糖黏液质。

［2］抽滤时，宜先小心倾出上层清液，再慢慢倒出带沉淀的溶液，以防沉淀过早堵住滤纸孔。后面的抽滤均需如此。

［3］注意小心滴加，需 7~8mL 稀盐酸。如果滴加过多，pH 值过低，芦丁（苷类）则易水解。

［4］产量约为 1.5g。

【思考题】

1. 本实验中，第一次用饱和石灰水加热提取后，用盐酸将提取液调回 pH 3~4，第二次加入饱和石灰水（调节 pH 8~9）溶解粗提物后，再用盐酸把 pH 值调到 4~5。第一次操作中，pH 值范围变化比较宽，第二次 pH 值范围变化比较窄，为什么？如果反过来（先调窄后调宽）行不行？

2. 用酸调 pH 时，如果不小心，加入的稀盐酸过量，使 pH 值小于 3~4，请问对实验会产生什么影响？为什么？

3. 根据这个实验，请总结用酸碱调节法提取中药活性成分的适用条件及一般原理。

实验八　从橙皮中提取柠檬烯

【实验目的】

1. 学习中药中易挥发成分的提取和分离方法。

2. 掌握水蒸气蒸馏的原理、装置和基本操作。

【性质与原理】

柠檬、橙子和柚子等水果的皮中含有能随水蒸气蒸馏的挥发油（亦称为精油），其精油 90% 以上是柠檬烯。柠檬烯是一种单环单萜化合物，具有光学活性。其 $S-(-)$-异构体存在于松针油、薄荷油中；$R-(+)$-异构体存在于橙油中；外消旋体存在于香茅油中。

本实验是先用水蒸气蒸馏法将柠檬烯从橙皮中提取出来，再用二氯甲烷萃取，萃取液回收溶剂后即得精油。

【实验步骤】

（1）将 2~3 个橙子皮[1]碾成细碎的碎片，投入 100mL 三颈瓶中，加入约 30mL 水，按图 2-42 安装水蒸气蒸馏装置[2]。

（2）松开弹簧夹 E，加热水蒸气发生器 A 至水沸腾。当 T 形管 D 的支口有大量水蒸气冲出时开启冷凝水，夹紧弹簧夹 E，水蒸气蒸馏即开始进行。此时可观察到在馏出液的水面上有一层很薄的油层。当馏出液收集 60~70mL 时，松开弹簧夹 E，然后停止加热。

（3）将馏出液倒入分液漏斗中，用二氯甲烷萃取 3 次，每次用量 10mL。合并萃取液，置于干燥的 50mL 锥形瓶中，加入适量无水硫酸钠干燥半小时以上。

（4）将干燥好的溶液滤入 50mL 蒸馏瓶中，水浴加热进行蒸馏。当二氯甲烷基本蒸完后改用水泵减压蒸馏以除去残留的二氯甲烷，最后瓶中只剩下少量橙黄色液体即为橙油。

（5）测定橙油的折光率、比旋光度[3]。

纯柠檬烯的 b. p. 176℃；n_D 1.4727；$[\alpha]_D$ +125.6°。

【注释】

［1］橙皮最好是新鲜的，如果没有新鲜的，干的亦可，但效果较差。

［2］也可用 500mL 烧瓶加入 250mL 水直接水蒸气蒸馏。

［3］测定比旋光度时可将几个人所得的柠檬烯合并起来，用 95% 乙醇配成 5% 溶液进行测定，用纯柠檬烯同样浓度的溶液进行比较。

【思考题】

1. 水蒸气蒸馏的应用范围和条件是什么？

2. 本实验中水蒸气发生器可用什么仪器代替？

3. 蒸气导管应插入蒸馏瓶的什么位置？

4. T 形管、Y 形管各有什么作用？

5. 如何判断水蒸气蒸馏操作是否结束？

实验九　油料作物中粗脂肪的提取及油脂的性质

【实验目的】

1. 学习油脂提取的原理和方法，了解油脂的一般性质。

2. 进一步熟悉和巩固索氏提取器的使用方法。

【性质与原理】

油脂是动植物组织的重要组成部分，其含量的高低是油料作物品质的重要指标。

油脂是不同高级脂肪酸甘油三酯的混合物，其种类繁多，易溶于（C_2H_5）$_2$O、C_6H_6、汽油、石油醚、CS_2 等脂溶性有机溶剂。据此，本实验以石油醚作溶剂，用索氏提取器提取油脂。在提取过程中，除油脂外，一些脂溶性色素、游离脂肪酸、磷脂、类固醇及蜡等类脂也一并被浸提出来，所以提取物为粗油脂。

油脂受酶的作用或在酸、碱存在下，易被水解成甘油和高级脂肪酸，高级脂肪酸的钠盐即为通常所用的肥皂。当加入饱和食盐水后，由于肥皂水不溶于盐水而被盐析，甘油则溶于盐水，据此可将甘油和肥皂分开。

生成的甘油可用硫酸铜的氢氧化钠溶液检验，得蓝色溶液，肥皂与无机酸作用则游离出难溶于水的高级脂肪酸。

$$RCOONa + HCl \longrightarrow RCOOH + NaCl$$

由于高级脂肪酸的钙盐、镁盐不溶于水，故常用的肥皂溶液遇钙、镁离子后就生成钙盐、镁盐沉淀而失效。因此，用硬度高的水洗衣服时，肥皂消耗多且不易洗净。

组成油脂的高级脂肪酸中，除硬脂酸、软脂酸等饱和脂肪酸外，还有油酸、亚油酸等不饱和脂肪酸，故不同油脂的不饱和度不同，其不饱和度可根据它们与溴或碘的加成反应进行定性或定量测定。

【实验步骤】

1. 油脂的提取

先将植物样品置于烘箱中在 100~110℃ 烘 3~4 小时（有硬壳的样品，需将硬壳除去再烘干），冷却后，粉碎至颗粒小于 50 目筛。准确称取 5g 样品，装入干燥的滤纸筒内，上面盖一层滤纸，以防样品溢出。

将洗净的索氏提取器的烧瓶烘干，冷却后准确称量，然后再在烧瓶中加入 50~60mL 石油醚，把盛有样品的滤纸筒或滤纸包放于抽提器内，安装好抽提器和回流冷凝器，通入冷凝水后在电热套上加热回流 1.5~2 小时（切忌用明火加热），回流速度控制在 2~3 滴/秒。

提取完毕，撤去热源，待石油醚冷却后，改为蒸馏装置，用电热套加热蒸馏回收石油醚，待温度计读数下降，即停止蒸馏，烧瓶中所剩浓缩物便是粗油脂，在 105℃ 烘干至恒重后，称重，烧瓶增加的质量即为粗油脂质量，计算粗油脂的含量。

2. 油脂的化学性质

（1）油脂的皂化–肥皂的制备

①皂化：取 5mL 菜油[1] 于 50mL 圆底烧瓶中，再加 6mL 95% 乙醇[2] 和 10mL 30% NaOH 溶液，投入几粒沸石，装上球形冷凝管、电热套，加热回流 30 分钟（最后检查皂化反应是否进行完全[3]），即得菜油皂化的肥皂–乙醇溶液，留作以下试验用。

②盐析：皂化完全后，将肥皂液倒入一盛有 30mL 饱和食盐水的烧杯中，边倒边搅拌，这时会有一层肥皂浮于溶液表面，冷却后，进行减压过滤，滤渣即为肥皂。滤液留作检验甘油试验。

（2）肥皂的性质：取少量所制肥皂于小烧杯中，加入 20mL 蒸馏水，在电热套中稍稍加热，并不断搅拌，使其溶解为均匀的肥皂水溶液。

①取一试管，加入 1~3mL 肥皂水溶液，在不断搅拌下徐徐滴加 5~10 滴 10% HCl 溶液，观察现象，并说明原因。

②取两支试管，各加入 1~3mL 肥皂水溶液，再分别加入 5~10 滴 10% CaCl_2 溶液和 10% MgSO_4 溶液，有何现象产生？说明原因。

③取一支试管，加入 2mL 蒸馏水和 1~2 滴菜油，充分振荡，观察乳浊液的形成；

另取一支试管，加入 2mL 肥皂水溶液，也加入 1~2 滴菜油，充分振荡，观察有何现象？将两支试管静置数分钟后，比较两者稳定性有何不同？说明原因。

（3）油脂中甘油的检查：取两支试管，一支加入 1mL 上述滤液，另一支加入 1mL 蒸馏水做空白试验。然后在两支试管中各加入 5 滴 5% NaOH 溶液及 3 滴 5%$CuSO_4$ 溶液，比较两者颜色有何区别？说明原因。

（4）油脂的不饱和性：在两支干燥的试管中，分别加入 10 滴菜油 CCl_4 溶液和 10 滴猪油 CCl_4 溶液，然后，分别逐滴加入 3% 溴的 CCl_4 溶液，边加边摇，直到溴的颜色不褪为止。记录两者所需的溴的 CCl_4 溶液的量，并比较它们的不饱和程度。

【注释】

［1］也可用其他动植物油或本实验提取的油脂。

［2］由于油脂不溶于碱水溶液，故皂化反应进行得很慢，加入乙醇可增加油脂的溶解度，使油脂与碱形成均匀的溶液，从而加速皂化反应的进行。

［3］检查皂化反应是否完全的方法为：取出几滴皂化液置试管中，加入 5~6mL 蒸馏水，加热振荡，如无油滴分出，表示已皂化完全。

【思考题】

1. 索氏提取器由几部分组成？它是根据什么原理进行萃取的？

2. 抽提时为什么不能用火焰直接加热，如果用火焰直接加热，可能会发生什么后果？

3. 如何检验油脂的皂化作用是否完全？

第五部分　有机化合物性质实验 ▷▷▷▷

实验一　有机化合物的元素定性分析

有机化合物元素定性分析是鉴定样品中含有哪些元素，在未知物的鉴定中，元素定性分析是一个很重要的步骤。一般有机化合物中都含有碳、氢两种元素，通过灼烧试验确定样品为有机化合物后，一般无须进行碳、氢元素的鉴定。此外，有机化合物中的氧元素至今没有很好的化学鉴定方法，一般是通过官能团定性试验或根据定量分析结果来判断其是否存在。因此，元素定性分析通常主要是分析氮、硫和卤素等，对于元素有机化合物，还需鉴定其他金属或非金属元素如磷、汞、硅和硼等。

有机化合物多数是共价化合物，分子中原子以共价键相结合，很难在水中离解成相应的离子，不能与鉴定试剂直接发生离子反应。因此鉴定氮、硫、卤素等元素时，首先要将有机化合物分解，使这些元素转化成无机离子，进而用相应离子的性质进行鉴定。

分解有机化合物样品的方法很多，最常用的方法是钠熔法，即将有机化合物和金属钠混合灼热共熔，使有机物中的氮、硫、卤素等元素转化为氰化钠、硫化钠、卤化钠等可溶于水的无机化合物，然后用无机定性分析的方法鉴定。

将灼烧生成物溶于水，过滤后所得滤液用于元素鉴定试验。

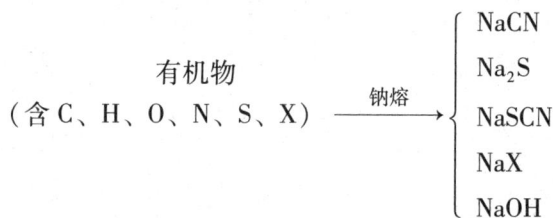

$$\begin{matrix} \text{有机物} \\ (\text{含 C、H、O、N、S、X}) \end{matrix} \xrightarrow{\text{钠熔}} \left\{ \begin{matrix} \text{NaCN} \\ \text{Na}_2\text{S} \\ \text{NaSCN} \\ \text{NaX} \\ \text{NaOH} \end{matrix} \right.$$

（1）硫的鉴定：取部分滤液，加入乙酸铅溶液，若样品中含有硫，则生成黑褐色沉淀；加亚硝基铁氰化钠，若样品中含有硫，则生成紫红色溶液。

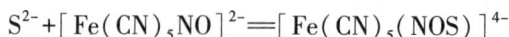

$$Pb^{2+}+S^{2-}\!=\!\!=\!\!PbS\downarrow$$

$$S^{2-}+[Fe(CN)_5NO]^{2-}\!=\!\!=\![Fe(CN)_5(NOS)]^{4-}$$

（2）氮的鉴定：取部分滤液，加硫酸亚铁溶液，用盐酸酸化，再加入三氯化铁溶液，若样品中含有氮，则有普鲁士蓝生成。

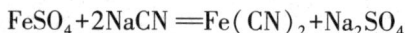

$$FeSO_4+2NaCN\!=\!\!=\!\!Fe(CN)_2+Na_2SO_4$$

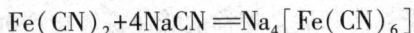

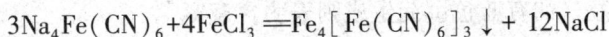

$$Fe(CN)_2 + 4NaCN \Longrightarrow Na_4[Fe(CN)_6]$$

$$3Na_4Fe(CN)_6 + 4FeCl_3 \Longrightarrow Fe_4[Fe(CN)_6]_3\downarrow + 12NaCl$$

普鲁士蓝

（3）硫、氮元素的同时鉴定：取部分滤液，用盐酸酸化，加入三氯化铁溶液，若样品中同时含有硫、氮，则有血红色的配位离子生成。

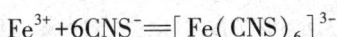

$$Fe^{3+} + 6CNS^- \Longrightarrow [Fe(CNS)_6]^{3-}$$

（4）卤素的鉴定：取部分滤液，加硝酸酸化，加热煮沸数分钟除尽氰化氢与硫化氢后，再加硝酸银试剂，若样品中含有卤素，则有卤化银沉淀析出。

$$Ag^+ + X^- \longrightarrow AgX\downarrow$$

（5）磷的鉴定：取部分滤液，加入浓硝酸酸化，煮沸，再加钼酸铵水溶液，沸水浴中加热数分钟，样品若含有磷，则有黄色沉淀 $[(NH_4)_3(PMo_{12}O_{14})]$ 生成。

【药品与试剂】

金属钠，乙醇，蒸馏水，10%醋酸，醋酸铅试纸，亚硝基铁氰化钠，10%氢氧化钠溶液，硫酸亚铁晶体（或硫酸亚铁饱和溶液），稀盐酸，5%三氯化铁溶液，15%盐酸，5%硝酸，浓硝酸，5%硝酸银溶液，2.5%钼酸铵溶液等。

【实验步骤】

1. 样品的钠熔

取干燥的 10mm×100mm 的小试管一支，用不包橡皮的铁夹垂直夹在铁架台上，用小刀切取一粒表面光亮、大小如黄豆的金属钠[1]，用滤纸擦干表面附着的煤油，迅速放入试管中，用酒精灯在试管底部加热使钠熔化，待钠的蒸气上升达 1cm 高时，迅速加入约 50mg 干燥的有机样品，加时务必使样品直接落在试管的底部[2]。继续加热使试管底部呈暗红色，再加热 1~2 分钟，使样品分解完全。然后停止加热，冷却至室温，加入 1mL 乙醇将未作用完的钠分解。再用酒精灯将钠熔试管加热，蒸去乙醇，当试管底部烧红时，趁热将试管浸入盛有 15mL 蒸馏水的小烧杯中（小心！远离脸部），试管底部遇冷立即破裂（如未断开，可用镊子轻轻敲打）。加热烧杯，煮沸片刻，过滤除去固体，得无色或淡黄色澄清滤液，称为钠熔溶液，作元素鉴定试验之用[3]。

2. 硫元素的鉴定

方法一：取 2mL 钠熔溶液于小试管中，加入 10%醋酸使呈酸性，煮沸，将醋酸铅试纸置于试管口，若生成棕黑色斑点，则表明样品中含有硫。

方法二：取一粒亚硝基铁氰化钠溶于数滴水中，将此溶液滴入盛有 1mL 钠熔溶液的试管中，如有硫存在则混合液呈紫红色或棕红色。

3. 氮元素的鉴定

取 2mL 钠熔溶液于小试管中，滴入几滴 10%氢氧化钠溶液，再加入一小粒硫酸亚铁晶体或 3~4 滴新配制的硫酸亚铁饱和溶液，摇匀，小火煮沸 1~2 分钟，使液体内部的亚铁离子氧化为高铁离子。冷却后，加稀盐酸使氢氧化铁沉淀恰好溶解[4]，再加 2～3 滴 5%三氯化铁溶液，如有蓝色沉淀生成则表明含有氮[5]。

4. 硫、氮元素同时鉴定

取 1mL 钠熔溶液于小试管中，用 15%盐酸酸化，再加入 1 滴 5%三氯化铁溶液，如有血红色出现，即表明样品中有硫氰酸根离子（CNS⁻）存在[6]。

5. 卤素的鉴定

取 1mL 滤液于小试管中，用 5%硝酸酸化，在通风柜里煮沸 5～10 分钟，冷却后加入 5%硝酸银溶液 2～3 滴，如有沉淀产生表明样品中含有卤素（如样品中不含硫、氮两种元素，则酸化后不必煮沸，可直接加入硝酸银鉴定）。

6. 磷元素的鉴定

取 2mL 滤液于小试管中，加入 1mL 浓硝酸，煮沸 1 分钟，再加 5～10 滴 2.5%钼酸铵水溶液，将此混合液置于沸水浴中加热数分钟。若有黄色沉淀生成，表明含有磷。

【注释】

［1］金属钠保存在煤油中，用镊子取出小块金属钠，用滤纸吸干煤油，用小刀切除外皮，取出有金属光泽部分使用。切下来的外皮和用剩的钠，放回原瓶，绝对不可弃入水槽或废液缸中，以免发生危险。

［2］当钠的蒸气与样品接触时，立即发生猛烈分解，有时会发生轻微的爆炸或着火，所以加样品时，操作者的脸部要远离试管口。

［3］如滤液呈棕色，表明样品加热不够，分解未完全，需重做钠熔试验。

［4］在碱性溶液中，亚铁离子易被空气氧化成三价铁，形成氢氧化铁沉淀，若试样中含有硫元素，会有黑色的硫化铁沉淀析出，这些沉淀与普鲁士蓝混在一起，会影响对颜色的观察。加入盐酸酸化的目的是溶解这些对氰离子检出有干扰的沉淀。

［5］本实验有时没有沉淀，只得到蓝色或绿色的溶液（弱酸性）。除本来含氮太少的原因外，可能由于样品在钠熔时分解不完全或样品用量超过金属钠量所致，遇到这种情况可重新钠熔样品再做一次鉴定。脂肪族偶氮化合物及芳香族重氮化合物在加热时，其氮元素以氮气的形式逸出；一些氢化偶氮化合物，氨基化合物，则转变为氨逸出；有时钠熔中生成的氰化物也可能被进一步还原成氨，因此，反应中有时检不出 CN⁻离子。某些含碳较少的含氮样品，有时也呈弱酸性现象，遇到这种情况，可在样品中加入少许葡萄糖或蔗糖再钠熔，这将有利于氰离子的生成。

［6］在钠熔时，若用的钠太少，硫和氮常以硫氰酸根负离子（CNS⁻）的形式存在，因此在分别鉴定硫和氮时，若得负结果，则必须作硫和氮同时鉴定的试验。若在氮元素鉴定试验中得正结果，则此试验可能为负结果。

【思考题】

1. 进行元素定性分析有何意义？钠熔法的基本原理是什么？应注意些什么？

2. 钠熔法试验时，加入样品的试管烧红后，为什么要在冷却后加入乙醇而不是加水？

3. 作卤素鉴定时，钠熔溶液先用硝酸酸化并煮沸的目的是什么？若不进行处理而直接加入硝酸银，会有什么影响？

实验二 烃的性质

烃类化合物根据其结构的不同，可分为脂肪烃和芳香烃，而脂肪烃又包括了烷烃、烯烃、炔烃和二烯烃、脂环烃等，不同的烃具有不同的化学性质。

（1）烷烃：化学性质稳定，只有在光催化下与卤素发生自由基取代，特殊条件下发生氧化反应，如燃烧、催化氧化等。

（2）烯烃、炔烃、二烯烃：含有不饱和键，容易发生加成、氧化、聚合反应。不饱和烃能与溴的四氯化碳溶液加成而使溴的颜色褪去，可被高锰酸钾氧化而使高锰酸钾溶液褪色；末端炔烃能与银氨络离子或亚铜氨络离子生成金属炔化物沉淀；共轭二烯烃能与顺丁烯二酸酐发生双烯合成反应生成白色沉淀物。以上反应可用作鉴别反应。

（3）脂环烃：饱和脂环烃的性质类似于烷烃，在光催化下与卤素发生自由基取代反应，小环脂环烃能与卤素、卤化氢及氢加成而开环。不饱和脂环烃的性质类似不饱和链烃，能发生氧化、加成等反应。

（4）芳香烃：苯是芳香族化合物的母体，共轭结构使苯具有不同于烯烃、炔烃的性质。苯比较稳定，不易氧化（只有在较激烈的条件下才能被氧化破裂，但苯的同系物则较易发生氧化反应，侧链氧化成羧基），难于加成，而易于发生亲电取代反应（如卤代、硝化、磺化、傅-克反应等）。芳烃的傅-克反应往往使反应混合物显很深的颜色，可用于芳烃的鉴别。

【药品与试剂】

液体石蜡，环己烯，苯，甲苯，0.5%高锰酸钾，10%硫酸，5%氢氧化钠溶液，浓硝酸，浓硫酸，饱和食盐水，2%溴四氯化碳溶液，5%硝酸银溶液，2%氨水，铁粉，环己烷，萘，无水氯仿，无水三氯化铝，稀硝酸，乙炔（或碳化钙、重铬酸钾）等。

【实验步骤】

1. 烃的氧化反应

在四支试管中分别加入液体石蜡、环己烯、苯、甲苯各 0.5mL，再分别加入 0.5%高锰酸钾溶液 0.2mL 和 10%硫酸溶液 0.5mL，剧烈振荡（必要时可在 60℃～70℃水浴上加热几分钟），观察并比较反应现象。

2. 烃的加成反应

在两支试管中分别加入液体石蜡、环己烯各 0.5mL，再分别加入 2%溴四氯化碳溶液 0.5mL，边加边振摇，观察各有什么现象。

3. 炔烃的性质

在试管中加入 5%硝酸银溶液 0.5mL，再加 1 滴 5%氢氧化钠溶液，然后滴加 2%氨水溶液，直至形成的氢氧化银沉淀刚好溶解为止。将乙炔通入此溶液，观察有无白色沉淀生成[1]。实验完成后，在试管中加 1∶1 稀硝酸，并在水浴中加热，使乙炔银分解，以免干燥后爆炸。

另取两支试管，分别加入 0.5%高锰酸钾溶液 1mL 和 2%溴四氯化碳溶液 1mL，通入乙炔气体观察各有什么现象。

4. 芳烃的性质

（1）苯的稳定性：在两支试管中加入 0.5%高锰酸钾溶液和 1∶1 硫酸溶液各 10 滴，再分别加入 5 滴苯和甲苯，充分振摇，置于 70℃~80℃水浴中加热振摇片刻，观察颜色是否变化。

（2）溴代反应：在两支试管中各加入 10 滴苯和 2 滴 2%溴四氯化碳溶液，其中一支试管再加入少许铁粉，充分振摇数分钟，观察有何变化。若无变化，温热片刻再观察并比较其结果。

（3）磺化反应：在三支试管中分别加入 0.5mL 苯、甲苯、环己烷，各加入 1mL 浓硫酸，将试管在水浴中加热到 80℃，随时剧烈振荡，观察何者反应，何者不反应，并解释之。把反应后的混合物分成两份：一份倒入盛有 10mL 水的小烧杯，另一份倒入 10mL 饱和食盐水的小烧杯中，观察各有何现象。

（4）硝化反应：在三支试管中分别加入 1mL 浓硝酸和 2mL 浓硫酸，再分别加入 8 滴苯、环己烷和 50mg 萘，每加入 1 滴样品都要充分振摇[2]，将混合物放在微沸的水浴中加热 15 分钟，时而摇动，比较反应现象，观察生成物是什么颜色的油状物。

（5）傅-克反应：在四支试管中分别加入 2mL 无水氯仿，再分别加入 8 滴苯、甲苯、环己烷和 50mg 萘，充分混合后倾斜试管，使管壁润湿，沿管壁加入约 0.1g 无水三氯化铝[3]，使一部分粉末沾在管壁上，观察管壁上粉末和溶液的颜色[4]。

【注释】

[1] 乙炔由小的气体钢瓶供给或自己制备。自己制备时，先把一定量碳化钙放在蒸馏瓶中，然后从恒压滴液漏斗中，慢慢滴加饱和食盐水（使反应平稳进行），就有乙炔气体发生。为了除去夹杂的硫化氢、磷化氢、砷化氢等剧毒恶臭气体，须将生成的气体通过盛有重铬酸钾硫酸溶液的洗气装置。本实验应在通风橱内进行，并远离火源，以免爆炸。

[2] 本试验的关键是充分振摇，因为芳烃和混酸很难互溶。若是未知样品，硝化时要特别小心，因为许多化合物可发生猛烈反应。

[3] 无水三氯化铝应该是黄色的（工业品）。

[4] 苯及其同系物、芳香族卤化物为橙至红色，萘为蓝色，蒽为绿色，而联苯和菲为紫红色等。要注意及时观察颜色，否则易发生变化。

【思考题】

1. 在与不饱和烃进行加成反应时，为什么一般不用溴水，而是用溴四氯化碳溶液？
2. 通过烃的氧化和芳烃的取代反应说明基团的相互影响和催化剂对反应活性的影响。
3. 通过本实验，试列表比较烷烃、烯烃、炔烃和芳香烃的性质。

实验三　卤代烃的性质

卤代烃是烃分子中的氢被卤素取代后的产物，卤代烃的主要反应有亲核取代反应与消除反应，两者为一对竞争反应。不同结构的卤代烃分子中卤原子的活泼性不同，常用 $AgNO_3$ 乙醇溶液与卤烃作用，根据其生成卤化银沉淀的难易性来区别卤代烃的类型。

对于卤代烃 RX，当 R 相同，X 不同时，其活泼性次序为：RCl<RBr<RI。当 X 相同，R 不同时，其活泼性如下：

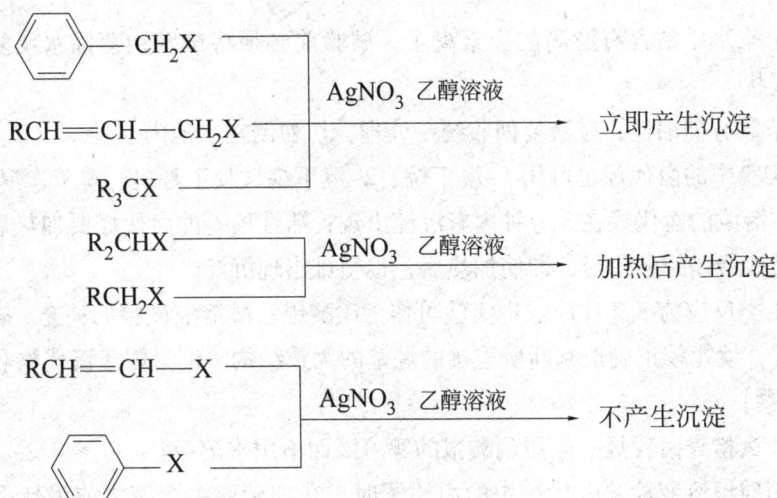

【药品与试剂】

1-氯丁烷，2-氯丁烷，氯苯，苄氯，饱和 $AgNO_3$ 乙醇溶液，1-溴丁烷，1-碘丁烷，2-氯-2-甲基丙烷，5%氢氧化钠溶液，硝酸（1mol/L），15%碘化钠丙酮溶液。

【实验步骤】

1. 卤代烃与硝酸银的作用

（1）不同烃基结构对反应速度的影响：在四支洁净干燥的试管[1]中分别加入 3 滴 1-氯丁烷、2-氯丁烷、氯苯、苄氯[2]，然后在每支试管里各加入 1mL 饱和 $AgNO_3$ 乙醇溶液，边加边振摇，观察各有什么现象？大约 5 分钟后，再把没有出现沉淀的试管放在水浴里加热至微沸，再注意观察有没有沉淀产生并记录出现沉淀的时间。根据实验结果，排出以上卤代烃的活性次序并解释之。

（2）不同卤原子对反应速度的影响：在三支干燥试管中各加入 1mL 饱和 $AgNO_3$ 乙醇溶液，然后分别加入 2~3 滴 1-氯丁烷、1-溴丁烷及 1-碘丁烷。如前操作方法观察沉淀生成的速度，记录活泼性的次序并解释之。

2. 卤代烃与稀碱的作用

在三支干燥试管中各加入 10~15 滴的 1-氯丁烷、2-氯丁烷、2-氯-2-甲基丙烷，然后在各试管中加入 5%氢氧化钠溶液 1~2mL，充分振荡后静置，小心取出水层数滴加入同体积硝酸（1mol/L）酸化之，然后用饱和硝酸银乙醇溶液检查有无沉淀，若无反应可在水浴中小心加热，再检查之。比较三种氯代烃的活性次序并解释之[3]。

3. 卤代烃与碘化钠丙酮溶液的作用

在四支干燥试管中，各放入 15%碘化钠丙酮溶液 1mL，再分别加 2 滴 1-氯丁烷、

2-氯丁烷、氯苯、苄氯，摇动试管，在室温下放置 5 分钟，观察生成沉淀所需的时间和颜色。如没有变化，可将试管置于 50℃ 水浴中温热 6 分钟，取出冷至室温，观察并记录溶液何时产生卤化钠沉淀。若加热后仍为澄清溶液的试样，则视为负结果。试比较卤代烃的活性差异[4]。

【注释】

［1］自来水中常含有游离的卤素离子，试验前必须将试管用蒸馏水反复荡洗后干燥，排除干扰。

［2］苄氯有催泪性，废液要回收统一处理，切勿倒在水池内。

［3］实验中的卤代烃也可用 1-溴丁烷、2-溴丁烷、叔丁基溴、溴苯、溴苄来代替。一般说来，活泼的卤代烃在 3 分钟内有沉淀出现；活性稍差的卤代烃要加热后才能出现沉淀；而活性最差的卤代烃，即使加热后，也很难出现沉淀。

［4］该类反应为 S_N2 反应。本实验可作为硝酸银乙醇溶液试验的补充。若这两个试验同时进行，就能较正确地判断所连接的烷基的大致结构，但只限于溴代物和氯代物。

【思考题】

1. 为什么检查卤代烃一般用硝酸银的醇溶液而不用水溶液？

2. 用硝酸银溶液检验卤代烷中的卤原子时，在加硝酸银溶液之前为什么要先用稀硝酸酸化卤代烃水解液？

实验四　醇、酚和醚的性质

醇、酚、醚都是烃的含氧衍生物，由于氧原子所连接的基团不同，使它们各具有不同的化学性质。

（1）醇的性质：主要由醇的官能团—OH 所决定。

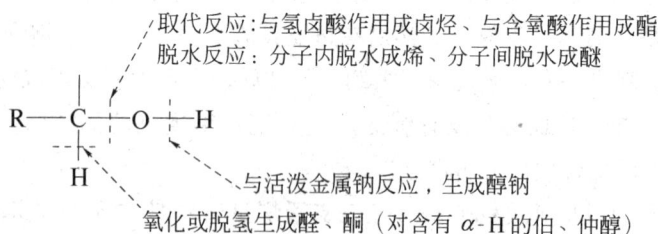

```
                    取代反应：与氢卤酸作用成卤烃、与含氧酸作用成酯
                    脱水反应：分子内脱水成烯、分子间脱水成醚

        R — C — O — H
            |         与活泼金属钠反应，生成醇钠
            H
                    氧化或脱氢生成醛、酮（对含有 α-H 的伯、仲醇）
```

伯、仲、叔醇与氢卤酸发生取代反应生成卤代烃的活性不同，反应速度差别很大，可用 Lucas 试剂（浓盐酸-氯化锌）鉴别。叔醇与试剂在 5 分钟内可发生反应，生成不溶性卤代烃出现浑浊，然后析出油状物并分为两层；仲醇在 10 分钟左右可看到浑浊和分层现象；伯醇较难发生反应，需加热后才有浑浊产生。

多元醇的特征：多元醇由于分子中羟基的相互影响，具有一些特殊的化学反应。邻羟基多元醇与氢氧化铜作用产生蓝色溶液，可用于检验邻羟基多元醇。

（2）酚的性质：酚的性质主要有酚羟基的酸性、与卤代烃作用成酚醚、与酰卤或酸酐作用成酚酯、与三氯化铁溶液作用显色（用于检验酚羟基及烯醇式结构）；苯环上的酚羟基能加大苯环亲电取代反应的活性，生成多取代物，如苯酚与溴水作用生成三溴代苯酚的白色沉淀（可用于检验苯酚）；酚易被氧化成醌类而呈色。

（3）醚的性质：醚一般条件下性质稳定，但与强酸作用能形成䤧盐而溶于强酸。䤧盐不稳定，遇水很快分解成醚而使溶液分层（可用于检验醚的存在）。

【药品与试剂】

无水乙醇，正丁醇，仲丁醇，叔丁醇，10%乙二醇，10%丙-1,3-二醇，10%甘油，乙醚，苯酚饱和水溶液，金属钠，0.5%高锰酸钾溶液，卢卡试剂，饱和溴水，5%碘化钾溶液，5%三氯化铁溶液，5%碳酸钠溶液，5%硫酸铜溶液，浓盐酸，浓硫酸，5%氢氧化钠溶液，酚酞试液，10%盐酸，广范 pH 试纸等。

【实验步骤】

1. 醇钠的生成与水解

取两支干燥的试管，分别加入 1mL 无水乙醇（预先处理好）和 2mL 正丁醇，再各加入一粒黄豆大小的金属钠[1]，观察两管反应速度有何差异，液体黏度有何变化。待放出的气体平稳时，在试管口点火，有何现象？反应完毕，把正丁醇管中的液体倒在表面皿上，在水浴上蒸干，把固体移入盛有 1mL 蒸馏水的试管中，观察是否溶解。用滴管吸出上层油状物，嗅其气味，水溶液加酚酞试液 1~2 滴，观察并解释现象。

2. 醇的氧化反应

取三支试管，各加入 5 滴 0.5%高锰酸钾溶液和 5 滴 5%碳酸钠溶液；然后在每支试管中分别加入 5 滴正丁醇、仲丁醇、叔丁醇。充分振荡试管，混合液的颜色有何变化？

3. 醇与卢卡试剂的作用

取三支干燥试管，分别加入 1mL 正丁醇、仲丁醇、叔丁醇，然后各加入 2mL 卢卡试剂[2]，塞好管口，充分振摇试管后静置，观察变化，并记录混合液变混浊和出现两个液层的时间。

用 1mL 浓盐酸代替卢卡试剂做上述同样的试验，并比较结果。

4. 多元醇的性质

多元醇与氢氧化铜的作用：取四支试管，分别加入 3 滴 5%硫酸铜溶液和 6 滴 5%氢氧化钠溶液，有何现象发生？然后在每支试管中分别加入 5 滴 10%乙二醇、10%丙-1,3-二醇、10%甘油，振荡试管，观察有何现象产生？最后，在每支试管中各加入 1 滴浓盐酸，混合液的颜色又有何变化？为什么？

5. 酚的性质

（1）酚的酸性：在试管中加入苯酚饱和水溶液 6mL，用玻璃棒沾取 1 滴于广范 pH 试纸上试验其酸性。将上述苯酚饱和水溶液分成两份，一份作空白对照，在另一份中逐滴滴入 5%氢氧化钠溶液，边滴加边振荡，直到溶液层清亮为止，然后加 10%盐酸至溶液呈酸性，观察有何现象并解释之。

（2）苯酚与溴水的反应：取 2 滴饱和苯酚水溶液于试管中，用蒸馏水稀释至 2mL，逐滴滴入饱和溴水，当溶液中开始析出的白色沉淀转化为淡黄色时，即停止滴加。然后将混合物煮沸 1~2 分钟以除去过量的溴，冷却后于此混合物中滴入 5 滴 5%碘化钾溶液及 1mL 苯，用力振荡试管，观察有何现象。

（3）苯酚的氧化：取 3mL 饱和苯酚水溶液于试管中，加 5%碳酸钠溶液 0.5mL 及 0.5%高锰酸钾溶液 1mL，振荡试管，观察有何现象。

（4）苯酚与三氯化铁溶液的作用：取 2mL 饱和苯酚水溶液于试管中，逐滴滴入 5%三氯化铁溶液，观察颜色变化。

6. 醚与浓硫酸的作用——形成𬦝盐

在试管中加入 1mL 浓硫酸，浸入冰水中冷却至 0℃，再分次滴加乙醚约 0.5mL。边加边振摇，使乙醚溶于浓硫酸中。把试管中的液体小心地倒入 2mL 冰水中，振摇，冷却，观察有何现象。

【注释】

［1］在醇钠的生成试验中，如果醇与钠的反应停止后仍有残余的钠，应用镊子将钠取出放到酒精中破坏，然后加水。否则，金属钠遇水，反应剧烈，不但影响实验结果，而且很不安全。

［2］卢卡试剂的配制：将 170g 无水氯化锌在蒸发皿中强热熔融，稍冷后慢慢倒入 115mL 浓盐酸中，边加边搅拌，并将容器置于冰水浴中冷却，防止氯化氢气体逸出。此试剂应临用时配制。使用卢卡试剂时试管必须干燥，否则会影响实验结果。

【思考题】

1. 在进行卢卡试验中，如何使实验现象明显？无水氯化锌在试验中起何作用？为何卢卡试验只适应于鉴别 $C_3 \sim C_6$ 的醇？

2. 如何鉴别乙醇、正丁醇、丁-1,2-二醇、丁-1,3-二醇？

3. 把下列化合物按酸性由强到弱排序：乙醇、水、碳酸、苯酚、邻甲苯酚、2,4,6-三硝基苯酚、醋酸，试解释之。

实验五　醛和酮的性质

醛、酮在结构上都含有相同的官能团羰基，由于结构上的相似性，使醛、酮具有一些相同的反应；又由于醛基与酮基在结构上的差异，也使醛、酮在反应中又表现出不同的特点。

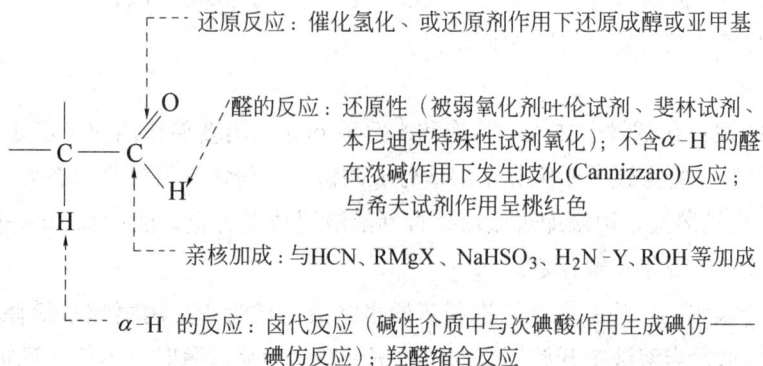

还原反应：催化氢化、或还原剂作用下还原成醇或亚甲基

醛的反应：还原性（被弱氧化剂吐伦试剂、斐林试剂、本尼迪克特殊性试剂氧化）；不含α-H 的醛在浓碱作用下发生歧化(Cannizzaro)反应；与希夫试剂作用呈桃红色

亲核加成：与HCN、RMgX、NaHSO₃、H₂N-Y、ROH等加成

α-H 的反应：卤代反应（碱性介质中与次碘酸作用生成碘仿——碘仿反应）；羟醛缩合反应

羰基化合物的典型反应是亲核加成反应，其中与含氮的亲核试剂，如氨衍生物 NH_2—Y，在弱酸性条件下反应，可分别生成肟、腙、缩氨脲等产物，此反应常用于羰基化合物的鉴别和分离提纯。在分离提纯时多用苯肼，而在定性分析时则多用 2,4-二硝基苯肼，它与醛、酮的加成产物一般是黄色结晶。醛的特征反应是可被吐伦（Tollen）试剂、斐林（Fehling）试剂氧化，可与希夫（Schiff）试剂显色，这些反应可用于区别醛与酮。甲基酮则常用与亚硫酸氢钠的加成及碘仿反应进行鉴别。

【药品与试剂】

2,4-二硝基苯肼溶液，乙醛，丙酮，苯甲醛，苯乙酮，饱和亚硫酸氢钠溶液，戊-3-酮，5%稀盐酸，乙醇，异丙醇，丁-1-醇，碘-碘化钾溶液，5%、10%氢氧化钠溶液，10%硝酸银溶液，2%氨水，斐林试剂 A，斐林试剂 B，浓硫酸等。

【实验步骤】

1. 醛、酮的亲核加成反应

（1）与 2,4-二硝基苯肼的反应：在四支小试管中，各加入 2,4-二硝基苯肼溶液[1] 1mL，分别加入乙醛、丙酮、苯甲醛、苯乙酮各 1~2 滴摇匀后静置，观察有无结晶析出，并注意结晶的颜色。

（2）与亚硫酸氢钠的加成：在四支小试管中，分别加入 2mL 新配制的饱和亚硫酸氢钠溶液，分别滴加丙酮、戊-3-酮、苯甲醛、苯乙酮各 6~8 滴，激烈振摇，置冰水中冷却数分钟，观察有无沉淀析出，注意比较其析出的相对速度。将生成的结晶加 5%稀盐酸 2~3mL，用力振摇，观察有何现象并解释之。

2. 碘仿反应（醛、酮 α-H 的活泼性）

取四支试管，分别加入 3 滴乙醛、丙酮、乙醇、异丙醇、丁-1-醇，然后各加入 0.5mL 碘-碘化钾溶液[2]，此时溶液呈深红色，然后滴加 5%氢氧化钠溶液至溶液深红色刚好消失为止[3]，振摇后观察试管中是否有沉淀立即产生，是否嗅到碘仿的气味？如果出现白色乳浊液，应该将其置于 50~60℃水浴温热几分钟后，再观察现象。

3. 醛、酮的鉴别反应

（1）与吐伦（Tollen）试剂反应：取四支洁净试管，各加入银氨溶液[4] 1mL，再各加入乙醛、丙酮、苯甲醛、苯乙酮 2~3 滴，摇匀放置数分钟，观察现象。若还无变化，可将试管放入 50~60℃的水浴中加热，观察并比较现象[5]。

（2）与斐林（Fehling）试剂反应：取四支试管各加入 1mL 斐林试剂 A 和 1mL 斐林试剂 B[6] 用力振摇。然后分别滴加 10 滴甲醛、乙醛、丙酮及苯甲醛，边加边摇动试管。摇匀后，将四支试管一起放入沸水浴中加热 3~5 分钟。注意观察有何现象并解释之。

【注释】

[1] 2,4-二硝基苯肼溶液的配制：取 2,4-二硝基苯肼 1g 溶于 7.5mL 浓硫酸中，再加 95%乙醇 75mL 和蒸馏水 170mL，搅拌均匀后过滤，滤液放置在棕色瓶中保存。

[2] 碘-碘化钾溶液的配制：先将 25g 碘化钾溶于 100mL 蒸馏水中，再加 12.5g 碘，搅拌溶解即可。

［3］碘仿反应试验中加入氢氧化钠的用量不要过多，加热时间不宜太长，温度不能过高，否则会使生成的碘仿再消失，造成判断错误。

［4］吐伦试剂久置后将形成雷酸银沉淀，容易爆炸，故必须临用时配制，配制时氨水不能过量，否则将影响该试剂的灵敏度。

［5］银镜试验时所用的试管若不够洁净，则阳性反应时也不能生成光亮银镜，仅能生成黑色絮状沉淀。反应完毕后，用浓硝酸溶解试管中生成的银镜。

［6］斐林试剂的配制：将 7g 硫酸铜晶体（$CuSO_4 \cdot 5H_2O$）溶于 100mL 蒸馏水中，加入 0.1mL 浓硫酸，混匀得斐林试剂 A。取 34.6g 酒石酸钾钠（$KNaC_2H_4O_6 \cdot 4H_2O$）和 14g 氢氧化钠溶于 100mL 蒸馏水中，即得斐林试剂 B。两种溶液分别保存，临用时等量混合。

【思考题】

1. 醛、酮与亚硫酸氢钠的加成反应中，为什么亚硫酸氢钠溶液必须是饱和溶液？又为什么要新配制？

2. 为了使碘仿尽快生成，有时碘仿反应需加热进行，能否用沸水浴加热？为什么？什么样结构的化合物能发生碘仿反应？

3. 鉴别下列各组化合物：

（1）甲醛、丙醛、戊-2-酮、1-苯基丙-1-酮

（2）戊-1-醇、丁-2-醇、苯甲醛、2-甲基丁-2-醇

实验六 羧酸、羧酸衍生物和取代羧酸的性质

羧酸是羧基直接连接在烃基上的化合物。当羧酸羧基上的羟基被取代基取代后所形成的化合物称为羧酸衍生物，主要有酰卤、酸酐、酯和酰胺。而羧酸烃基上的氢原子被取代后所形成的化合物称为取代羧酸，主要有卤代酸、羟基酸、羰基酸和氨基酸。

（1）羧酸的性质：羧酸的性质主要表现在羧基、羰基和 α-H 上。

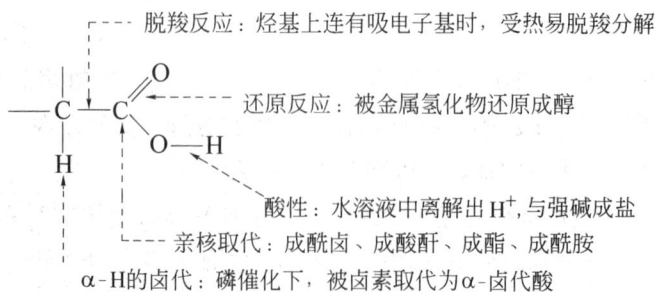

脱羧反应：烃基上连有吸电子基时，受热易脱羧分解

还原反应：被金属氢化物还原成醇

酸性：水溶液中离解出 H^+，与强碱成盐

亲核取代：成酰卤、成酸酐、成酯、成酰胺

α-H的卤代：磷催化下，被卤素取代为α-卤代酸

甲酸的结构中含有醛基而具有还原性，易被弱氧化剂（吐伦试剂、斐林试剂、本尼迪克特试剂）氧化成碳酸盐。

（2）羧酸衍生物的性质：①酰基交换反应：包括水解成羧酸、醇解成酯、氨解成酰胺。水解反应活性次序为：酰卤>酸酐>酯>酰胺。②还原反应：羧酸衍生物可被催化氢化或金属氢化物等还原剂还原成醇；与格氏试剂加成后再水解亦可转变成相应的醇。

③异羟肟酸铁反应：酯、酰胺、酸酐可与羟胺作用生成异羟肟酸，遇三氯化铁生成酒红色的异羟肟酸铁；羧酸和酰卤不能直接发生此反应，需先转变成相应的酯后才有此反应。该反应可用于羧酸衍生物的鉴别，酯的反应过程如下：

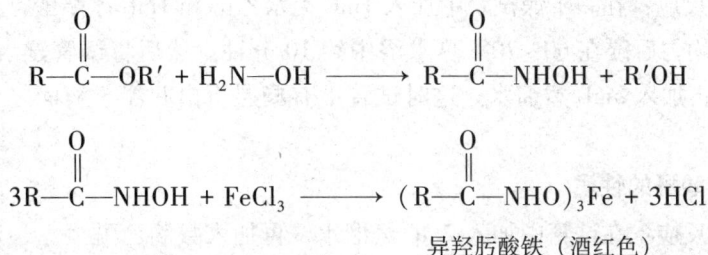

$$\underset{\displaystyle R-\overset{\displaystyle O}{\overset{\|}{C}}-OR'}{} + H_2N-OH \longrightarrow R-\overset{\displaystyle O}{\overset{\|}{C}}-NHOH + R'OH$$

$$3R-\overset{\displaystyle O}{\overset{\|}{C}}-NHOH + FeCl_3 \longrightarrow (R-\overset{\displaystyle O}{\overset{\|}{C}}-NHO)_3Fe + 3HCl$$

异羟肟酸铁（酒红色）

（3）酰胺的特性：酰胺很容易水解，与水共热就可变成相应的酸和氨，酸、碱的存在可加速反应的进行，并生成不同的产物（放出酸性或碱性物质）。另外，酰胺还具有弱酸、弱碱两性；受热脱水成腈；亚硝化放氮成羧酸；在碱性介质中与次卤酸盐反应生成少一个碳的伯胺（霍夫曼降解反应）等特性。

（4）取代羧酸的性质：取代酸具有两种或两种以上的官能团，它们不仅具有羧基和其他官能团的一些典型性质，还具有官能团之间相互作用和相互影响而产生的一些特殊性质：如卤原子、羟基、羰基的存在使羧基的酸性增强；卤代酸的水解反应（不同类型卤代酸水解产物不同）；羟基酸受热的脱水、脱羧反应（结构不同，产物不同）等。

乙酰乙酸乙酯属于羰基酸酯，其结构存在烯醇式与酮式的互变异构，酮式结构可与亚硫酸氢钠发生亲核加成反应，烯醇式则可与三氯化铁显色，这些性质既可印证互变异构体的存在，又可用于乙酰乙酸乙酯的鉴别。另外，乙酰乙酸乙酯结构中亚甲基上的氢原子活性较强，可与强碱成盐后再烃化或酰化；亦可发生酸式分解与酮式分解等。

【药品与试剂】

甲酸，乙酸，草酸，蒸馏水，苯甲酸，无水乙醇，冰醋酸，乙酰氯，苯胺，乙酸酐，乙酸乙酯，乙酰胺，乙酰乙酸乙酯，7%盐酸羟胺甲醇溶液，盐酸羟胺甲醇溶液（1mol/L），饱和亚硫酸氢钠溶液，10%、20%、30%氢氧化钠溶液，氢氧化钾溶液（2mol/L），5%、10%稀盐酸，15%硫酸，浓硫酸，0.5%高锰酸钾溶液，2%硝酸银溶液，15%、20%碳酸钠溶液，1%三氯化铁溶液，饱和溴水，粉状的氯化钠，pH试纸，刚果红试纸，红色石蕊试纸，乙醚，氨试液，0.1%麝香草酚酞甲醇溶液，氯仿，稀盐酸等。

【实验步骤】

1. 羧酸的性质

（1）酸性试验：将甲酸、乙酸各10滴及0.5g草酸分别溶于2mL蒸馏水中。然后用洗净的玻璃棒分别蘸取相应的酸液在同一条刚果红试纸上画线，比较各线条的颜色和深浅程度。

（2）成盐反应：取0.2g苯甲酸晶体放入盛有1mL蒸馏水的试管中，加入10%氢氧化钠溶液数滴，振荡并观察现象。接着再加数滴10%盐酸，振荡并观察所发生的变化。

（3）氧化反应：在三支小试管中分别加入 0.5mL 甲酸、乙酸以及由 0.2g 草酸和 1mL 水所配成的溶液，然后分别加入 15% 硫酸 1mL 及 0.5% 高锰酸钾溶液 2~3mL，加热至沸，观察现象。

（4）成酯反应：在一干燥试管中加入 1mL 无水乙醇和 1mL 冰醋酸，再加入 0.2mL 浓硫酸，振摇均匀后浸在 60~70℃ 热水浴中约 10 分钟。然后将试管浸入冷水中冷却，最后向试管内再加入 5mL 蒸馏水。这时试管中有酯层析出并浮于液面之上，试闻生成酯的气味。

2. 酰氯和酸酐的性质

（1）水解反应：在试管中加入 2mL 蒸馏水，再加入数滴乙酰氯[1]，观察现象。反应结束后在溶液中滴加数滴 2% 硝酸银溶液，观察现象。

（2）醇解反应：在一干燥的小试管中放入 1mL 无水乙醇，慢慢滴加 1mL 乙酰氯，同时用冷水冷却试管并不断振荡。反应结束后先加入 1mL 水，然后小心地用 20% 碳酸钠溶液中和反应液使之呈中性，即有一酯层浮在液面上，如果没有酯层浮起，在溶液中加入粉状的氯化钠至溶液饱和为止，观察现象并闻其气味。

（3）氨解反应：在一干燥的小试管中加入 5 滴新蒸馏过的淡黄色苯胺，然后慢慢滴加 8 滴乙酰氯，待反应结束后再加入 5mL 水并用玻璃棒搅匀，观察现象。

用乙酸酐代替乙酰氯重复作上述三个试验[2]。

3. 酯的水解反应

取三支洁净的试管，各加入 1mL 乙酸乙酯和 1mL 水。在第二试管中再加入 2 滴 15% 硫酸；在第三支试管中再加入 2 滴 30% 氢氧化钠溶液。振荡试管，注意观察三支试管里酯层和气味消失的快慢有何不同。此现象说明了什么？

4. 酰胺的性质

（1）碱性水解：取 0.1g 乙酰胺和 20% 氢氧化钠溶液 1mL 一起放入试管中，混合均匀并用小火加热至沸。用湿润的红色石蕊试纸在试管口检验所产生的气体。

（2）酸性水解：取 0.1g 乙酰胺和 15% 硫酸 1.5mL 一起放入试管中，混合均匀并用小火加热沸腾 2 分钟（注意：有醋酸味产生）。放冷后加入 20% 氢氧化钠溶液至反应液呈碱性，再次加热，用湿润的红色石蕊试纸检验所产生气体的性质。

5. 异羟肟酸铁反应

在五支装有 0.5mL 盐酸羟胺甲醇溶液（1mol/L）的试管中，各加入 2 滴乙酸乙酯、乙酸酐、乙酰氯、乙酸和 40mg 乙酰胺，摇匀后加氢氧化钾溶液（2mol/L）使呈碱性，加热煮沸。冷却后加 5% 稀盐酸使呈弱酸性，再滴加 5 滴 1% 三氯化铁溶液，如出现葡萄酒红色为阳性反应。

6. 乙酰乙酸乙酯的性质

（1）酮式的性质：取一支干燥的试管，加入 10 滴乙酰乙酸乙酯和 10 滴新配制的饱和亚硫酸氢钠溶液。摇动试管，放置 10 分钟后观察有何现象。

（2）烯醇式的性质：取一支试管，加入 10 滴乙酰乙酸乙酯和 1mL 乙醇，混合均匀，分成两份。一份中滴加 1 滴 1% 三氯化铁溶液，反应液呈何颜色？在另一份中滴加数滴饱和溴水，变化如何？放置后又会怎样？解释上述变化过程。

【注释】

[1] 乙酰氯和水、乙醇反应十分剧烈，并有爆破声，滴加时要小心，以免液体飞溅。

[2] 乙酸酐的反应较乙酰氯难进行，需要在热水浴加热的情况下，较长时间才能完成上述反应。

【思考题】

1. 酯化反应时为什么要加浓硫酸？酯在碱性介质中水解比在酸性介质中要完全，试说明原因并写出其反应历程。

2. 举例说明能与三氯化铁显色的有机化合物的结构特征。

3. 在乙酰乙酸乙酯与亚硫酸氢钠的反应中，如果乙酰乙酸乙酯含有水时，对实验结果有何影响？

4. 如何用实验说明在室温下酮式与烯醇式互变异构平衡的存在？

实验七 胺类化合物的性质

胺类可看成氨分子（NH_3）中的氢原子被烃基取代后而形成的一系列化合物。由于胺分子中的氮原子具有一对孤对电子，所以胺类化合物具有碱性与亲核性。

（1）胺的碱性：胺的碱性强弱取决于烃基的结构及溶剂的性质，水溶液中胺类碱性的顺序为：$R_2NH>RNH_2>R_3N>NH_3>PhNH_2>Ph_2NH>Ph_3N$。胺的碱性使其能与强酸形成铵盐，但在遇强碱性条件下铵盐又游离出胺，该性质可用于提纯胺类。

（2）胺的酰化反应：胺的亲核性表现为可与酰化剂作用生成酰胺产生结晶，伯、仲、叔胺进行酰化反应的特点不同。兴斯堡反应就是利用这一特性来鉴别或分离提纯伯、仲、叔胺。

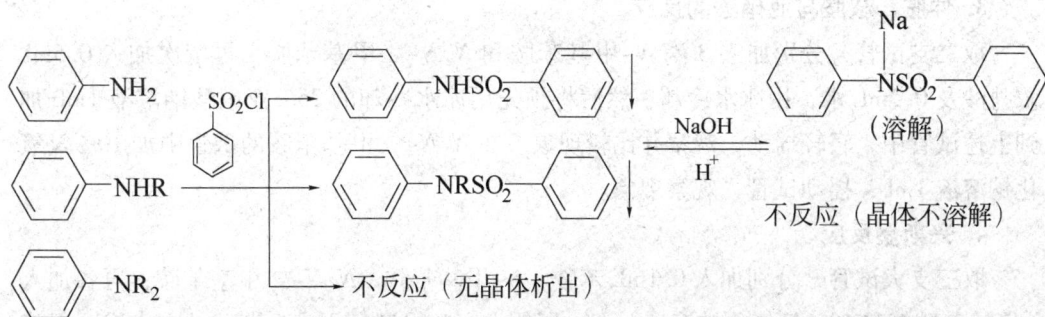

（3）胺与亚硝酸反应：脂肪伯胺与亚硝酸作用首先生成重氮盐，由于生成的重氮盐不稳定而放出氮气；脂肪仲胺则生成 N-亚硝基化合物，为黄色油状物；脂肪叔胺与亚硝酸发生酸碱反应生成亚硝酸铵盐而溶解。

芳香伯胺与亚硝酸在低温下反应生成重氮盐（该重氮盐能与酚或芳胺发生偶合反应，生成有颜色的偶氮化合物，即重氮化-偶合反应）；芳香仲胺生成 N-亚硝基化合物而呈黄色（酸化后重排为蓝绿色的对-亚硝基芳仲胺）；芳香叔胺生成对位亚硝基化合物（碱性中呈翠绿色、酸性中呈橘红色）。该反应是鉴别伯、仲、叔胺最常用的方法。

（4）芳胺的特性：芳伯、仲胺不稳定，对氧化剂敏感，空气中即被氧化而呈色。芳环上的亲电取代反应活性比苯大，卤代反应一般生成三取代物，如苯胺很容易与溴水作用，生成白色的2,4,6-三溴苯胺沉淀，该反应可定量完成，常用于苯胺的定性、定量分析。

（5）伯胺的特性：芳香伯胺与醛缩合生成稳定的西佛碱而呈色（在薄层色谱中作显色剂）；伯胺与氯仿及氢氧化钠溶液共热生成有特殊臭味的异腈（胩），称为异腈反应，常用于鉴定伯胺。

【药品与试剂】

苯胺，pH试纸，浓盐酸，5%盐酸，6mol/L盐酸，蒸馏水，冰水，25%亚硝酸钠溶液，β-萘酚溶液，碘化钾淀粉试纸，N-甲基苯胺，N,N-二甲基苯胺，10%氢氧化钠溶液，苯磺酰氯，溴水，15%硫酸溶液，氯仿等。

【实验步骤】

1. 胺的碱性

在试管中加入1滴苯胺，加0.5mL水，振摇，得苯胺水溶液（苯胺未完全溶解而成乳状）。用玻璃棒蘸苯胺水溶液用湿润的pH试纸试之，观察并记录现象。

在上述苯胺水溶液中，滴入1~2滴浓盐酸，摇动试管，观察试管中液体的变化。

2. 芳香伯胺的重氮化-偶合反应

取一支试管，加入苯胺0.5mL，盐酸（6mol/L）4mL，振摇，把试管浸入冰水浴中冷至0~5℃，再慢慢滴加25%亚硝酸钠溶液[1]，边加边摇，直至溶液对碘化钾淀粉试纸呈蓝色为止，即得重氮盐溶液。取1mL重氮盐溶液，加入β-萘酚溶液数滴，摇动试管，观察溶液颜色变化。

另取一试管加入2mL重氮盐溶液，加热，观察现象。

3. 仲胺、叔胺与亚硝酸的反应

取二支试管，分别加入3滴N-甲基苯胺和N,N-二甲基苯胺，再依次加入0.5mL浓盐酸及0.5mL水，用冰水冷却；然后将预先用冰水冷却的25%亚硝酸钠溶液1mL加到上述试管中，轻轻摇动，观察并比较现象。在N,N-二甲基苯胺的试管中加10%氢氧化钠溶液1mL，摇动试管，观察现象。

4. 兴斯堡反应

取三支大试管，分别加入0.1mL苯胺、N-甲基苯胺、N,N-二甲基苯胺，再各加入4滴苯磺酰氯和10%氢氧化钠溶液5mL，用软木塞塞好试管用力振荡，并在水浴中温热直至无苯磺酰氯臭味为止[2]，冷却溶液并用pH试纸检查是否仍显碱性，若不显碱性应再加氢氧化钠直到碱性，观察有何现象[3]。最后各用5%盐酸滴加到刚好显酸性，观察变化情况。

5. 芳胺的特性

溴代反应：在试管中加入1mL苯胺水溶液，然后滴加3滴溴水，摇动试管，观察现象。

6. 伯胺的特性——异腈反应

取一支试管，加入 1 滴苯胺、2 滴氯仿，再加入 10% 氢氧化钠溶液 1mL，慢慢加热至沸，用手将试管口上逸出的气体小心地对着自己的鼻子扇，闻产生气体的气味[4]。

【注释】

[1] 重氮化反应不是离子反应，作用较慢，所以加亚硝酸钠溶液时要慢，以免亚硝酸钠积聚，分解放出一氧化氮和二氧化氮。

[2] 若苯磺酰氯水解不完全时，它与 N,N-二甲基苯胺混溶在一起而沉于底部，这时若加浓盐酸酸化，则 N,N-二甲基苯胺虽溶解，而苯磺酰氯仍以油状物存在，往往得出错误的结论。苯磺酰氯有强烈的催泪性，故试验一般要在通风柜中进行。

[3] 溶液中无沉淀析出，但加入盐酸酸化后析出沉淀的为伯胺；溶液中析出油状物或沉淀，而且沉淀不溶于酸的为仲胺；溶液中仍有油状物，加数滴盐酸酸化后即溶解的则为叔胺。

[4] 异腈有毒性，不可多闻。此实验在通风橱中进行，反应完毕要立即用浓盐酸处理，并倒入专门的特备回收缸中。

【思考题】

1. 鉴别伯、仲、叔胺有哪些方法？甲胺、二甲胺、三甲胺的水溶液能否直接加入对-甲苯磺酰氯予以鉴别？为什么？

2. 在与亚硝酸的反应中，为什么脂肪伯胺容易放氮而芳香伯胺要温度升高后才有氮气放出？制备重氮盐时应如何控制反应条件？

3. 如何分离伯、仲、叔胺？

实验八　糖类化合物的性质

糖类化合物是一类多羟基的内半缩醛、酮及其聚合物。按其水解情况的不同，糖类化合物可分为单糖、低聚糖（常见的是双糖）和多糖三大类。

（1）单糖的性质：单糖的性质包括一般性质与特殊性质。一般性质主要表现为羰基的典型反应（如与羰基试剂加成）及羟基的典型反应（如酯化反应）。特殊性质有水溶液中的变旋现象；与苯肼成脎；稀碱介质中的差向异构化；半缩醛、酮羟基与含羟基的化合物成苷；氧化反应（醛糖能被溴水温和氧化为糖酸；醛、酮糖都能被吐伦试剂、斐林试剂氧化；被稀硝酸氧化为糖二酸；被高碘酸氧化断链成甲醛或甲酸）；强酸介质中与酚类化合物缩合而呈现颜色反应（如 Molisch 反应、Seliwanoff 反应）等。

（2）双糖的性质：双糖根据分子中是否还保留有原来一个单糖分子的半缩醛羟基而分成还原性双糖（如麦芽糖、乳糖、纤维二糖）与非还原性双糖（如蔗糖）。还原性双糖由于分子中还保留有原来单糖分子的一个半缩醛羟基，水溶液中能开环成开链的醛式而表现出还原性（能被吐伦试剂或斐林试剂氧化）、变旋现象及成脎反应。非还原性双糖由于分子中没有半缩醛羟基而没有上述性质。双糖分子可在酸或酶催化下水解成单糖而表现出单糖的还原性。

（3）多糖的性质：多糖由上千个单糖单位缩合而成，难溶于水，无甜味，无还原性，能被酸或酶催化而逐步水解成单糖。

淀粉是一种常见的多糖，在酸或酶催化下水解，可逐步生成分子较小的多糖，最后水解成葡萄糖：淀粉→各种糊精→麦芽糖→葡萄糖。碘与淀粉显蓝紫色，与不同分子量的糊精显红色或黄色，糖分子量太小时，与碘不显色。常用碘试验对淀粉进行定性分析及检验淀粉的水解程度。

【药品与试剂】

2%葡萄糖，2%果糖，2%蔗糖，2%麦芽糖，2%乳糖，1%淀粉溶液，吐伦试剂，斐林试剂 A，斐林试剂 B，10%氢氧化钠，2%氨水，15% α-萘酚乙醇溶液，浓硫酸，间苯二酚-盐酸试剂，苯肼试剂，0.1%碘溶液，2%硫酸，浓盐酸，蒸馏水，pH 试纸等。

【实验步骤】

1. 糖的还原性

（1）与吐伦试剂的反应：取四支试管，各加入吐伦试剂 1mL，然后分别加入 4 滴 2%葡萄糖、2%果糖、2%蔗糖、2%麦芽糖溶液，摇匀，将试管同时放入 50℃~60℃水浴中加热，观察有无银镜生成。

（2）与斐林试剂的反应：取五支试管，各加入 1mL 斐林试剂 A 和 1mL 斐林试剂 B[1]，混匀，然后分别加入 4 滴 2%葡萄糖、2%果糖、2%蔗糖、2%麦芽糖、1%淀粉溶液，摇匀，将试管同时放入沸水浴中加热 2~3 分钟，然后取出冷却，观察并比较现象。

2. 糖的显色反应

（1）莫立许（Molisch）反应：取五支试管，各加入 2%葡萄糖、2%果糖、2%蔗糖、2%麦芽糖、1%淀粉溶液 1mL，再向各试管中加入 4 滴新配制的 Molisch 试剂（15% α-萘酚乙醇溶液）。混合均匀后，将试管倾斜，沿着试管壁徐徐加入浓硫酸 1mL（注意不要摇动），硫酸与糖溶液明显分为两层。观察液面交界处有无紫色环出现。若数分钟内无颜色变化，可在水浴中温热，再观察结果[2]。

（2）西里瓦诺夫反应（Seliwanoff）反应：取四支试管，分别加入 10 滴间苯二酚-盐酸试剂[3]，再各滴入 2 滴 2%葡萄糖、2%果糖、2%蔗糖、2%麦芽糖溶液，混合均匀后，将试管同时放入沸水浴中加热 2 分钟，观察并比较试管中出现颜色的次序[4]。

3. 糖脎的形成

取 3 支试管，各加入 2%葡萄糖、2%蔗糖、2%乳糖溶液 2mL，再分别加入 1mL 新鲜配制的苯肼试剂[5]，摇匀，取少量棉花塞住试管口，同时放入沸水浴中加热煮沸，随时将出现沉淀的试管取出，并记录时间。加热 20~30 分钟以后，将所有试管取出，让其自行冷却，比较各试管产生糖脎的顺序。取出少量沉淀晶体，用显微镜观察各种糖脎的晶型。

4. 淀粉的碘试验

在试管中加入 10 滴 1%淀粉溶液，再加入 1 滴 0.1%碘溶液，观察现象。将试管放入沸水浴中加热 5~10 分钟，观察有何变化？取出冷却后，结果又如何？解释以上现象。

5. 糖类的水解

（1）蔗糖的水解：取两支试管，分别加入 2% 蔗糖 0.1mL 和蒸馏水 1~2mL，然后向一支试管中加入 3~5 滴 2% 硫酸溶液，向另一支试管中加入 3~5 滴蒸馏水，混合均匀后，将两支试管同时放入沸水浴中加热 10~15 分钟。取出两支试管，冷却后第一支试管用 10% 氢氧化钠溶液中和至中性，然后向两支试管中各加入 1mL 本尼迪克特试剂，摇匀，将两支试管同时放入沸水浴中加热 2~3 分钟，观察并比较两支试管的颜色变化，解释现象。

（2）淀粉的酸水解：取一个小烧杯加入 1% 淀粉溶液 10mL 和 8 滴浓盐酸，放在沸水浴中加热，每隔 5 分钟从烧杯中取出 1 滴淀粉水解液在白瓷点滴板上做碘试验，直到不再起碘反应为止（约 30 分钟）。然后取下小烧杯，向其中滴加 10% 氢氧化钠溶液至呈弱碱性（用 pH 试纸检验）。另取两支试管分别加入淀粉水解液 1mL 和 1% 淀粉溶液 1mL，各滴加 4 滴本尼迪克特试剂，摇匀后同时放入沸水浴中加热 2~5 分钟，观察现象变化并解释之。

【注释】

[1] 斐林试剂的配制：见醛、酮性质实验。

[2] Molisch 反应很灵敏，在试验时如不慎有滤纸碎片落入试管，也会得到阳性结果。某些化合物（如甲酸、丙酮、乳酸和草酸等）都呈阳性结果，所以只能用其阴性结果来判断糖类化合物的不存在。

[3] 间苯二酚-盐酸试剂的配制：取 0.01g 间苯二酚溶于 10mL 浓盐酸和 10mL 水，混合均匀即成。

[4] Seliwanoff 反应是鉴定酮糖的特殊反应：酮糖与盐酸共热生成糠醛衍生物，再与间苯二酚形成鲜红色的缩合物。在 Seliwanoff 试验中，酮糖变为糠醛衍生物的速度比醛糖快 15~20 倍。若加热时间过长，葡萄糖、麦芽糖、蔗糖也有阳性结果。另外，葡萄糖浓度高时，在酸存在下，能部分转化为果糖，因此进行本试验时应注意：盐酸和葡萄糖的浓度均不得超过 12%，观察颜色或沉淀的时间不得超过加热后 20 分钟。

[5] 苯肼试剂的配制：取苯肼盐酸盐 20g，加水 200mL，微热溶解，再加入活性炭 1g 脱色，过滤后贮存于棕色瓶中。

【思考题】

1. 还原性糖与非还原性糖在结构和性质上有何不同？举例说明。

2. 哪些糖类能够形成相同的糖脎？为什么？

3. 在糖类的还原性试验中，蔗糖与本尼迪克特试剂或吐伦试剂长时间加热时，有时也能得到阳性结果，怎样解释此现象？

4. 如何鉴别葡萄糖、果糖、麦芽糖、蔗糖和淀粉？

实验九　氨基酸和蛋白质的性质

氨基酸具有酸碱两性（可成内盐、具有等电点）、受热分解（不同类型氨基酸受热分解产物不同）、脱羧成胺类、与亚硝酸作用放氮成羟基酸、脱水成肽等性质。其呈色反应主要有：①α-氨基酸与水合茚三酮作用呈紫色；②氨基酸与铜离子作用呈紫蓝色；③含苯环的氨基酸与浓硝酸作用生成白色沉淀，加热后沉淀转变为黄色。

肽类和蛋白质是由氨基酸组成的，也能与水合茚三酮发生同样的显色反应。蛋白质分子中具有许多肽键，当其在碱性水溶液中与少量硫酸铜相遇时，即显紫色或紫红色，称为缩二脲反应。凡分子中含有两个或两个以上的酰胺键的化合物均有此反应，所显颜色与酰胺键的多少有关，肽键越多，颜色越深。

蛋白质分子若由含苯环的氨基酸（苯丙氨酸、酪氨酸及色氨酸）组成，当浓硝酸作用于这些氨基酸的苯环时，则苯环被硝化生成黄色的硝基化合物，此黄色物质遇碱即形成盐，而显橙色，这个反应称为蛋白黄反应。

蛋白质在物理、化学因素的作用下，可引起内部结构改变而发生变性或析出沉淀；蛋白质遇热则发生凝固；蛋白质也可与重金属盐、生物碱沉淀试剂生成难溶性的蛋白盐。

【药品与试剂】

1%甘氨酸，1%酪氨酸，1%色氨酸，鸡蛋白溶液，茚三酮试剂，10%、20%氢氧化钠，1%硫酸铜溶液，硫酸铵，蒸馏水，1%醋酸铅溶液，1%醋酸，苦味酸，5%鞣酸溶液，浓硝酸。

【实验步骤】

1. 茚三酮的反应

在四支试管中分别加入 1%甘氨酸、1%酪氨酸、1%色氨酸和鸡蛋白溶液[1]各 1mL，再分别滴加茚三酮试剂[2] 2~3 滴，在沸水浴中加热 10~15 分钟，观察溶液的颜色变化。

2. 缩二脲反应

在两支试管中分别加入 10 滴 1%甘氨酸溶液和鸡蛋白溶液，10 滴 10%氢氧化钠溶液，再加入 2 滴 1%硫酸铜溶液[3]，混匀后加热，观察反应现象。

3. 蛋白质的可逆沉淀——盐析作用

在一支试管中加入 3mL 鸡蛋白溶液，再加硫酸铵晶体使之成为硫酸铵的饱和溶液，观察现象。再加入 2mL 蒸馏水，振荡，又有何现象？

4. 蛋白质的不可逆沉淀反应

（1）重金属盐沉淀蛋白质：取两支试管各加入 2mL 蛋白溶液。一支管内滴加 1%醋酸铅溶液，另一管内滴加 1%硫酸铜溶液，直至沉淀生成为止。

（2）生物碱试剂沉淀蛋白质：取两支试管各加入 2mL 鸡蛋白溶液，再滴加 1%醋酸溶液使之呈酸性。然后一支管内加数滴饱和苦味酸溶液，另一管内加几滴 5%鞣酸溶液，观察有何现象产生。

5. 蛋白黄反应

在 1mL 鸡蛋白溶液中加入 3~5 滴浓硝酸，加热煮沸 1~2 分钟，观察现象。冷却反应物，滴加 20%氢氧化钠溶液 1~2mL，观察现象。

6. 蛋白质的凝固

取 2mL 鸡蛋白溶液置于试管中，水浴加热几分钟观察有无白色块状蛋白质凝结。

【注释】

［1］将鸡蛋白用蒸馏水稀释 30 倍，用三层纱布过滤，即得卵清蛋白溶液，滤液冷藏备用。

［2］茚三酮试剂的配制：取 0.1g 茚三酮溶于 125mL 乙醇中即得。该试剂需使用时临时配制。

［3］硫酸铜不能多加，否则将影响实验结果。

【思考题】

1. 氨基酸与茚三酮反应机理是什么？

2. 氨基酸是否也有缩二脲反应？为什么？

3. 为什么鸡蛋清可用作铅中毒或汞中毒的解毒剂？

附　录

附录一　常用元素的原子量

元素	符号	原子量	元素	符号	原子量	元素	符号	原子量
银	Ag	107.8682	铪	Hf	178.49	铷	Rb	85.4678
铝	Al	26.98154	汞	Hg	200.59	铼	Re	186.207
氩	Ar	39.948	钬	Ho	164.9304	铑	Rh	102.9055
砷	As	74.9216	碘	I	126.9045	钌	Ru	101.07
金	Au	196.9655	铟	In	114.82	硫	S	32.066
硼	B	10.81	铱	Ir	192.22	锑	Sb	121.75
钡	Ba	137.33	钾	K	39.0983	钪	Sc	44.9559
铍	Be	9.01218	氪	Kr	83.80	硒	Se	78.96
铋	Bi	208.9804	镧	La	138.9055	硅	Si	28.0855
溴	Br	79.904	锂	Li	6.941	钐	Sm	150.36
碳	C	12.011	镥	Lu	174.967	锡	Sn	118.710
钙	Ca	40.08	镁	Mg	24.305	锶	Sr	87.62
镉	Cd	112.41	锰	Mn	54.9380	钽	Ta	180.9479
铈	Ce	140.12	钼	Mo	95.94	铽	Tb	158.9254
氯	Cl	35.453	氮	N	14.0067	碲	Te	127.60
钴	Co	58.9332	钠	Na	22.98977	钍	Th	232.0381
铬	Cr	51.995	铌	Nb	92.9064	钛	Ti	47.88
铯	Cs	132.9054	钕	Nd	144.24	铊	Tl	204.383
铜	Cu	63.543	氖	Ne	29.179	铥	Tm	168.9342
镝	Dy	162.50	镍	Ni	58.69	铀	U	238.0289
铒	Er	167.26	镎	Np	237.0482	钒	V	50.9415
铕	Eu	151.96	氧	O	15.9994	钨	W	183.85
氟	F	18.998403	锇	Os	190.2	氙	Xe	131.29
铁	Fe	55.847	磷	P	30.97376	钇	Y	88.9059
镓	Ga	69.72	铅	Pb	207.2	镱	Yb	173.04
钆	Gd	157.25	钯	Pd	106.42	锌	Zn	65.38
锗	Ge	72.59	镨	Pr	140.9077	锆	Zr	91.22
氢	H	1.00794	铂	Pt	195.08			
氦	He	4.00260	镭	Ra	226.0254			

附录二　常用试剂的配制方法

试剂名称	浓度（mol/L）	配　制　方　法
硫化钠 Na_2S	1	称取 240g $Na_2S \cdot 9H_2O$、40g NaOH 溶于适量水中，稀释至 1L，混匀
硫化氨（$NH_4)_2S$	3	通 H_2S 于 200mL 浓 $NH_3 \cdot H_2O$ 中直至饱和，然后再加 200mL 浓 $NH_3 \cdot H_2O$，最后加水稀释至 1L，混匀
氯化亚锡 $SnCl_2$	0.25	称取 56.4g $SnCl_2 \cdot 2H_2O$ 溶于 100mL 浓 HCl 中，加水稀释至 1L，在溶液中放入几颗纯锡粒（亦可将锡溶解于一定量的浓 HCl 中配制）
三氯化铁 $FeCl_3$	0.5	称取 135.2g $FeCl_3 \cdot 6H_2O$ 溶于 100mL 6mol/L HCl 中，加水稀释至 1L
三氯化铬 $CrCl_3$	0.1	称取 26.7g $CrCl_3 \cdot 6H_2O$ 溶于 30mL 6mol/L HCl 中，加水稀释至 1L
硝酸铋 $Bi(NO_3)_3$	0.1	称取 48.5g $Bi(NO_3)_3 \cdot 5H_2O$ 溶于 250mL 1mol/L HNO_3 中，加水稀释至 1L
硫酸亚铁 $FeSO_4$	0.25	称取 69.5g $FeSO_4 \cdot 7H_2O$ 溶于适量水中，加入 5mL 18mol/L H_2SO_4，再加水稀释至 1L，并置于小铁钉数枚
Cl_2 水	Cl_2 的饱和水溶液	将 Cl_2 通入水中至饱和为止（用时临时配制）
Br_2 水	Br_2 的饱和水溶液	在带有良好磨口塞的玻璃瓶内，将市售的 Br_2 约 50g（16mL）注入 1L 水中，在 2 小时内经常剧烈振荡，每次振荡之后微开塞子，使积聚的 Br_2 蒸气放出。在储存瓶底总有过量的溴。将 Br_2 水倒入试剂瓶时，剩余的 Br_2 应留于储存瓶中，而不倒入试剂瓶（倾倒 Br_2 或 Br_2 水时，应在通风橱中进行，将凡士林涂在手上或戴橡皮手套操作，以防 Br_2 蒸气灼伤）
I_2 水	~0.005	将 1.3g I_2 和 5g KI 溶解在尽可能少量的水中，待 I_2 完全溶解后（充分搅动）再加水稀释至 1L
淀粉溶液	~0.5%	称取易溶淀粉 1g 和 $HgCl_2$ 5mg（作防腐剂）置于烧杯中，加水少许调成薄浆，然后倾入 200mL 沸水中
亚硝酸铁氰化钠	3	称取 3g $Na_2[Fe(CN)_5NO] \cdot 2H_2O$ 溶于 100mL 水中
奈斯勒试剂		称取 115g HgI_2 和 80g KI 溶于足量的水中，稀释至 500mL，然后加入 500mL 6mol/L NaOH 溶液，静置后取其清液保存于棕色瓶中
二苯硫腙	0.01	称取 10mg 二苯硫腙溶于 100mL CCl_4 中
丁二酮肟	1	称取 1g 丁二酮肟溶于 100mL 95%乙醇中
饱和亚硫酸氢钠溶液		在 100mL 40%亚硫酸氢钠溶液中，加入不含醛的无水乙醇 25mL

续表

试剂名称	浓度（mol/L）	配 制 方 法
2,4-二硝酸苯肼		称取 2,4-二硝基苯肼 3g，溶于 15mL 浓 H_2SO_4，再加入 70mL 95%乙醇中，再加水稀释至 100mL 即得
碘-碘化钾溶液		称取 2g 碘和 5g 碘化钾溶于 100mL 水中即可
斐林试剂		斐林试剂 A：取 3.5g $CuSO_4 \cdot 2H_2O$ 于 100mL 水中，混浊时过滤。斐林试剂 B：取酒石酸钾钠晶体 17g 于 15～20mL 热水中，加入 20mL 20%的 NaOH，稀释至 100mL。此两种溶液要分别贮存，使用时取等量试剂 A 和试剂 B 混合即可
希夫试剂		取 0.2g 对品红盐酸盐于 100mL 热水，冷却后，加入 2g 亚硫酸氢钠和 2mL HCl，再用水稀释至 200mL
氯化亚铜氨溶液		取 1g 氯化亚铜加 1～2mL 浓氨水和 10mL 水，用力摇动，静置，倾出溶液，并投入 1 块铜片贮存备用
氯化锌-盐酸（Lucas）试剂		取 34g 熔化过的无水 $ZnCl_2$ 溶于 23mL 纯浓 HCl 中，同时冷却约得 35mL 溶液
吐伦试剂（Tollens）		加 20mL 5%$AgNO_3$ 于一干净试管内，加入 1 滴 10% NaOH，后滴加 2%氨水摇匀即得
班氏试剂（Benedict）		取 20g 柠檬酸和 11.5g 无水 Na_2CO_3 于 100mL 热水中，在不断搅拌下把 2g 硫酸铜结晶的 20mL 水溶液加入此柠檬酸和 Na_2CO_3 溶液中即可
α-萘酚乙醇试剂		取 α-萘酚 10g 溶于 95%乙醇内，再用水稀释至 100mL 即可
间苯二酚-盐酸试剂		取间苯二酚 0.05g 溶于 50mL 浓盐酸内，再用水稀释至 100mL 即可

附录三　水的饱和蒸汽压（P）

温度（℃）	P（mmHg）	温度（℃）	P（mmHg）	温度（℃）	P（mmHg）	温度（℃）	P（mmHg）
0	4.579	15	12.788	30	31.62	85	433.6
1	4.926	16	13.634	31	33.695	90	525.76
2	5.294	17	14.530	32	35.52	91	546.05
3	5.685	18	15.477	33	37.729	92	566.99
4	6.101	19	16.477	34	39.898	93	588.60
5	6.543	20	17.535	35	42.175	94	610.90
6	7.013	21	18.650	40	55.324	95	633.90
7	7.513	22	19.827	45	71.88	96	657.62
8	8.045	23	21.068	50	92.61	97	682.07
9	8.609	24	22.377	55	118.04	98	707.27
10	9.227	25	23.756	60	149.38	99	733.24
11	9.844	26	25.209	65	187.54	100	760.00
12	10.52	27	26.739	70	233.7		
13	11.28	28	28.349	75	289.1		
14	11.987	29	30.043	80	355.1		

附录四　不同温度下水的折光率

温度（℃）	折光率	温度（℃）	折光率	温度（℃）	折光率
0	1.33395	19	1.33308	26	1.33243
5	1.33388	20	1.33300	27	1.33231
10	1.33368	21	1.33292	28	1.33219
15	1.33337	22	1.33283	29	1.33206
16	1.33330	23	1.33274	30	1.33192
17	1.33323	24	1.33264		
18	1.33316	25	1.33254		

附录五 常用有机溶剂的物理常数

名称	沸点（℃）	熔点（℃）	密度（20℃）	介电常数	溶解度 100g 水[①]
乙醚	35	−116	0.71	4.3	6.0
戊烷	36	−130	0.63	1.8	不溶
二氯甲烷	40	−95	1.33	8.9	1.30
二硫化碳	46	−111	1.26	2.6	0.29（20℃）
丙酮	56	−95	0.79	20.7	∞
氯仿	61	−64	1.49	4.8	0.82（20℃）
甲醇	65	−98	0.79	32.7	∞
四氢呋喃	66	−109	0.89	7.6	∞
己烷	69	−95	0.66	1.9	不溶
三氯醋酸	72	−15	1.49	39.5	∞
四氯化碳	77	−23	1.59	2.2	0.08
醋酸乙酯	77	−84	0.90	6.0	8.1
乙醇	78	−114	0.79	24.6	∞
环己烷	81	6.5	0.78	2.0	0.01
苯	80	5.5	0.88	2.3	0.18
丁-2-酮	80	−87	0.80	18.5	24.0（20℃）
乙腈	82	−44	0.78	37.5	∞
异丙醇	82	−88	0.79	19.9	∞
正丁醇	82	26	0.78（30℃）	12.5	∞
三乙胺	90	−115	0.73	2.4	∞
丙醇	97	−126	0.80	20.3	∞
甲基环己烷	101	−127	0.77	2.2	0.01
甲酸	101	8	1.22	58.5	∞
硝基甲烷	101	−29	1.14	35.9	11.1
1,4-二氧己烷	101	12	1.03	2.2	∞
甲苯	111	−95	0.87	2.4	0.05
吡啶	115	−42	0.98	12.4	∞
正丁醇	118	−89	0.81	17.5	7.45
醋酸	118	17	1.05	6.2	∞
乙二醇单甲醚	125	−85	0.96	16.9	∞

名称	沸点（℃）	熔点（℃）	密度（20℃）	介电常数	溶解度 100g 水①
吗啉	129	−3	1.00	7.4	∞
氯苯	132	−46	1.11	5.6	0.05（30℃）
醋酐	140	−73	1.08	20.7	反应
二甲苯（混合体）	138~142	13②	0.86	2③	0.02
二丁醚	142	−95	0.77	3.1	0.03（20℃）
均四氯乙烷	146	−44	1.59	8.2	0.29（20℃）
苯甲醚	154	−38	0.99	4.3	1.04
二甲基甲酰胺	153	−60	0.95	36.7	∞
二甘醇二甲醚	160	—	0.94	—	∞
1,3,5-三甲苯	165	−45	0.87	2.3	0.03（20℃）
二甲亚砜	189	18	1.10	46.7	25.3
乙二醇	197	−16④ −13	1.11	37.7	∞
N-甲基-2-吡咯烷酮	202	−24	1.03	32.0	∞
硝基苯	211	6	1.20	34.8	0.19（20℃）
甲酰胺	210	3	1.13	111	∞
喹啉	237	−15	1.09	9.0	0.6（20℃）
二甘醇	245	−7	1.11	31.7	∞
二苯醚	258	27	1.07	3.7（>27℃）	0.39
三甘醇	288	−4	1.12	23.7	∞
丁抱砜	287	28	1.26（30℃）	43	∞（30℃）
甘油	290	18	1.26	42.5	∞
三乙醇胺	335	22	1.12（25℃）	29.4	∞
邻苯二甲酸二丁酯	340	−35	1.05	6.4	不溶

注：①除非另作注明外，皆为 25℃ 的溶解度。溶解度 <0.01 作为不溶解。

②对二甲苯的熔点（较高熔点的异构体）。

③近似值。

④因为很容易过冷和形成玻璃状，所以有两种熔点。

附录六 常用化合物的毒性及易燃性

化合物名称	闪点（℃）	爆炸极限（体积）	主要危险性特征
乙二胺	43.3（闭杯）	2.7%~16%	自燃点385℃。灼伤眼睛，刺激鼻、喉、皮肤。遇热分解放出有毒气体
乙二酸（草酸）			刺激并严重损害眼、皮肤、黏膜、呼吸道，也损害肾。误服可引起胃肠道炎症。长期吸入可发生慢性中毒
乙二醇	111.1（闭杯）		自燃点400℃。可经皮肤吸收中毒。大剂量损害神经系统和肝、肾。轻微刺激眼和皮肤
乙炔	-17.8（闭杯）	2.5%~82%	自燃点305℃。具有麻醉和阻止细胞氧化的作用，使脑缺氧引起昏迷
乙酐	53.89（闭杯）	3%~10%	自燃点390℃。强烈刺激眼、皮肤、呼吸道，有催泪作用。严重灼伤皮肤和眼睛
乙胺	<-17.78	3.55%~13.95%	自燃点385℃。对上呼吸道、皮肤、黏膜有刺激性
N-乙基苯胺	85（开杯）		强刺激性。引起皮肤、眼睛、黏膜过敏
乙烯	-136	2.7%~36% 2.9%~79.9%（氧）	自燃点490℃。有较强麻醉作用，大量吸入可引起头痛
乙烷	-60	3%~16% 4.1%~50.5%（氧）	自燃点515℃。高浓度时由于缺氧而引起窒息
乙腈	5.56（开杯）	4%~16%	自燃点525℃。可经皮肤吸收，有刺激性。较大量吸入，隔一定潜伏期后出现氰化物中毒症状。在体内能释放出 CN^-
乙酰乙酸乙酯	85（开杯）		自燃点295℃。对眼、皮肤、黏膜有一定刺激作用。眼接触引起角膜损害。大量吸入可致呼吸麻醉
乙酰苯胺	169（开杯）		高剂量摄入可引起高铁血红蛋白和骨髓增生。反复接触会引起紫绀
乙酸	43	4%~16%	自燃点465℃。刺激眼睛、呼吸道，引起严重的化学灼伤
乙酸乙酯	4.44	2.18%~11.40%	自燃点426.67℃。对黏膜有中度刺激作用，有麻醉作用。大量接触可致呼吸麻痹。偶有过敏
乙酸丁酯	22.22	1.39%~7.55%	自燃点425.2℃。强烈刺激眼和呼吸道，高浓度时有麻醉作用
乙酸戊酯	25（闭杯）	1.10%~7.50%	自燃点379℃。刺激眼睛、黏膜，重者有头痛、嗜睡、胸闷等症状。长期接触可发生贫血和嗜酸性粒细胞增多

化合物名称	闪点（℃）	爆炸极限（体积）	主要危险性特征
乙酸异戊酯	25	1.0%~10.0%	刺激眼、黏膜。大剂量吸入可致麻醉，引起头痛、恶心、食欲不振
乙醇	12.78	3.3%~19%	自燃点423℃。为麻醉剂，对眼睛、黏膜有刺激作用。对试验动物有致癌作用
乙醛	-38（闭杯）	3.97%~57%	自燃点175℃。有严重的着火危险。刺激中枢神经、皮肤、鼻、咽喉、黏膜。引起痉挛性咳嗽，合并气管炎或肺炎
乙醚	-45	1.85%~48% 2.1%~82.0%（氧）	自燃点160℃。易被火花或火焰点燃，久置易生成过氧化物。主要作用：对中枢神经系统可引起全身麻醉。对呼吸道有轻微的刺激作用
二乙胺	-26.11	1.77%~10.10%	自燃点312.2℃。腐蚀眼、皮肤、呼吸道
二甲亚砜（DMSO）	95（开杯）	2.6%~28.5%	人的皮肤接触主要引起刺激、发红、发痒。可引起湿疹，但并不普遍
二甲苯（混合）	25	1.0%~7.0%	主要是对中枢神经和自主神经系统的刺激和麻醉作用，慢性毒性比苯弱
二甲胺	-17.78	2.8%~14.4%	自燃点400℃。对皮肤和黏膜有一定的刺激性和腐蚀性。大鼠和狗吸入100~200ppm引起肝的损害
二甲基甲酰胺	57.78	2.2%~15.2%	自燃点445℃。可经皮肤吸收，对肝、肾、胃有损害。轻度刺激皮肤、黏膜。能引起慢性中毒的最低浓度为60mg/m³。与浓碱接触产生另一毒物二甲胺
N,N-二甲基苯胺	62.78	1.2%~7.0%	自燃点371.11℃。毒性与苯胺相似但比苯胺低，可经皮肤吸收。为一种高铁血红蛋白形成剂
二苯酮			刺激眼睛、皮肤，加热时放出辛辣的刺激性气体
二苯胺	153	0.7%~	毒性与苯胺相似，但远比苯胺小。可经皮肤或呼吸道吸收，但吸收低于苯胺。有致畸胎作用。其中常含有杂质4-氨基联苯，该杂质有致癌作用。自燃点634℃
1,4-二氧六环	12（闭杯）	2%~22.2%	自燃点180℃。可经皮肤吸收。刺激眼、黏膜，具麻醉性。能在体内蓄积，主要损害肝、肾。动物试验可导致造血系统损伤，细胞分裂受抑制，可造成胎儿畸形
二硝基苯肼			受热易燃，干燥时有爆炸性，受震动、撞击会爆炸。含水20%以上则无爆炸性。有毒，有刺激性

化合物名称	闪点（℃）	爆炸极限（体积）	主要危险性特征
2,4-二硝基苯酚			可经皮肤或呼吸道吸收，直接作用于能量代谢，抑制磷酸化过程。长期暴露于低浓度中可造成中枢神经系统及肝、肾损害，眼白内障。干燥时有燃烧危险
1,2-二氯乙烷	13.33	6.2%~15.9%	自燃点412.78℃。刺激眼睛、呼吸道。可引起肺水肿和肝、肾、肾上腺素损害，接触皮炎，对动物有明显致癌作用
二氯甲烷	无	15.5%~66.4%（在氧中）	自燃点615℃。有麻醉作用。刺激眼睛、黏膜、皮肤、呼吸道。可引起肺水肿，对肝、肾有轻微毒性
2,4-二氯苯氧乙酸			大剂量主要影响神经系统，表现无力、嗜睡、瞳孔放大，角膜反应消失，最后死亡。小剂量长期接触引起无力、震颤和痉挛性瘫痪，齿龈出血和溃疡。对皮肤有轻微刺激
丁-1,3-二烯	-78	2.0%~11.5%	自燃点420℃。有刺激性和麻醉作用
丁-1-烯	-80	1.6%~10%	自燃点384℃。引起弱的刺激和麻醉作用
丁-2-烯	-73	1.75%~9.70%	自燃点323.89℃
丁-2-烯醛（巴豆醛）	12.78	2.12%~15.50%	自燃点232.22。窒息性臭味，有催泪性，对眼和上呼吸道黏膜有强烈刺激性作用
丁烷	-60（闭杯）	1.86%~8.41%	自燃点405℃。人吸入23.73g/m³×10min，嗜睡、头晕，严重者昏迷
丁酮	5.56（开杯）	1.8%~10.0%	对黏膜刺激性较大，为麻醉剂。自燃点515.56℃
丁醇	29	1.45%~11.25%	自燃点365℃。为麻醉剂。刺激眼、鼻、喉、黏膜。皮肤多次接触可致出血和坏死
丁-2-醇	24（闭杯）	1.7%~9.8%（100℃）	自燃点406℃。刺激眼、鼻、皮肤、呼吸道。抑制中枢神经，高浓度时有麻醉作用
丁醛	-6.67（闭杯）	2.5%~12.5%	自燃点230℃。灼伤眼睛、黏膜、呼吸道。刺激皮肤，有催泪性
丁醚	25（闭杯）	1.5%~7.6%	自燃点194.44℃
三乙胺	<-7（开杯）	1.25%~7.95%	对眼睛、皮肤有一定刺激作用。在500ppm浓度下可产生严重的肺刺激症状
三甲胺	-6.67（闭杯）	2.0%~11.6%	自燃点190℃

化合物名称	闪点（℃）	爆炸极限（体积）	主要危险性特征
2,4,6-三硝基甲苯(T.N.T.)			可经皮肤、呼吸道、消化道吸收，主要危险为慢性中毒。局部皮肤刺激性产生黄疸、皮炎。可形成高铁血红蛋白症，但比苯胺弱。慢性作用表现为中毒性胃炎、肝炎、再生障碍性贫血、中毒性白内障。本品在295℃燃烧
2,4,6-三硝基苯酚(苦味酸)	150		自燃点300℃。至少应用10%的水湿润保存。刺激眼、黏膜、呼吸道，强烈刺激皮肤，引起过敏性皮炎，常累及面部及口、唇、鼻周围。长期接触可出现消化道症状，损伤红细胞，引起出血性肾炎、肝炎、黄疸等
三聚乙醛（副醛）	35.56（开杯）	1.3%~	本品极易燃，有爆炸危险。接触后有喉痛、头痛、眩晕、嗜睡、腹痛、神志不清、皮肤及眼结膜充血等症状
己二酸	196.12		自燃点420℃。在天然食品中有发现。可经呼吸道和消化道吸收，刺激眼睛和呼吸道。吸入引起喉痛、咳嗽，眼睛、皮肤接触引起充血和疼痛
己内酰胺	110	1.4%~8.0%	自燃点375℃。致痉挛性毒物和细胞原生质毒，主要作用于中枢神经，特别是脑干，可引起实质脏器的损害
己烷	-21.7	1.18%~7.4%	自燃点225℃。毒作用主要是麻醉和皮肤黏膜刺激
己酸	102（开杯）		对皮肤和眼睛有明显刺激作用
马来酐（顺丁烯二酸酐）	102	1.4%~7.1%	自燃点476℃。滴入眼后可有浅表的角膜炎。吸入可致咽喉炎和支气管炎
水杨酸（邻羟基苯甲酸）	157		自燃点540℃。对皮肤有强烈刺激作用。可造成严重的局部烧伤，可引起恶心、眩晕和呼吸急促
水杨酸甲酯（冬青油）	101（闭杯）		自燃点454℃。入口有明显的胃肠道刺激症状、中枢神经系统症状及高热。体内易分解。可引起恶心、呕吐、肺炎、痉挛。致死剂量成人约500mg/kg，儿童约4mg/kg
水杨醛	77.78		潜在助癌剂。刺激眼睛、呼吸道。对皮肤有一定程度刺激
六氢吡啶	16.11		对皮肤、黏膜有腐蚀作用，可引起肺水肿。对神经系统有损伤，重者神志不清或昏厥

化合物名称	闪点（℃）	爆炸极限（体积）	主要危险性特征
丙二酸			强烈刺激皮肤、眼睛。导致头痛、胃痛、呕吐
丙三醇（甘油）	160	0.9%～	自燃点370℃。经消化道吸收，刺激眼睛、皮肤。可引起头痛、恶心、腹泻，眼睛、皮肤充血、疼痛。影响肾脏功能
丙烯	-108	2.0%～11.1% 2.1%～52.8%（氧）	自燃点460℃。有麻醉作用
丙烯腈	-1.11	3.1%～17.6%	自燃点481℃。可经皮肤吸收。毒作用与氢氰酸相似。轻度中毒表现为乏力、头晕、头痛、恶心、呕吐等。严重时可出现胸闷、心悸、烦躁不安、呼吸困难、紫绀、抽搐、昏迷、甚至死亡。对皮肤、黏膜有一定刺激作用，可引起接触性皮炎
丙烯酸	54.44（开杯）	5.3%～19.8%	自燃点375℃。强烈刺激眼、鼻、黏膜、皮肤，具有催泪性。严重灼伤眼睛、皮肤。摄入可导致严重的胃肠道损害
丙烯醛	-26	2.8%～31.0%	自燃点235℃。具有催泪性，强烈刺激眼、皮肤、黏膜、上呼吸道。高浓度吸入引起眩晕、腹痛、恶心、手足紫绀，甚至肺炎、肺水肿
丙烷		2.12%～9.35%	自燃点456℃。高浓度吸入引起麻醉作用。长期吸入100～300mg/m³，出现头痛、易倦、多汗
丙醇	25（闭杯）	2.15%～13.50%	自燃点440℃。具有刺激作用的麻醉剂
丙烯醇	21.11	2.5%～18%	自燃点378℃。遇明火即燃烧甚至爆炸。可经呼吸道、消化道及皮肤吸收，腐蚀皮肤、眼睛、呼吸道。对神经系统有影响，重者可致死
丙醛	-9.44～-7.22（开杯）	2.9%～17.0%	自燃点207.22℃。可经皮肤吸收。对眼睛和皮肤有严重刺激
石油醚	<-17.78	1.1%～5.9%	自燃点287℃。吸入高浓度蒸气可引起头痛、恶心、昏迷
戊烷	-40	1.40%～7.80%	自燃点260℃，主要作用于中枢神经系统，具有麻醉作用。人每天接触8小时，安全浓度为300mg/m³
戊酸	96.11（开杯）		强烈刺激眼睛、黏膜、皮肤
戊醇	32.78（闭杯）	1.19%～	自燃点300℃。各种染毒途径均可吸收，代谢较快，靶器官是肺和肾。强烈刺激眼和皮肤，抑制中枢神经系统功能

续表

化合物名称	闪点（℃）	爆炸极限（体积）	主要危险性特征
戊醛	12		有中度刺激性，抑制中枢神经，有麻醉作用
甲苯	4.44（闭杯）	1.2%～7.1%	自燃点480℃。可经皮肤或呼吸道吸收，具麻醉作用。对皮肤和黏膜有较大刺激作用。纯品未见对造血系统有影响，工业品慢性吸入产生类似苯的毒作用
甲胺	0（闭杯）	4.95%～20.75%	自燃点430℃。对皮肤和黏膜有腐蚀和刺激作用
2-甲基丙烯酸	77（开杯）		强烈刺激眼、呼吸道。高度腹膜内毒性
甲基丙烯酸乙酯	20（开杯）	1.8%～饱和态	对黏膜有刺激
甲基丙烯酸甲酯	10（开杯）	1.7%～8.2%	自燃点412℃。对眼和皮肤有中度刺激。对动物肝、肾有损害。大剂量接触对中枢神经相同有影响，有一定致敏作用
甲基苯酚（邻、对位混合物）	94	1.06%～1.40%	刺激眼、黏膜、皮肤，个别人致敏。吸入后引起呼吸道刺激、充血、炎症，对心、肾可致损害。经口摄入对胃肠道有腐蚀作用
甲烷	-190	5.3%～15% 5.4%～59.2%（氧）	自燃点540℃。有单纯窒息作用，高浓度时因缺氧而窒息。空气中达到25%～30%出现头昏、呼吸加速、运动失调
甲酸	68.89（开杯）	18%～57%	自燃点600℃。刺激性、强腐蚀性，接触皮肤引起水泡。人经口摄入约30g，肾功能衰竭或呼吸功能衰竭而死亡
甲酸甲酯	-18.89	5.05%～22.70%	自燃点465℃。高浓度时有显著作用，吸入可作用于中枢神经系统，引起视觉等的障碍
甲醇	11.1	6.72%～36.5%	自燃点385℃。主要作用于神经系统，具有麻醉作用，可引起视神经及视网膜的损伤，视力模糊而失明。其蒸气对黏膜有明显的刺激作用
甲醛	85（37%）	7%～73%	自燃点430℃。对皮肤、黏膜有严重的刺激作用。可使蛋白凝固。皮肤触及可使皮肤发硬乃至局部组织坏死。能引起结膜炎，严重者发生喉痉挛、肺水肿等
四乙基铅	93.33		剧毒，易燃，可经皮肤和消化道吸收，引起急性或慢中毒，可在体内积蓄。急性中毒表现为头痛、头晕、失眠、烦躁不安、幻视、幻听、精神分裂、痴呆、昏迷等神经系统症状。消化系统症状表现为恶心、呕吐、食欲不振。此外，血压、脉搏、体温偏低
四氢呋喃	-14（闭杯）	2.3%～11.8%	自燃点321℃。刺激眼睛、黏膜，高浓度时抑制中枢神经，引起肝肾损害

续表

化合物名称	闪点（℃）	爆炸极限（体积）	主要危险性特征
四氯化碳	无	无	具有轻度麻醉作用，能经呼吸道及皮肤吸收，对肝、肾、肺等脏器有严重损害。对试验动物有致癌作用。在高温下分解成剧毒的光气
对二氯苯	65.5（闭杯）		主要损害肝脏，其次是肾脏。人在高浓度接触后可引起虚弱、头晕、呕吐。对肝的损害可致肝硬化甚至坏死。对眼鼻有刺激作用
对甲苯胺	86.67（闭杯）		自燃点482.22℃。可经皮肤或呼吸道吸收。毒性与苯胺相似，为高铁血红蛋白形成剂，可引起缺氧、血尿。对动物有致癌作用
对甲苯磺酰氯			有明显刺激作用。皮肤接触可引起水泡。吸入可致肺水肿，严重的可致使病倒甚至死亡
对甲苯磺酸	180		对皮肤和眼睛有明显刺激作用
对苯二酚（氢醌）	165（闭杯）		自燃点515.56℃。动物急性中毒时活动增加，对外界刺激过敏，反射亢进，呼吸困难，紫绀，阵发性抽搐，体温下降，瘫痪，反射消失，昏迷以至死亡。亚急性中毒出现溶血性黄疸，贫血，白细胞增多，低血糖等
对苯醌			动物大剂量吸收可引起局部变化和全身反应，如肾损伤、肺水肿等。可直接作用于延髓并影响血液的携氧能力，致死剂量可致延髓麻醉。刺激眼、皮肤，长期接触引起眼的晶体浑浊和溃疡，造成视力障碍
对氨基苯磺酸			有轻微刺激作用。其中常混有 α-萘胺（可致癌）
对硝基甲苯	105		毒性与邻-硝基甲苯相似
对硝基苯胺	198.89（闭杯）	粉尘具爆炸性	为强烈的高铁血红蛋白形成剂，可经皮肤吸收。慢性接触可致黄疸及贫血
对硝基苯酚			毒性与邻-硝基苯酚相同
对氯苯酚	121.11		迅速透皮吸收，有强烈刺激性，可能是一种中枢神经毒剂
过氧化二苯甲酰			刺激眼、皮肤、黏膜、降低心率，升高体温。干粉对于热、振动、摩擦敏感。在高温下自动爆炸
光气			为窒息性毒剂，主要作用于呼吸器官，引起急性中毒性水肿而致死

续表

化合物名称	闪点（℃）	爆炸极限（体积）	主要危险性特征
异丁烷	-82.78	1.8%~8.44%	自燃点462.22℃。高浓度接触时有头痛、迟钝、视物模糊、呼吸急促、失去知觉等症状
异丁醇	27.78	1.2%~10.9%	自燃点426.6℃。可经皮肤吸收，但不刺激皮肤，刺激眼及咽喉部的黏膜。有麻醉作用
异丁醛	-40（闭杯）	1.6%~10.6%	自燃点254.44℃。对皮肤和眼睛有明显刺激作用
异丙苯	43.9	0.9%~6.5%	自燃点423.89℃。可经皮肤吸收，刺激皮肤，有麻醉作用，但诱导期慢且持续时间长
异丙醇	11.67（闭杯）	2.02%~11.80%	自燃点398.9℃。对眼睛、皮肤、上呼吸道黏膜有刺激作用，高浓度蒸气能引起眩晕和呕吐，在体内几乎无蓄积
异戊二烯	-53.89	1.5%~	自燃点220℃。具有刺激性和麻醉作用
异戊醇	42.78	1.2%~9.0%	自燃点350℃。对眼睛和黏膜有较强刺激作用
异氰酸甲酯	<6.67		对眼睛和呼吸道黏膜有明显刺激作用，有催泪性，可经皮肤吸收。高浓度吸入可引起肺水肿
呋喃	<0	2.3%~14.3%	自燃点>0℃。有较高燃烧危险性。易通过皮肤吸收
呋喃甲醇	75（开杯）	1.8%~16.3%	自燃点490.5℃。对眼有强烈刺激作用，能引起皮炎
呋喃甲醛	60（闭杯）	2.1%~19.3%	自燃点315.56℃。易经皮肤吸收。接触后引起中枢神经系统损害，呼吸中枢麻醉以至死亡。对皮肤、黏膜有刺激作用，有时出现皮炎、鼻炎、嗅觉减退
吡啶	20（闭杯）	1.8%~12.4%	自燃点482.2℃。高浓度吸入可抑制中枢神经系统，引起多发性神经炎。经口可损伤肝、肾。可经皮肤吸收。对皮肤、黏膜、眼睛有强烈刺激作用。对皮肤有光感作用
邻二硝基苯	150（闭杯）		为强烈高铁血红蛋白形成剂，毒性远大于苯胺和硝基苯。易经皮肤吸收。慢性接触可致肝、肾、中枢神经系统损害。引起贫血及呼吸道刺激
邻甲苯胺	85（闭杯）		自燃点482.2℃。可经皮肤或呼吸道吸收，毒性与苯胺相似，为高铁血红蛋白形成剂，急性中毒可出现血尿。对动物有致癌作用
邻甲苯酚	81.1（闭杯）	1.4%~	自燃点598.9℃。毒性与甲基苯酚（混合物）相似
邻苯二甲酸二丁酯	157.22（闭杯）		自燃点402.78℃。其雾对黏膜有刺激作用

化合物名称	闪点（℃）	爆炸极限（体积）	主要危险性特征
邻苯二甲酸二甲酯	146.11（闭杯）		自燃点555.56℃。刺激眼睛、黏膜。误服引起胃肠道刺激，大剂量可引起麻醉、血压降低。抑制中枢神经系统，人接触可引起多发性神经炎
邻苯二酚	127.22（闭杯）		毒性比苯酚大，可经皮肤吸收。对眼有损害。皮肤接触可引起湿疹样皮炎或溃疡。动物大量接触明显抑制中枢神经，可使血压持续上升。小剂量时引起高铁血红蛋白症、淋巴细胞减少和贫血
邻氨基苯酚			可致接触过敏性皮炎。吸入量较多时可致高铁血红蛋白症。不易经皮肤吸收
邻硝基甲苯	106.11（闭杯）		可经皮肤或呼吸道吸收。形成高铁血红蛋白的能力较小。慢性接触可引起贫血
邻硝基苯胺	168.33		自燃点521.11℃。毒性与对-硝基苯胺相似
邻硝基苯酚			高铁血红蛋白形成剂，但毒性比苯胺、硝基苯小。可经皮肤或呼吸道吸收。损害动物的肝、肾
间二甲苯	29	1.0%~7.0%	自燃点530℃。具麻醉性
间二硝基苯	150（闭杯）		爆炸点≥300℃。有爆炸性、对摩擦敏感。毒性与邻-二硝基苯相似
间苯二酚（雷索辛）	127（闭杯）	1.4%	自燃点608℃。刺激眼睛、皮肤。中毒表现类似苯酚中毒，但毒性低于邻-苯二酚
间硝基甲苯	106.11（闭杯）		与邻-硝基甲苯相似
辛烷	13.33	1%~6.5%	自燃点220℃。有较微的窒息作用。小鼠吸入高浓度辛烷4个月后，甲状腺和肾上腺皮质功能降低
环己烯	-6.67		自燃点310℃。抑制中枢神经，具有麻醉作用。刺激眼睛、黏膜、皮肤
环己烷	-20（开杯）	1.3%~8.4%	自燃点310℃。抑制中枢神经，具有麻醉作用。能抑制中枢神经系统，有麻醉作用
环己酮	43.89	1.1%~8.1%	自燃点420℃。对眼、喉、黏膜、皮肤有刺激性作用。有麻醉作用。高浓度可引起呼吸衰竭
环己醇	67.78（闭杯）	1.2%~	自燃点300℃。刺激眼、皮肤、呼吸道，引起眼角膜坏死。对中枢神经系统有抑制作用，可见结膜刺激症状、麻醉作用及肝、肾损害
环氧乙烷	<-18（开杯）	3.0%~80.0%（3.0%~100%）	自燃点429℃。具刺激性，对神经系统可产生抑制作用，为一原浆毒。许多实验系统证明为诱变剂

化合物名称	闪点（℃）	爆炸极限（体积）	主要危险性特征
环氧丙烷	-37.22（开杯）	2.8%~37%	具有原发性刺激性。轻度抑制中枢神经，为一原浆毒。对动物致癌。对人体危害主要局限于眼和皮肤
苯	-11（闭杯）	1.4%~7.1%	自燃点562.2℃。主要经呼吸道或皮肤吸收中毒。急性毒性累及中枢神经系统，产生麻醉作用。慢性毒性主要影响造血机能及神经系统。对皮肤有刺激作用。疑为致癌物
苯乙酮	82.22（开杯）		自燃点571℃。刺激眼、黏膜、皮肤。高浓度时抑制中枢神经。皮肤接触可造成灼伤
苯甲酰氯	72		强烈刺激眼睛和上呼吸道。引起皮肤坏死。长期接触引起血象异常和神经系统功能紊乱
苯甲酸	121		自燃点574℃。用作食品防腐剂。对皮肤有轻度刺激作用。已公布的对人的最低中毒剂量为6mg/kg
苯甲酸乙酯	88		自燃点490℃。对皮肤有中度刺激，对眼有轻度刺激。可经口、皮肤、呼吸道侵入肌体。未见人中毒的报道
苯甲酸甲酯	83		毒性特征类似于苯甲酸乙酯
苯甲醇	100.56		自燃点436℃。对眼和上呼吸道黏膜有刺激作用。有麻醉作用。进入体内代谢迅速
苯甲醛	64.44（闭杯）		自燃点191.67℃。对眼和上呼吸道黏膜有一定刺激作用。可引起头痛、恶心、呕吐、皮炎
苯甲醚（茴香醚）	51.67		自燃点475℃
苯肼	88.89（闭杯）		自燃点173.89℃。可经皮肤吸收，对皮肤有刺激和致癌作用。可引起溶血性贫血、肝大和肝功能异常
苯胺	70（闭杯）	1.3%~	自燃点615℃。可经皮肤吸收。主要产生高铁血红蛋白症、溶血性贫血、肝和肾的损害
苯酚	79.44（闭杯）	1.5%~	自燃点715℃。细胞原浆毒物，对各种细胞有直接损害。强烈刺激眼睛和皮肤，造成严重灼伤。在鼠试验中损害肝脏
叔丁醇	11.11（闭杯）	2.4%~8%	自燃点480℃。刺激眼睛和黏膜
咖啡因			口服剂量大于1g会引起心悸、失眠、眩晕、头痛

续表

化合物名称	闪点（℃）	爆炸极限（体积）	主要危险性特征
肼（联氨）	52	4.7%～100%	可经皮肤、消化道、呼吸道迅速吸收吸收。对磷酸吡啶醛酶系统有抑制作用，能引起局部刺激，也可致敏，对人可能致癌。为高活性还原剂，爆炸范围广，如遇可浸渍的物质如木屑、布、灰污等，可在空气中自燃。接触金属氧化物、过氧化物或其他氧化剂时也会自燃
庚烷	-4（闭杯）	1.10%～6.70%	自燃点215℃。具有刺激性和麻醉作用，对血象稍有影响
庚-2-醇	71.11（开杯）		对眼睛、皮肤有一定刺激作用
庚-2-酮	48.89（开杯）		自燃点532.78℃。具有刺激性和麻醉作用，急性中毒少见
重氮甲烷		200℃时爆炸	具强烈刺激作用，对人可能是致癌物。遇金属或粗糙表面、遇热或受撞击会猛烈爆炸
6-氨基己酸			大鼠经口服60天后产生致畸作用。最低致畸剂量为150g/kg
特戊醇	19（闭杯）	1.2%～9.0%	对眼、上呼吸道黏膜和皮肤有中度刺激作用，但不致敏。高浓度有麻醉作用
烟碱（尼古丁）		0.75%～4.0%	自燃点243.89℃。易燃有毒。大量吸入会引起恶心、呕吐、腹痛、腹泻、大汗、昏厥、痉挛甚至死亡
萘	78.89	0.9%～5.9%（蒸气）	自燃点526℃。可通过呼吸道、胃肠道、皮肤等侵入肌体。刺激眼、黏膜、皮肤，引起皮肤湿疹。高浓度吸入可导致溶血性贫血、肝肾损害、神经炎和晶体浑浊
2-萘酚	153（闭杯）		强烈刺激眼睛、黏膜、皮肤和肾脏，可经皮肤吸收。可引起皮炎、肾炎、眼球和角膜损伤、晶体浑浊等
脱氢醋酸			为广谱杀菌剂
脲			可经口、呼吸道或皮肤吸收，刺激眼睛和呼吸道。吸入粉尘可引起喉痛、咳嗽、气短，经口摄入出现腹痛
联苯胺			可经呼吸道、胃肠道及皮肤侵入。形成高铁血红蛋白症的能力较弱。粉尘对皮肤有刺激作用。有致癌作用，可诱发人的膀胱癌

续表

化合物名称	闪点（℃）	爆炸极限（体积）	主要危险性特征
硝基甲烷	35（闭杯）	7.3%～	自燃点418.3℃。具有强烈的痉挛作用及后遗症。强烈振动、遇热、遇无机碱等易引起燃烧和爆炸
硝基苯	35（闭杯）	1.8%～	自燃点482℃。为高铁血红蛋白形成剂，能引起紫绀。可经呼吸道或皮肤吸收。刺激眼睛。急性接触影响中枢神经系统，慢性则引起肝、脾损害，红细胞中可找到海恩小体，并致贫血。饮酒可增强毒作用
硫酸二乙酯	104.44（闭杯）		自燃点436℃。对眼睛和皮肤有严重刺激性和损害，但毒性低于硫酸二甲酯
硫酸二甲酯	83.3（开杯）		自燃点190.78℃。作用与芥子气相似。对呼吸道和皮肤有刺激作用。可引起支气管炎、肺气肿、肺水肿。皮肤接触可引起红肿、上皮细胞坏死、点状出血，深部可有出血和溃疡。眼部接触有疼痛、眼睑痉挛和水肿、视觉减退、色觉障碍
喹啉	99	1.0%～	自燃点480℃。对皮肤、眼睛有明显刺激性，并能引起较严重的持久性损害
氯乙烯	13（闭杯）	3.6%～33%（4.0%～21.7%）	自燃点472℃。对动物和人有致癌作用，引起肝血管瘤。高浓度可产生不同程度的麻醉作用，主要取决于吸入剂量。长期少量吸入可引起肝、肾功能异常，为致癌剂
氯乙烷	-43	4.0%～14.8%	高浓度时对中枢神经有抑制作用，亦可引起心律不齐
氯乙酸	126.11	8%～	本品与磷酸丙糖脱氢酶的巯基反应产生毒作用。对皮肤、黏膜和眼睛有明显的局部刺激作用和腐蚀作用
氯乙醇	60（开杯）	4.9%～15.9%	对黏膜有强烈刺激作用。可经呼吸道、消化道或皮肤进入体内。代谢迅速，无蓄积性。可能是潜在的致癌物
氯乙醛	87.78	4.9%～15.9%	对皮肤和黏膜有强烈的刺激性和腐蚀作用
1-氯丁烷	-9.44（开杯）	1.85%～10.10%	自燃点460℃。高浓度时有麻醉作用，并对皮肤有强烈刺激性
3-氯丙-1-烯	-32	2.9%～11.2%	自燃点485℃。对眼、鼻、喉有强烈刺激作用。损害肝和肾

化合物名称	闪点（℃）	爆炸极限（体积）	主要危险性特征
1-氯丙烷	-17.78	2.6%~11.1%	自燃点520℃。高浓度时能抑制中枢神经系统。长期低浓度接触对肝、肾有损害
1-氯戊烷	12.22（开杯）	1.6%~8.63%	自燃点260℃。高浓度有麻醉作用
氯甲烷		8.25%~18.70%	自燃点630℃。主要作用于中枢神经系统，并能损害肝和肾
氯仿			刺激眼睛。主要作用于中枢神经系统，具麻醉作用。可造成肝、肾、心脏的损害
氯苄	67.22	1.1%~14%	自燃点585℃。主要经呼吸道吸收，对黏膜（尤以眼结膜）有刺激作用。皮肤接触可引起红斑和大疱，乃至湿疹。遇金属分解可能引起爆炸
氯苯	29.44（闭杯）	1.3%~7.1%	自燃点637.75℃。对中枢神经系统有抑制及麻醉作用。大剂量可引起试验动物肝、肾病变。对血液的作用比苯轻。具有轻度的局部麻醉作用
蒽	121.11	0.6%~	自燃点540℃。纯品有轻度局部麻醉作用和弱的光感作用。工业品因含有相当的杂质而毒性明显增加，有致癌作用。长期大量接触引起肝、心的轻度损害
碘甲烷			可经皮肤吸收。对中枢神经系统有抑制作用，对皮肤有刺激作用
溴乙烷	-20	6.75%~11.25%	自燃点511.11℃。有麻醉作用，能引起肺、肝、肾损害
1-溴丁烷	18.33（开杯）	2.6%~6.6%	自燃点265℃。高浓度时有麻醉作用
溴甲烷		10%~16%	自燃点536℃。为较强的神经毒剂，对皮肤、肾、肝都可引起损害。对呼吸道有刺激作用，严重时可引起肺水肿
溴仿	无		主要抑制中枢神经系统，具麻醉作用和催泪性，严重损害肝脏
樟脑	65.56（闭杯）	0.6%~3.5%	自燃点466℃。蒸气有麻醉性
磺胺			牵涉再生障碍性贫血。疑为致癌物

附录七　常用酸、碱的浓度–密度表

附表 7-1　盐 酸 溶 液

HCl 质量百分数	密度 d_4^{20}	100mL 水溶液 中含 HCl 克数	HCl 质量百分数	密度 d_4^{20}	100mL 水溶液 中含 HCl 克数
1	1. 0032	1. 003	22	1. 1083	24. 38
2	1. 0082	2. 006	24	1. 1187	26. 85
4	1. 0181	4. 007	26	1. 1290	29. 35
6	1. 0279	6. 167	28	1. 1392	31. 90
8	1. 0376	8. 301	30	1. 1492	34. 48
10	1. 0474	10. 47	32	1. 1593	37. 10
12	1. 0574	12. 69	34	1. 1691	39. 75
14	1. 0675	14. 95	36	1. 1789	42. 44
16	1. 0776	17. 24	38	1. 1885	45. 16
18	1. 0878	19. 58	40	1. 1980	47. 92
20	1. 0980	21. 96			

附表 7-2　硫 酸 溶 液

H_2SO_4 质量百分数	密度 d_4^{20}	100mL 水溶液中 含 H_2SO_4 克数	H_2SO_4 质量百分数	密度 d_4^{20}	100mL 水溶液中 含 H_2SO_4 克数
1	1. 0051	1. 005	65	1. 5533	101. 0
2	1. 0118	2. 024	70	1. 6105	112. 7
3	1. 0184	3. 055	75	1. 6692	125. 2
4	1. 0250	4. 100	80	1. 7272	138. 2
5	1. 0317	5. 159	85	1. 7786	151. 2
10	1. 0661	10. 66	90	1. 8144	163. 3
15	1. 1020	16. 53	91	1. 8195	165. 6
20	1. 1394	22. 79	92	1. 8240	167. 8
25	1. 1783	29. 46	93	1. 8279	170. 2
30	1. 2185	36. 56	94	1. 8312	172. 1
35	1. 2579	44. 10	95	1. 8337	174. 2
40	1. 3028	52. 11	96	1. 8355	176. 2
45	1. 3476	60. 64	97	1. 8364	178. 1
50	1. 3951	69. 76	98	1. 8361	179. 9
55	1. 4453	79. 49	99	1. 8342	181. 6
60	1. 4983	89. 90	100	1. 8305	183. 1

附表 7-3 硝 酸 溶 液

HNO₃ 质量百分数	密度 d_4^{20}	100mL 水溶液中含 HNO₃ 克数	HNO₃ 质量百分数	密度 d_4^{20}	100mL 水溶液中含 HNO₃ 克数
1	1.0036	1.004	65	1.3913	90.43
2	1.0091	2.018	70	1.4134	98.94
3	1.0146	3.044	75	1.4337	107.5
4	1.0201	4.080	80	1.4521	116.2
5	1.0256	5.128	85	1.4686	124.8
10	1.0543	10.54	90	1.4826	133.4
15	1.0842	16.26	91	1.4850	135.1
20	1.1150	22.30	92	1.4873	136.8
25	1.1469	28.67	93	1.4892	138.5
30	1.1800	35.40	94	1.4912	140.2
35	1.2140	42.49	95	1.4932	141.9
40	1.2463	49.85	96	1.4952	143.5
45	1.2783	57.52	97	1.4974	145.2
50	1.3100	65.50	98	1.5008	147.1
55	1.3393	73.66	99	1.5056	149.1
60	1.3667	82.00	100	1.5129	151.3

附表 7-4 醋 酸 溶 液

CH₃COOH 质量百分数	密度 d_4^{20}	100mL 水溶液含 CH₃COOH 克数	CH₃COOH 质量百分数	密度 d_4^{20}	100mL 水溶液含 CH₃COOH 克数
1	0.9996	0.9996	65	1.0666	69.33
2	1.0012	2.002	70	1.0685	74.80
3	1.0025	3.008	75	1.0696	80.22
4	1.0040	4.016	80	1.0700	85.60
5	1.0055	5.028	85	1.0689	90.86
10	1.0125	10.13	90	1.0661	95.95
15	1.0195	15.29	91	1.0652	96.93
20	1.0263	20.53	92	1.0643	97.92
25	1.0326	25.82	93	1.0632	98.88
30	1.0384	31.15	94	1.0619	99.82
35	1.0438	36.53	95	1.0605	100.7
40	1.0488	41.95	96	1.0588	101.6
45	1.0534	47.40	97	1.0570	102.5
50	1.0575	52.88	98	1.0549	103.4
55	1.0611	58.36	99	1.0524	104.2
60	1.0642	63.85	100	1.0498	105.0

附表7-5　氢溴酸溶液

HBr 质量百分数	密度 d_4^{20}	100mL 水溶液含 HBr 克数	HBr 质量百分数	密度 d_4^{20}	100mL 水溶液含 HBr 克数
10	1.0723	10.7	45	1.4446	65.0
20	1.1579	23.2	50	1.5173	75.8
30	1.2580	37.7	55	1.5953	87.7
35	1.3150	46.0	60	1.6787	100.7
40	1.3772	56.1	65	1.7675	114.9

附表7-6　氢碘酸溶液

HI 质量百分数	密度 d_4^{15}	100mL 水溶液含 HI 数	HI 质量百分数	密度 d_4^{15}	100mL 水溶液含 HI 数
20.77	1.1578	24.4	56.78	1.6998	96.6
31.77	1.2962	41.2	61.97	1.8218	112.8
42.7	1.4489	61.9			

附表7-7　发 烟 硫 酸[①]

游离 SO₃ 质量百分数	密度 d_4^{20}	100mL 水溶液含游离 SO₃ 克数	游离 SO₃ 质量百分数	密度 d_4^{20}	100mL 水溶液含游离 SO₃ 克数
1.54	1.860	2.8	7.29	1.885	13.7
2.66	1.865	5.0	8.16	1.890	15.4
4.28	1.870	8.0	9.43	1.895	17.7
5.44	1.875	10.2	10.07	1.900	19.1
6.42	1.880	12.1	10.56	1.905	20.1
11.43	1.910	21.8	30	1.957	87.14
13.33	1.915	25.5			
15.958	1.920	30.6	50	2.009	90.18
18.67	1.925	35.9			
21.34	1.930	41.2	60	2.020	92.65
25.65	1.935	49.6			
			70	2.018	94.48
10	1.888	83.46			
			90	1.990	98.16
20	1.920	85.30			
			100	1.984	100.00

　　注：①含游离 SO₃ 0%～30%的发烟硫酸在15℃是液体。含游离 SO₃ 30%～56%的发烟硫酸在15℃是固体。含游离 SO₃ 56%～73%的发烟硫酸在15℃是液体。含游离 SO₃ 73%～100%的发烟硫酸在15℃是固体。

附表 7-8 甲 酸 溶 液

HCOOH 质量百分数	密度 d_4^{20}	100mL 水溶液含 HCOOH 克数	HCOOH 质量百分数	密度 d_4^{20}	100mL 水溶液含 HCOOH 克数
1	1.0019	1.002	65	1.1543	75.03
2	1.0044	2.009	70	1.1655	81.59
3	1.0070	3.021	75	1.1769	88.27
4	1.0093	4.037	80	1.1860	94.88
5	1.0115	5.058	85	1.1953	101.6
10	1.0246	10.25	90	1.2044	108.4
15	1.0370	15.66	91	1.2059	109.7
20	1.0488	20.98	92	1.2078	111.1
25	1.0609	26.52	93	1.2099	112.5
30	1.0729	32.19	94	1.2117	113.9
35	1.0847	37.96	95	1.2140	115.3
40	1.0963	43.85	96	1.2158	116.7
45	1.1085	49.88	97	1.2170	118.0
50	1.1207	56.04	98	1.2183	119.0
55	1.1320	62.26	99	1.2202	120.8
60	1.1424	68.54	100	1.2212	122.1

附表 7-9 磷 酸 溶 液

H_3PO_4 质量百分数	密度 d_4^{20}	100mL 水溶液含 H_3PO_4 克数	H_3PO_4 质量百分数	密度 d_4^{20}	100mL 水溶液含 H_3PO_4 克数
2	1.0092	2.018	20	1.1134	22.27
4	1.0200	4.080	30	1.1805	35.42
6	1.0309	6.185	35	1.216	42.56
8	1.0420	8.336	40	1.254	50.16
10	1.0532	10.53	45	1.293	58.19
50	1.335	66.75	85	1.689	143.6
55	1.379	75.85	90	1.746	157.1
60	1.426	85.56	92	1.770	162.8
65	1.475	95.88	94	1.794	168.6
70	1.526	106.8	96	1.819	174.6
75	1.579	118.4	98	1.844	180.7
80	1.633	130.6	100	1.870	187.0

附表 7-10 氨的水溶液

NH$_3$ 质量百分数	密度 d_4^{20}	100mL 水溶液含 NH$_3$ 克数	NH$_3$ 质量百分数	密度 d_4^{20}	100mL 水溶液含 NH$_3$ 克数
1	0.9939	9.94	16	0.9362	149.8
2	0.9895	19.79	18	0.9295	167.3
4	0.9811	39.24	20	0.9229	184.6
6	0.9730	58.38	22	0.9164	201.6
8	0.9651	77.21	24	0.9101	218.4
10	0.9575	95.75	26	0.9040	235.0
12	0.9501	114.0	28	0.8980	251.4
14	0.9430	132.0	30	0.8920	267.6

附表 7-11 氢氧化钠溶液

NaOH 质量百分数	密度 d_4^{20}	100mL 水溶液含 NaOH 克数	NaOH 质量百分数	密度 d_4^{20}	100mL 水溶液含 NaOH 克数
1	1.0095	1.010	26	1.2848	33.40
2	1.0207	2.041	28	1.3064	36.58
4	1.0428	4.171	30	1.3279	39.84
6	1.0648	6.389	32	1.3490	43.17
8	1.0869	8.695	34	1.3696	46.57
10	1.1089	11.09	36	1.3900	50.04
12	1.1309	13.57	38	1.4101	53.58
14	1.1530	16.14	40	1.4300	57.20
16	1.1751	18.80	42	1.4494	60.87
18	1.1972	21.55	44	1.4685	64.61
20	1.2191	24.38	46	1.4873	68.42
22	1.2411	27.30	48	1.5065	72.31
24	1.2629	30.31	50	1.5253	76.27

附表 7-12 氢氧化钾溶液表

KOH 质量百分数	密度 d_4^{20}	100mL 水溶液 含 KOH 克数	KOH 质量百分数	密度 d_4^{20}	100mL 水溶液 含 KOH 克数
1	1.0083	1.008	28		35.55
2	1.0175	2.035	30	1.2695	38.72
4	1.0359	4.144	32	1.2905	41.97
6	1.0544	6.326	34	1.3117	45.33
8	1.0730	8.584	36	1.3331	48.78
10	1.0918	10.92	38	1.3549	52.32
12	1.1108	13.33	40	1.3765	55.96
14	1.1299	15.82	42	1.3991	59.70
16	1.1493	19.70	44	1.4215	63.55
18	1.1688	21.04	46	1.4443	67.50
20	1.1884	23.77	48	1.4673	71.55
22	1.2083	26.58	50	1.4907	75.72
24	1.2285	29.48	52	1.5143	79.99
26	1.2489	32.47		1.5382	

附表 7-13 碳酸钠溶液表

Na$_2$CO$_3$ 质量百分数	密度 d_4^{20}	100mL 水溶液 含 Na$_2$CO$_3$ 克数	Na$_2$CO$_3$ 质量百分数	密度 d_4^{20}	100mL 水溶液 含 Na$_2$CO$_3$ 克数
1	1.0086	1.009	12	1.1244	13.49
2	1.0190	2.038	14	1.1463	16.05
4	1.0398	4.159	16	1.1682	18.50
6	1.0606	6.364	18	1.1905	21.33
8	1.0816	8.653	20	1.2132	24.26
10	1.1029	11.03			

附录八　部分有机物的 pK_a 值

弱　　酸	分　子　式	K_a	pK_a
甲酸	HCOOH	1.8×10^{-4}	3.74
乙酸	CH_3COOH	1.8×10^{-5}	4.74
丙酸	C_2H_5COOH	1.34×10^{-6}	4.87
一氯乙酸	$CH_2ClCOOH$	1.4×10^{-3}	2.86
二氯乙酸	$CHCl_2COOH$	5.0×10^{-2}	1.30
三氯乙酸	CCl_3COOH	0.23	0.64
氨基乙酸盐	$^+NH_3CH_2COOH$	4.5×10^{-3} (K_{a_1})	2.35
	$^+NH_3CH_2COO^-$	4.5×10^{-10} (K_{a_2})	9.60
抗坏血酸	$O=C-C(OH)=C(OH)-CH-CHOH-CH_2OH$ (O桥连接C与CH)	5.0×10^{-5} (K_{a_1})	4.30
		1.5×10^{-10} (K_{a_2})	9.82
乳酸	$CH_3CHOHCOOH$	1.4×10^{-4}	3.86
苯甲酸	C_6H_5COOH	6.2×10^{-5}	4.21
草酸	$H_2C_2O_4$	5.9×10^{-2} (K_{a_1})	1.22
		6.4×10^{-5} (K_{a_2})	4.19
d–酒石酸	CH(OH)COOH CH(OH)COOH	9.1×10^{-4} (K_{a_1})	3.04
		4.3×10^{-5} (K_{a_2})	4.37
邻苯二甲酸	苯环-COOH -COOH	1.1×10^{-3} (K_{a_1})	2.95
		3.9×10^{-6} (K_{a_2})	5.41
柠檬酸	CH_2COOH $C(OH)COOH$ CH_2COOH	7.4×10^{-4} (K_{a_1})	3.13
		1.7×10^{-5} (K_{a_2})	4.76
		4.0×10^{-7} (K_{a_3})	6.40
苯酚	C_6H_5OH	1.1×10^{-10}	9.95
乙二胺四乙酸	H_6Y^{2+}	0.1 (K_{a_1})	0.9
（EDTA）	H_5Y^+	3×10^{-2} (K_{a_2})	1.6
	H_4Y	1×10^{-2} (K_{a_3})	2.0
	H_3Y^-	2.1×10^{-3} (K_{a_4})	2.67
	H_2Y^{2-}	6.9×10^{-7} (K_{a_5})	6.16
	HY^{3-}	5.5×10^{-11} (K_{a_6})	10.26

弱　酸	分　子　式	K_a	pK_a
环己烷二胺四乙酸（C_yDTA）		$3.72×10^{-3}$（K_{a_1}） $3.02×10^{-4}$（K_{a_2}） $7.59×10^{-7}$（K_{a_3}） $2.0×10^{-12}$（K_{a_4}）	2.43 3.52 6.12 11.70
乙二醇二乙醚二胺四乙酸（EGTA）		$1.0×10^{-2}$（K_{a_1}） $2.24×10^{-3}$（K_{a_2}） $1.41×10^{-9}$（K_{a_3}） $3.47×10^{-10}$（K_{a_4}）	2.00 2.65 8.85 9.46
二乙三胺五乙酸		$1.29×10^{-2}$（K_{a_1}） $1.62×10^{-3}$（K_{a_2}） $5.13×10^{-5}$（K_{a_3}） $2.46×10^{-9}$（K_{a_4}） $3.81×10^{-11}$（K_{a_5}）	1.89 2.79 4.29 8.61 10.48
水杨酸	$C_6H_4OHCOOH$	$1.0×10^{-3}$（K_{a_1}） $4.2×10^{-13}$（K_{a_2}）	3.00 12.38
硫代硫酸	$H_2S_2O_3$	$5×10^{-1}$（K_{a_1}） $1×10^{-2}$（K_{a_2}）	0.3 2.0
苦味酸	$HOC_6H_2(NO_2)_3$	$4.2×10^{-1}$	0.38
乙酰丙酮	$CH_3COCH_2COCH_3$	$1×10^{-9}$	9.0
邻二氮菲	$C_{12}H_8N_2$	$1.1×10^{-5}$	4.96
8-羟基喹啉	C_9H_6NOH	$9.6×10^{-1}$（K_{a_1}） $1.55×10^{-10}$（K_{a_2}）	5.02 9.81

附录九 常见共沸混合物

附表9-1 二元共沸混合物

组分		共沸点	共沸物质量组成		组分		共沸点	共沸物质量组成	
A（沸点）	B（沸点）	（℃）	A（%）	B（%）	A（沸点）	B（沸点）	（℃）	A（%）	B（%）
水（100℃）	苯（80.6℃）	69.3	9	91	乙醇（78.3℃）	苯（80.6℃）	68.2	32	68
	甲苯（110.6℃）	84.1	19.6	80.4		氯仿（61℃）	59.4	7	93
	氯仿（61℃）	56.1	2.8	97.2		四氯化碳（76.8℃）	64.9	16	84
	乙醇(78.3℃)	78.2	4.5	95.5		乙酸乙酯（77.1℃）	72	30	70
	丁醇（117.8℃）	92.4	38	62	甲醇（64.7℃）	四氯化碳（76.8℃）	55.7	21	79
	异丁醇（108℃）	90.0	33.2	66.8		苯（80.6℃）	58.3	39	61
	仲丁醇（99.5℃）	88.5	32.1	67.9	乙酸乙酯（77.1℃）	四氯化碳（76.8℃）	74.8	43	57
	叔丁醇（82.8℃）	79.9	11.7	88.3		二硫化碳（46.3℃）	46.1	7.3	92.7
	烯丙醇（97.0℃）	88.2	27.1	72.9	丙酮（56.5℃）	二硫化碳（46.3℃）	39.2	34	66
	苄醇（205.2℃）	99.9	91	9		氯仿（61℃）	65.5	20	80
	乙醚（34.6℃）	110（最高）	79.8	20.2		异丙醚（69℃）	54.2	61	39
	二氧六环（101.3℃）	87	20	80	己烷（69℃）	苯（80.6℃）	68.8	95	5
	四氯化碳（76.8℃）	66	4.1	95.9		氯仿（61℃）	60.0	28	72
	丁醛(75.7℃)	68	6	94	环己烷（80.8℃）	苯（80.6℃）	77.8	45	55
	三聚乙醛（115℃）	91.4	30	70					
	甲酸（100.8℃）	107.3（最高）	22.5	77.5					
	乙酸乙酯（77.1℃）	70.4	8.2	91.8					
	苯甲酸乙酯（212.4℃）	99.4	84	16					

附表 9-2 三元共沸混合物

组分（沸点）			共沸物质量组成			共沸点
A	B	C	A（%）	B（%）	C（%）	（℃）
水 （100℃）	乙醇（78.3℃）	乙酸乙酯（77.1℃）	7.8	9.0	83.2	70.3
		四氯化碳（76.8℃）	4.3	9.7	86	61.8
		苯（80.6℃）	7.4	18.5	74.1	64.9
		环己烷（80.8℃）	7	17	76	62.1
		氯仿（61℃）	3.5	4.0	92.5	55.6
	正丁醇（117.8℃）	乙酸乙酯（77.1℃）	29	8	63	90.7
	异丙醇（82.4℃）	苯（80.6℃）	7.5	18.7	73.8	66.5
	二硫化碳（46.3℃）	丙酮（56.4℃）	0.81	75.21	23.98	38.04